全国职业院校建筑职业技能实训教材

Revit 建筑建模实训

张建荣　主　编
黄　浩　汪晨武　副主编

中国建筑工业出版社

图书在版编目（CIP）数据

Revit 建筑建模实训/张建荣主编．—北京：中国建筑工业出版社，2018.9

全国职业院校建筑职业技能实训教材

ISBN 978-7-112-22401-2

Ⅰ．①R… Ⅱ．①张… Ⅲ．①模型（建筑）-计算机辅助设计-应用软件-高等学校-教材 Ⅳ．①TU205-39

中国版本图书馆 CIP 数据核字（2018）第 146961 号

本书按照 Revit 建筑建模的主要内容及工作过程，设计了 4 个单元 38 个实训任务。其中单元 1 是关于 Revit 建筑建模软件的认知，目标是认识软件的工作界面，熟悉模型的查看方式，能进行视图的显示设置，初步具备对建筑模型进行查看与分析的能力。单元 2 是以某别墅建筑为例学习建模的基本操作，目标是能够运用 Revit 软件搭建简单的建筑模型，模型构件应表现对应建筑实体的基本信息，模型的深度能用于方案设计阶段。单元 3 是在单元 2 实训成果的基础上学习模型的后期处理技术，目标是能够运用 Revit 软件进行建筑模型的后期处理及辅助工作。单元 4 是以某公寓建筑为例进行建筑建模的综合实训。为便于读者学习，书末附录给出了别墅建筑和公寓建筑的 CAD 图纸，读者也可免费索取别墅建筑和公寓建筑的 CAD 电子文件。

本书可作为高职高专院校及其他层次学校土建类相关专业的建筑建模实训课程教材，同时也可作为成人教育、相关技术人员的培训教材。

责任编辑：朱首明　李天虹

责任校对：王雪竹

全国职业院校建筑职业技能实训教材

Revit 建筑建模实训

张建荣　主　编

黄　浩　汪晨武　副主编

*

中国建筑工业出版社出版、发行（北京海淀三里河路 9 号）

各地新华书店、建筑书店经销

霸州市顺浩图文科技发展有限公司制版

北京市密东印刷有限公司印刷

*

开本：787×1092 毫米　1/16　印张：$10\frac{3}{4}$　字数：257 千字

2018 年 8 月第一版　　2018 年 8 月第一次印刷

定价：**28.00** 元（赠课件）

ISBN 978-7-112-22401-2

（32284）

前　言

BIM（Building Information Modeling，建筑信息模型）是以建筑工程项目的各项相关信息数据为基础的模型，是建设项目物理特征和功能特性的数字资源，也是建设项目全生命周期内的一个共享工作平台，具有优化项目设计、提高项目交付速度、减少建造造价、降低运营维护成本、改善环境影响等功能优势。因此，BIM 技术的研发广受重视，BIM 技术的应用日益普及。

Revit 系列软件是 Autodesk 公司基于 BIM 理念而开发的三维设计软件，能够帮助建筑师在项目设计中进行自由形状建模和参数化设计，快速创建三维形状，并在整个维护文档中忠实传达建筑设计理念，为建造和维护准备模型。

本书按照 Revit 建筑建模的主要内容及工作过程，分为 4 个单元，设计了 38 个实训任务。单元 1 是关于 Revit 建筑建模软件的认知，共 4 个实训任务，目标是认识软件的工作界面，熟悉模型的查看方式，能进行视图的显示设置，初步具备对建筑模型进行查看与分析的能力。单元 2 是以某别墅建筑为例学习建模的基本操作，共 12 个实训任务，目标是能够运用 Revit 软件搭建简单的建筑模型，模型构件应表现对应建筑实体的基本信息，模型的深度能用于方案设计阶段。单元 3 是以某别墅建筑为例学习模型的后期处理技术，共 12 个实训任务，目标是在单元 2 实训成果的基础上，能够运用 Revit 软件进行建筑模型的后期处理及辅助工作。单元 4 是以某公寓建筑为例进行建筑建模的综合实训，共 10 个实训任务，涵盖 Revit 建筑建模技术的完整过程和主要内容。

为便于读者练习，书末附录给出了别墅建筑和公寓建筑的 CAD 图纸。读者可以联系本书责任编辑索取图纸的电子版文件（邮箱：litianhong@cabp. com. cn）。

本书由张建荣主编，黄浩、汪晨武副主编，黄河军、董静、易佳、刘毅、林怡洁、祝孟琪等参与编写。谢嘉波工程师对本书提出了许多建议，在此一并表示衷心感谢!

限于编者水平，书中难免有错误和不当之处，敬请读者批评指正。

目　　录

单元 1　Revit 建筑建模软件的认知

Revit 是 Autodesk 公司开发的系列设计软件的名称，具体包括建筑、结构和设备三大模块。Revit 系列软件是基于 BIM（Building Information Modeling，建筑信息模型）的理念开发的，功能十分强大，主要表现在支持可持续设计、碰撞检测、施工规划和建造，帮助建筑师与工程师、承包商、业主等各相关方更好地沟通协作。设计过程中的所有变更都会在相关设计与文档中自动更新，实现更加协调一致的流程，获得更加可靠的设计文档。

Revit 软件能够帮助建筑师在项目设计流程前期探究最新颖的设计概念和外观，并能在整个施工文档中忠实传达建筑设计理念。它可以帮助建筑师进行自由形状建模和参数化设计，并且还能够对早期设计进行分析。借助这些功能，可以自由绘制草图，快速创建三维形状，交互地处理各个形状；可以利用内置的工具进行复杂形状的概念澄清，为建造和施工准备模型。随着设计的持续推进，Revit 能够围绕最复杂的形状自动构建参数化框架，并提供更高的创建控制能力、精确性和灵活性。因此，Revit 使得建筑设计从概念模型到施工文档的整个设计流程都在一个直观环境中完成。

本单元实训的教学目标为：

(1) 能够运用 Revit 软件打开示例项目并进行必要的操作。

(2) 认识项目文件的界面，熟悉模型的查看方式，能进行视图的显示设置，初步具备对建筑模型进行查看与分析的能力。

(3) 了解项目与族和样板文件的概念，掌握图元选择方式、基础修改编辑命令、临时尺寸标注等基本的操作技能。

(4) 理解用户界面定义，能完成快捷键查询与设置等。

任务 1.1　启动软件并建立项目文件

1.1.1　实训任务说明

Revit 工作界面主要由“项目”和“族”组成。“项目”是一个虚拟的工程项目，即建筑信息模型，项目文件包含了建筑的所有设计信息，如模型、图纸与视图等。“族”是组成“项目”的基本图元组，是核心。而“样板文件”类似于 CAD 中的样板文件，用以定义“项目”或者“族”的初始状态。

本项实训的目标是学会软件的启动和关闭，认识 Revit 软件欢迎界面；理解“项目”、“族”和“样板文件”的含义，能打开项目或者新建项目，能正确选择“项目”和“族”

的样板文件，提高工作效率；熟悉项目文件的操作界面，包括主要功能区与面板、模型的查看方式，能够快速进行功能区隐藏工具的显示与锁定。

理解“项目”与“族”之间的关系才能更好地进行模型的创建。项目文件的界面是之后进行建模的基础界面，要理解界面中的主要功能区与面板，这是快速建模的基础。

图 1-1-1　Revit 桌面快捷图标

1.1.2　启动软件的步骤

（1）单击桌面 Revit 快捷图标，如图 1-1-1 所示。

（2）双击桌面上的 Revit 快捷图标后进入到软件工作界面，如图 1-1-2 所示。

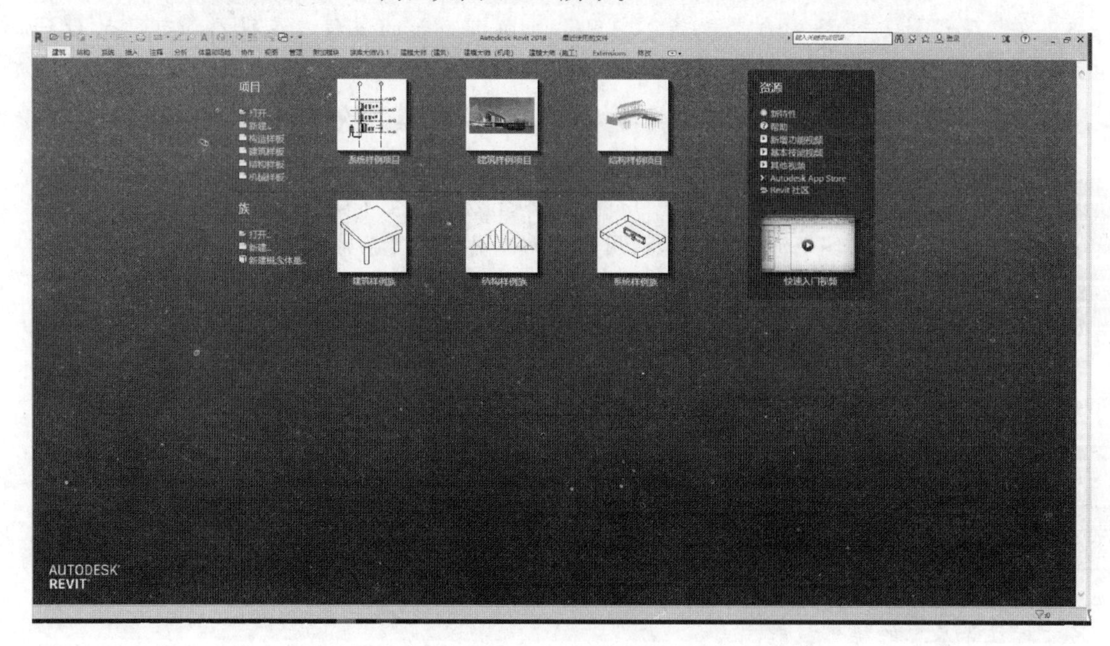

图 1-1-2　Revit 软件工作界面

1.1.3　缩略图、项目、族的界面

（1）文档缩略图

在界面的中央，显示的是最近打开文档的缩略图（图 1-1-3），单击它们可以方便使用者快速打开最近编辑的文件。当软件初次使用时，这里将显示软件自带的案例文件。

（2）新建和打开文件

在“最近使用的文件”缩略图的左边，是“新建”或“打开”文件的快捷方式，如图 1-1-4 所示。新建或打开文件也可以通过单击左上角 Revit 图标的方式来完成，如图 1-1-5 所示。但通过快捷方式操作将提高工作效率。当然，Revit 图标里的“打开”和“新建”选项里还提供了一些不常用的选择，这在快捷方式里是没有的，比如标题栏、注释符号。

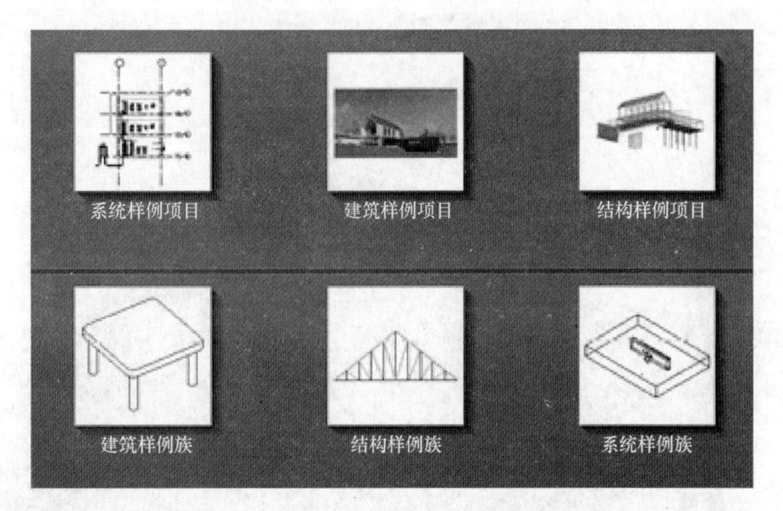

图 1-1-3　文档缩略图

图 1-1-4 "新建"或"打开"文件的快捷方式

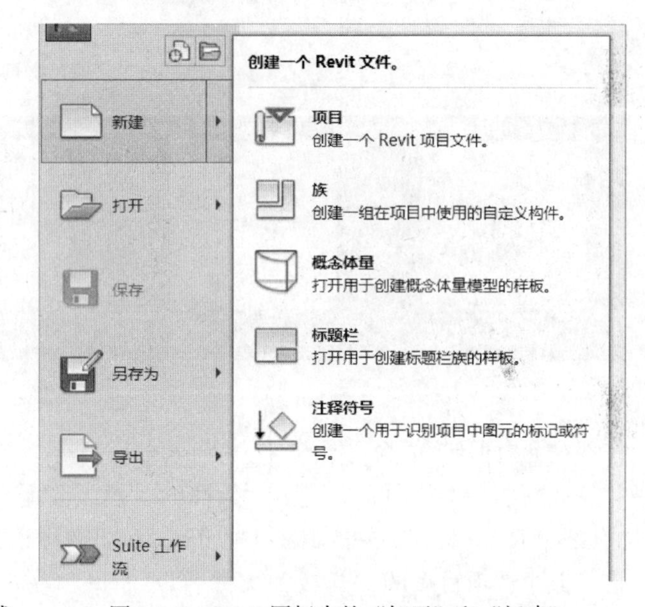

图 1-1-5　Revit 图标中的"打开"和"新建"

(3)"项目"的含义

观察图 1-1-2 可以看出，在上部"项目"和下部"族"之间有一条横向分隔线，划分了"项目"和"族"两部分内容。

Revit 软件中，"项目"可以理解为一个虚拟的工程项目，即建筑信息模型，项目文件包含了建筑的所有设计信息，如模型、视图、图纸等，"项目"文件名以"rvt"为扩展名，如图 1-1-6 所示。

(4)"族"的含义

"族"可以理解为组成"项目"的基本图元组。项目文件中用于构成模型的墙、屋顶、门窗，以及用于记录该模型的详图索引、标记等内容，都是通过"族"创建的(图 1-1-7)。"族"文件名以"rfa"为扩展名。

图 1-1-6　项目文件

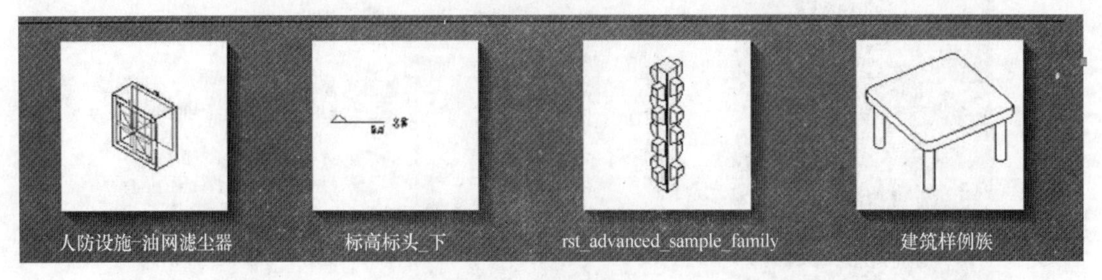

图 1-1-7　族界面

(5)“样板”的含义

当新建一个“项目”或者“族”的时候，会弹出选择“样板文件”的选择面板（图 1-1-8）。Revit 样板文件的概念类似于 CAD 里的样板文件。提供定义项目或者族的初始状态，其中“项目”的“样板”文件名以“rte”为扩展名，“族”的“样板”文件名以“rft”为扩展名。

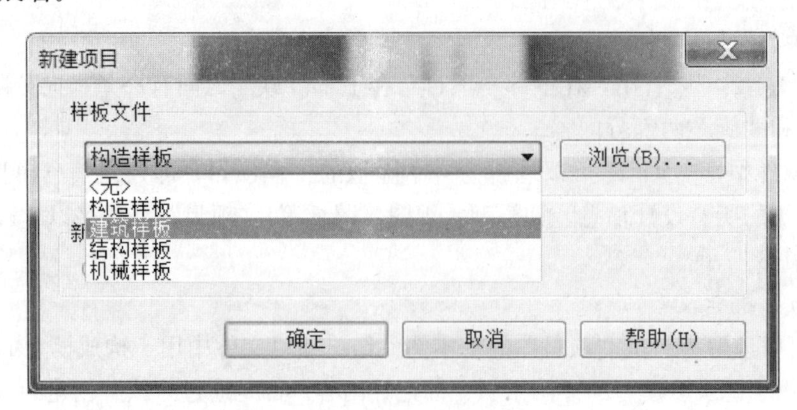

图 1-1-8　“样板文件”的选择面板

不同项目样板建立的项目，将在度量单位、标注样式、文字样式、标题栏、明细表、视图等方面有所差异，如图 1-1-9 所示。在项目的制作过程中，可以修改和添加这些内容，使它们满足国内建筑设计规范的要求和企业定制的需要。故在项目开始前选择一个合适的样板将省去很多设置过程，大大提高工作效率。

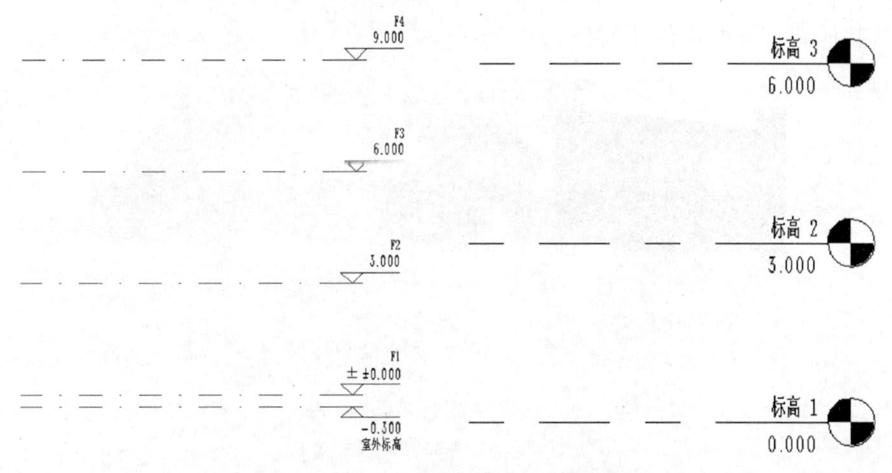

图 1-1-9 不同项目样板的差异

单击“建筑样板”或者“结构样板”等快捷方式，能跳过样板文件选择菜单，直接新建采用了该样板的项目文件。

1.1.4 项目文件的界面

（1）单击文档缩略图中名称为“建筑样例项目”，进入一个已经完成的建筑项目，如图 1-1-10 所示。

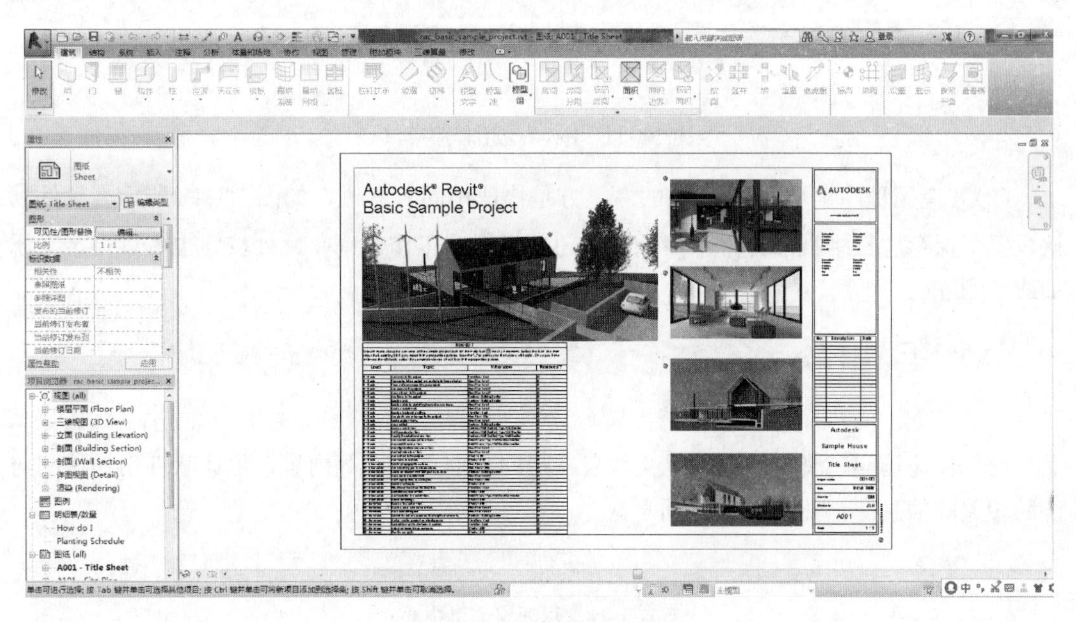

图 1-1-10 建筑样例项目

（2）单击“应用程序菜单”图标，可以打开应用程序下拉菜单，其中包含有新建、打开、保存和导出等基本命令，如图 1-1-11 所示。在右侧默认会显示最近所打开过的文档，选择文档可快速调用。当需要的某个文件一直在“最近使用的文档”中时，可以单击文件名称右侧的图钉图标将其锁定，这样就可以使锁定的文件一直显示在列表当中，而不会被其他新打开的文件所替换。

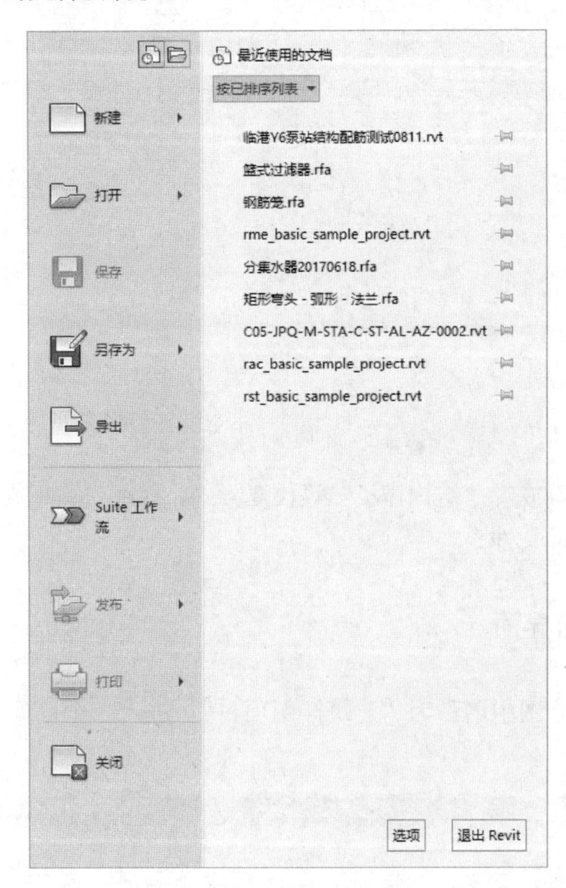

图 1-1-11　Revit 应用程序菜单

（3）“应用程序菜单”图标的右上方是快速访问工具栏，如图 1-1-12 所示。软件默认放置了保存、三维视图等常用命令和按钮，以提高工作效率，此处按钮也可以自定义添加或者删除。

图 1-1-12　快速访问工具栏

（4）快速访问工具栏的左边是文件名、帮助与信息中心等内容，可让软件用户访问与产品相关的信息源，如图 1-1-13 所示。

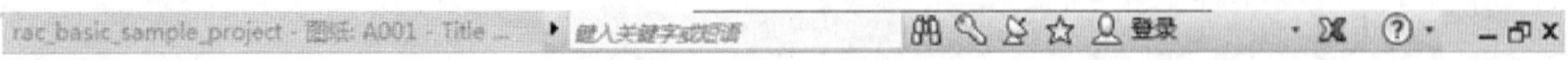

rac_basic_sample_project - 图纸: A001 - Title ...　键入关键字或短语　登录

图 1-1-13　帮助与信息中心

（5）快速访问工具栏下方是 ribbon 界面的功能选项卡，里面提供了创建项目所需的全部工具，它由不同的选项卡构成，每个选项卡又由若干个面板组成。它们按照工作和任务流程分布在各个选项卡中，与常用的 office07 界面相类似，如图 1-1-14 所示。操作末端 按钮，其提供了 3 种显示方式，分别是“最小化为选项卡”“最小化面板标题”和“最小化为面板按钮”。当选择“最小化为选项卡”时，可最大化绘图区域，增加模型显示面积。单击功能区中的三角形按钮 ，可对不同显示方式进行切换。

图 1-1-14　功能选项卡

（6）在功能区面板中，当鼠标指针放到某个工具按钮上时，会显示当前按钮的功能信息，如图 1-1-15 所示。如果停留时间稍长的话，还会提供当前命令的图示说明，如图 1-1-16 所示。复杂的工具按钮还提供简短的动画说明，便于用户更直观地了解该命令的使用方法。

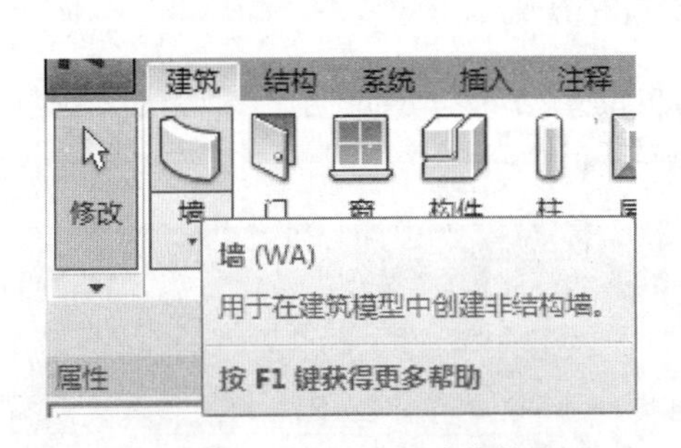

图 1-1-15　当前按钮功能信息

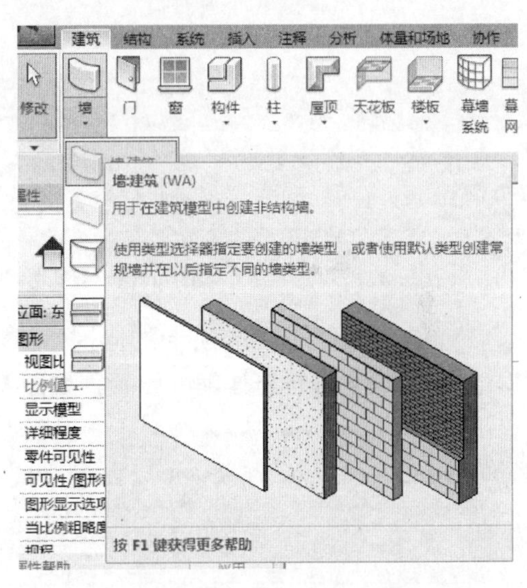

图 1-1-16　当前命令图示说明

（7）在 Revit 当中还有一些隐藏工具，带有下三角或斜向小箭头的面板都会有隐藏工具。通常以展开面板、弹出对话框两种形式显示，如图 1-1-17 所示。单击 按钮，可让展开面板中的隐藏工具永久显示在视图中。

（8）每个选项卡中包含若干个面板，点击面板标题栏不动，可以将其拖拽出来，或者根据自己的需要和使用习惯调换位置。

（9）每个选项卡的最左侧都是“选择”面板-“修改”命令。单击它或者按下“Esc”键可以退出正在进行中的状态。

（10）单击快速访问工具栏按钮，切换模型到三维视图显示。单击“建筑”选项卡-

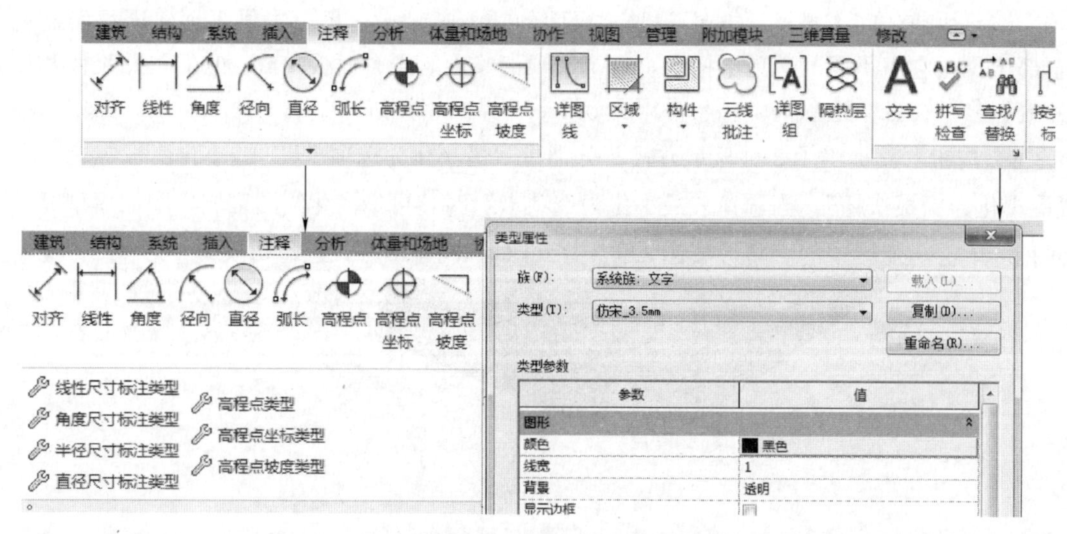

图 1-1-17　展开面板、弹出对话框

“构建”面板-“墙”命令，在选项卡末端将出现“修改|放置墙”上下文选项卡，出现编辑墙体的相关命令，如图 1-1-18 所示。运用同样的方式选择其他命令，观察上下文选项卡的变化。

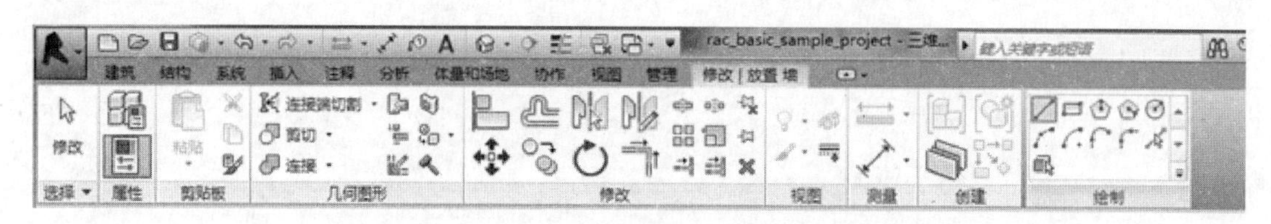

图 1-1-18　“修改|放置墙”上下文选项卡

（11）在出现上下文选项卡的同时，选项卡面板的下方，将出现与之相应的“选项栏”，用于对命令进行更详细的设置，如图 1-1-19 所示。

图 1-1-19　选项栏

（12）选项栏下方右侧是绘图区域。用于当前项目的视图、图纸或明细表，如图 1-1-20 所示。

（13）绘图区域左侧是“属性”面板和“项目浏览器”面板，单击面板标题，可以将其拖拽至自己习惯的位置，如图 1-1-21 所示。

（14）属性面板可以查看和修改已选定图元的属性或参数，如图 1-1-21 所示。当绘图区域没有图元被选择时，属性面板呈现的是活动视图的属性。

（15）项目浏览器可以从不同的视角来观察和管理项目。用于显示当前项目所有视图、

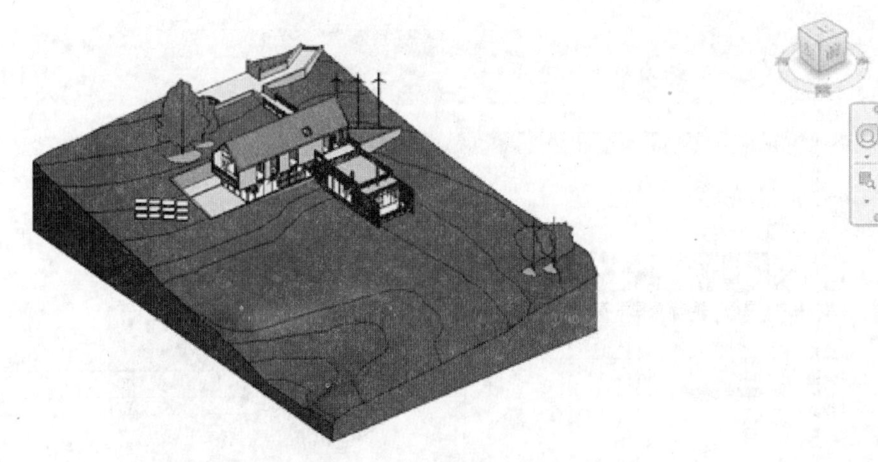

图 1-1-20　绘图区域

图 1-1-21　“属性”和“项目浏览器”

明细表、图纸、族、组和链接的 Revit 模型与其他部分的结构树。视图（含图纸、明细表）是同一个基本建筑模型数据库的信息表现形式，一个项目模型只有一个，视图可以有多个。

（16）在项目浏览器中打开楼层平面下 level2 视图与三维视图下｛3D｝视图，单击“视图”选项卡-“窗口”面板-“平铺”命令，使视图并排显示，如图 1-1-22 所示。

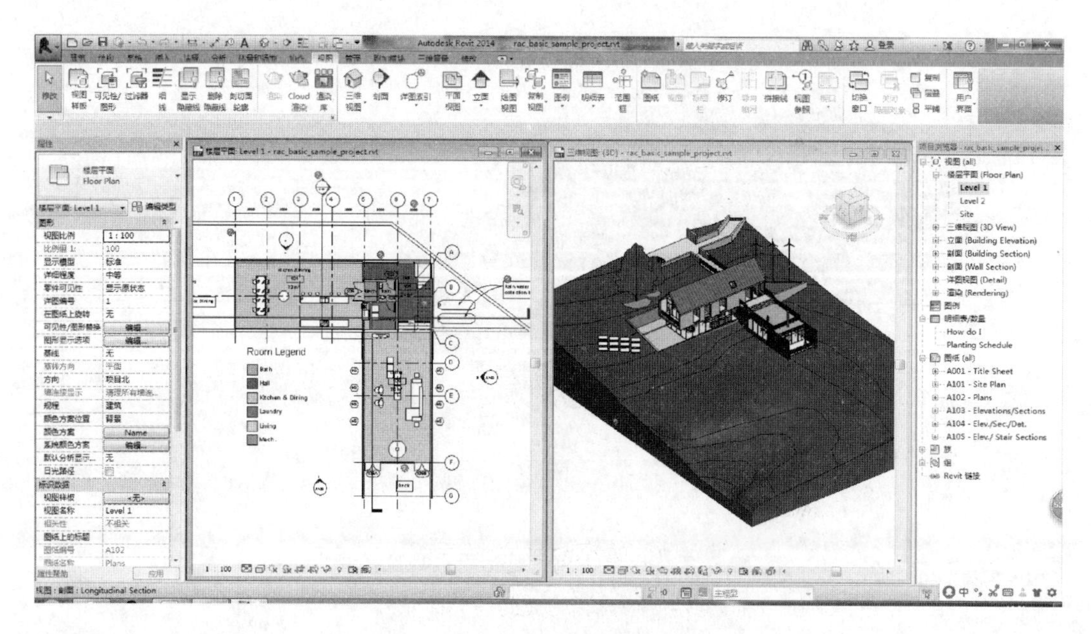

图 1-1-22　视图平铺

（17）用鼠标中键滚轮将两视图放大，在 level2 视图中移动如图 1-1-23 所示窗户，观察其在三维视图中的变化；在三维视图中删去刚才移动过的窗户，观察其在平面视图的变化，理解模型与视图的联动关系。

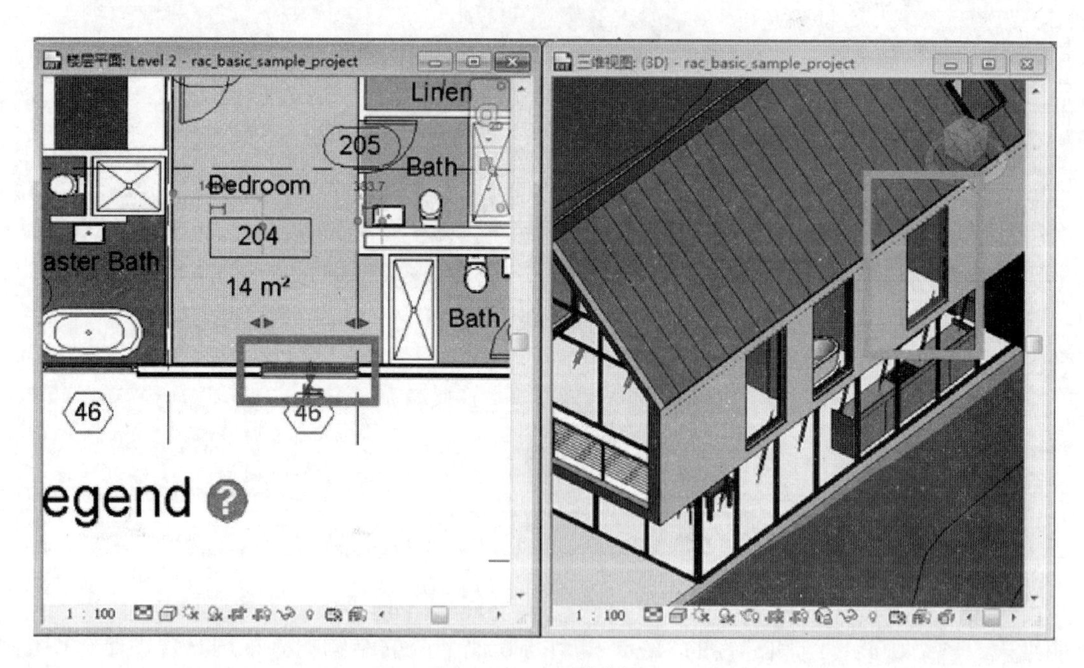

图 1-1-23　三维视图

（18）绘图区域的下方是“视图控制栏”，用以控制视图显示方式。视图控制栏下方是状态栏，依次是普通状态栏、工作集状态栏和选择状态栏，如图 1-1-24 所示。

图 1-1-24　视图控制栏

1.1.5　实训注意事项

（1）在 Revit 建模过程中，新建项目时，要注意选择的是“项目”，而不是“项目样板”，并正确选择“样本文件”。

（2）新建项目后，按照要求立即进行保存，以给文件一个保存的位置，防止软件出现问题。

（3）实训过程中，了解“应用程序菜单”“快速访问工具栏”“功能区”“选项栏”以及属性面板、项目浏览器包含的工具和命令后，应反复练习直至能熟练使用。

思　考　题

（1）“项目”命令与“Revit 文件”命令的区别是什么？

（2）视图中没有显示“属性”对话框，如何让其显示？

（3）如何显示或隐藏工具面板？

（4）如何将某个文件一直显示在“最近使用的文档”中？

（5）“项目”与“族”有什么区别？

（6）打开 Revit“项目”有哪几种方法？

（7）如何显示某些命令的功能信息？

（8）如何显示和固定功能选项卡中的隐藏工具？

任务 1.2　熟悉视图及查看三维模型

1.2.1　实训任务说明

Revit 在各个视图中均提供了视图控制栏，用于控制各视图中模型的显示状态。视图控制栏一般位于 Revit 窗口底部和状态栏上方，可以快速访问影响绘图区域的功能。视图控制栏一般包括比例、详细程度、视觉样式、打开日光/关闭日光/日光设置、打开阴影/关闭阴影、显示渲染对话框等 14 项工具。不同类型视图的视图控制栏样式工具不同，所提供的功能也不相同。

Revit 提供了多种导航工具，可以实现对视图进行“平移”“旋转”和“缩放”等操作。对模型进行旋转、缩放等操作是进行可视化设计时必须掌握的技能。使用鼠标结合键盘上的功能按键或使用 Revit 提供的“导航栏”都可实现对视图的操作，分别用于控制二维及三维视图。同时，Revit 还提供了 ViewCube 工具来控制视图，默认位置在绘图区域的右上角。使用 ViewCube 可以很方便地将模型定位于各个方向和轴测图视点。

本项实训的目标是学会使用视图控制栏中的各个工具，学会控制这些视图窗口，掌握视图窗口的显示方式；学习软件中隐藏和隔离图元的方法；学会视觉样式的设置等；能够利用鼠标、键盘和视立方（ViewCube）等多种手段，完成对视图中的模型进行旋转、移动、缩放等操作。

1.2.2　视图的显示

（1）在项目浏览器中打开若干个视图，尝试“视图”选项卡-“窗口”面板中各项命令。

（2）打开任意一平面视图，在绘图区域的下方的视图控制栏中，尝试选择不同的比例，如图 1-2-1 所示。在属性面板中也能调整比例。

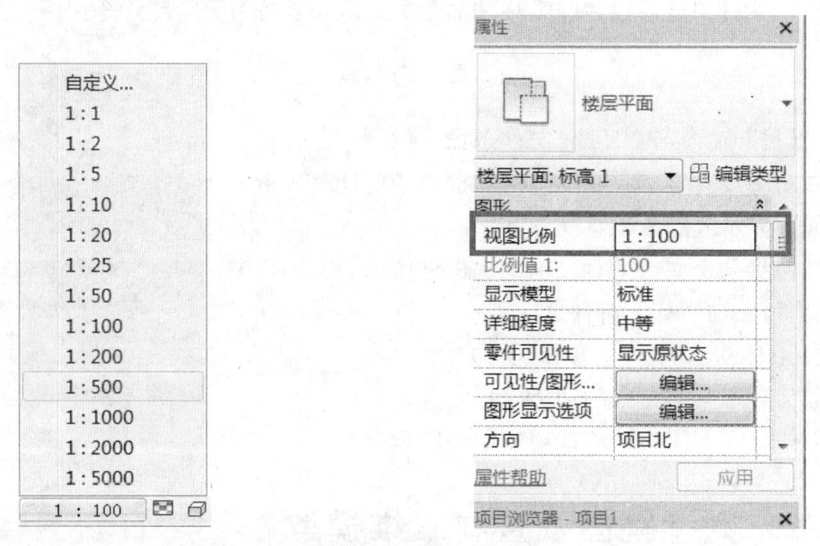

图 1-2-1　视图比例

（3）单击快速访问工具栏中按钮，切换至细线模式，放大平面视图。在绘图区域的下方的视图控制栏中，尝试选择不同视图详细程度，如图 1-2-2 所示。

图 1-2-2　视图详细程度

（4）在项目浏览器中打开｛3D｝视图，单击视图控制栏中视觉样式按钮，如图 1-2-3 所示，尝试不同视觉样式，如图 1-2-4 所示。

（5）视图控制栏中 按钮可以临时隔离或隐藏图元与类别。选中视图模型中任意一面墙体，尝试图 1-2-5 中四个不同命令，观察其差别。视图临时隐藏或隔离时，绘图区域将出现蓝色框，如图 1-2-6 所示。选择“重设临时隐藏/隔离”将返回初始状态。

（6）选择屋顶，单击鼠标左键，选择在“视图中隐藏”-“图元”，如图 1-2-7 所示选择永久隐藏，绘图区域不会显示如图 1 2 6 所示的颜色框。要想恢复屋顶的显示，单击视图控制栏中“显示隐藏图元”按钮，选择屋顶，单击“修改|屋顶”上下文选项卡中“取消隐藏图元”命令，然后按“切换显示隐藏图元模式”或返回，如图 1-2-8 所示。

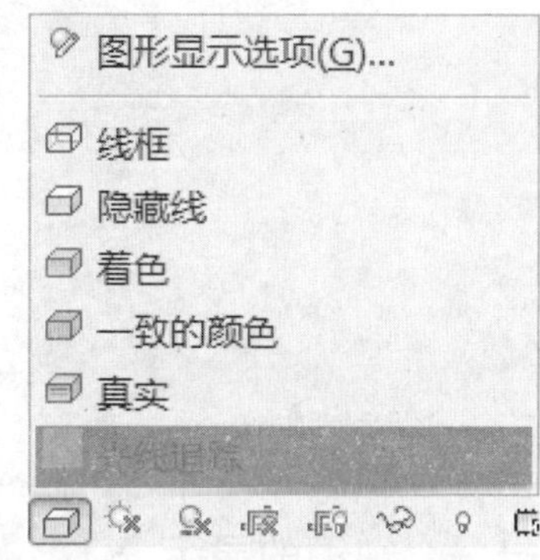

图 1-2-3　视觉样式

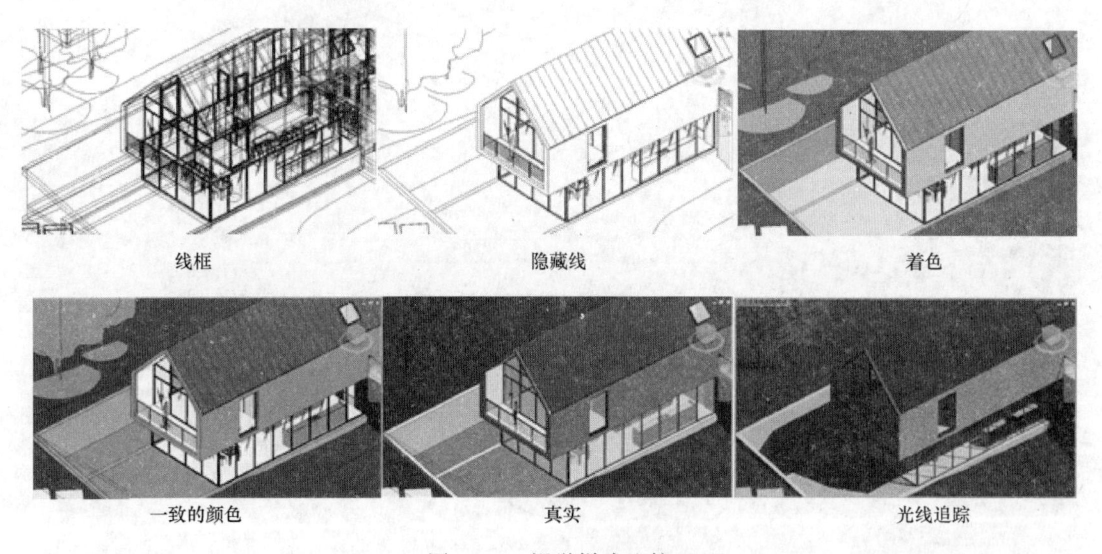

图 1-2-4　视觉样式比较

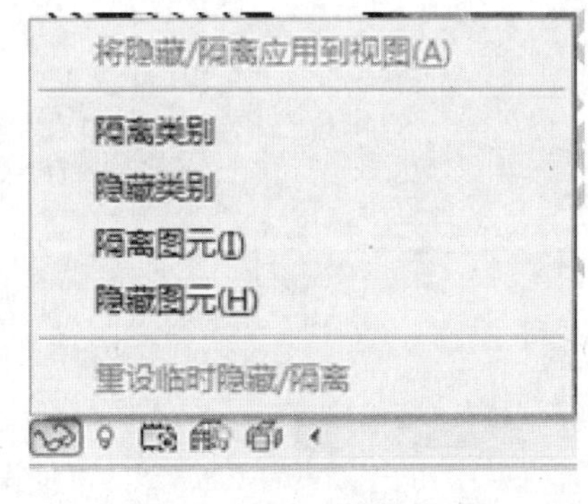

图 1-2-5　临时隐藏/隔离

图 1-2-6　临时隐藏/隔离操作

（7）在三维视图中选择屋顶，单击“修改|屋顶”上下文选项卡-“视图”面板-“置换图元”命令，拖动坐标，如图 1-2-9 所示，将屋顶分离出建筑（与移动屋顶不同，移动屋顶将修改整个项目中的屋顶位置，置换图元仅用于在本视图中创建分解模型）。同样，将

图 1-2-7　永久隐藏

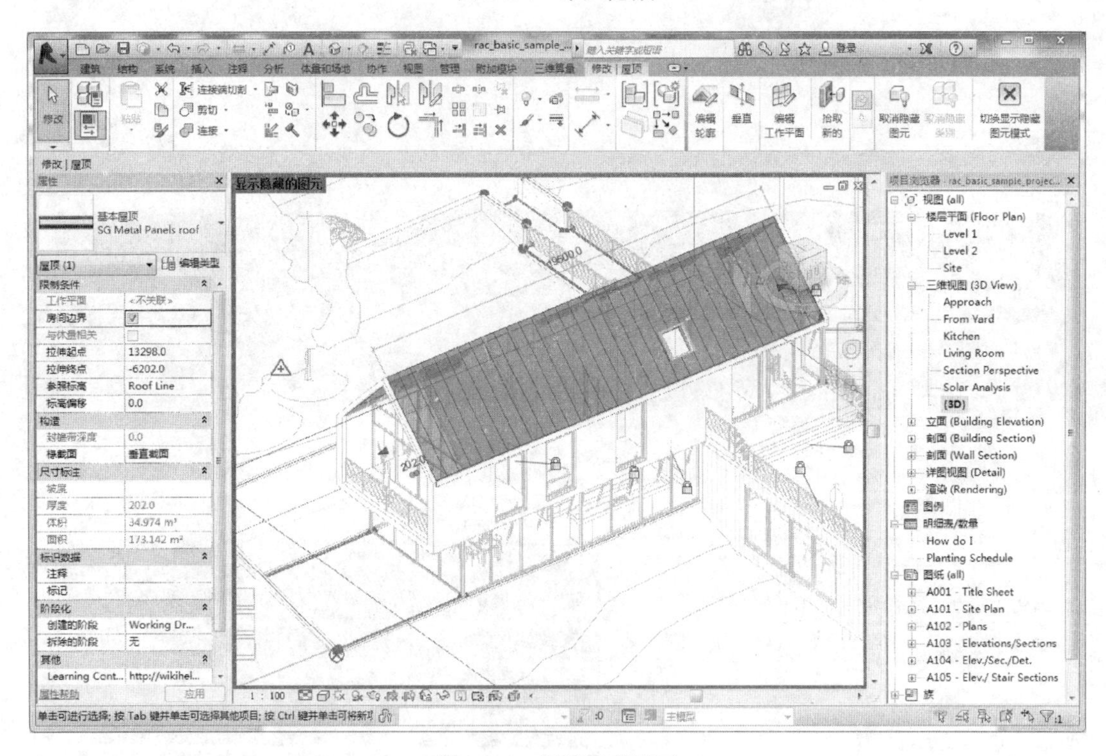

图 1-2-8　显示隐藏图元

任意一面墙体分离出建筑，如图 1-2-10 所示。

（8）选择出现位移的图元，在随之出现的上下文选项卡中单击“重置”命令，可使图元恢复原有位置。但当移动了较多图元而忘记哪些是移动过的图元时，可通过视图控制栏恢复：单击视图控制栏最后一个“高亮显示位移集”按钮（三维视图中才会显示），视图区域将出现橙色框，步骤（7）中移动的屋顶和墙体将高亮显示，选择高亮物体，单击“修改|位移集”选项卡-“位移集”面板-“重设”命令，屋顶及墙体将返回原有位置。再次

图 1-2-9　置换图元“屋顶”

图 1-2-10　置换图元“墙体”

单击视图控制栏中“高亮显示位移集”按钮返回原视图状态，如图 1-2-11 所示。

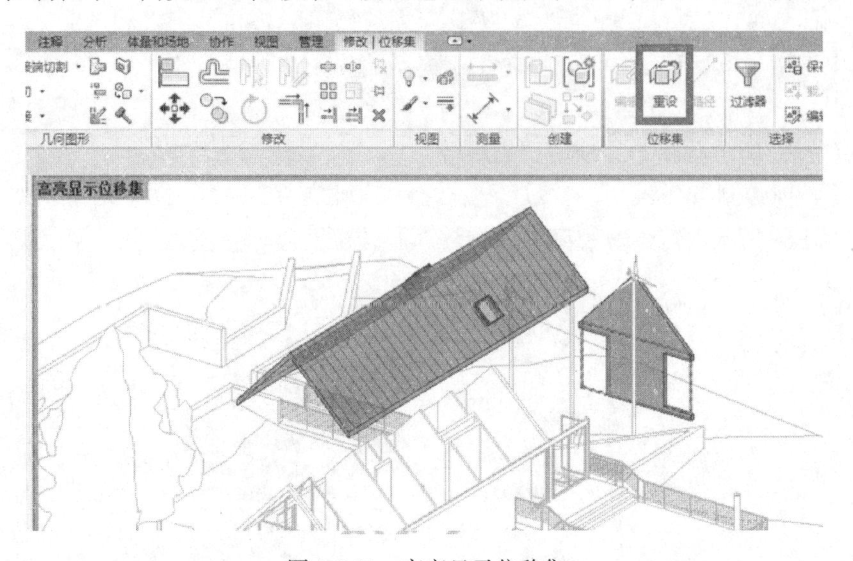

图 1-2-11　高亮显示位移集

(9) 不选择任何图元，在“属性”面板中，能对视图进行更加详细的设置。单击“属性”面板-“可见性/图形替换按钮”，在弹出对话框中取消“墙”前面的复选框，如图1-2-12所示单击确定后查看视图区域，墙体就变为不可见。

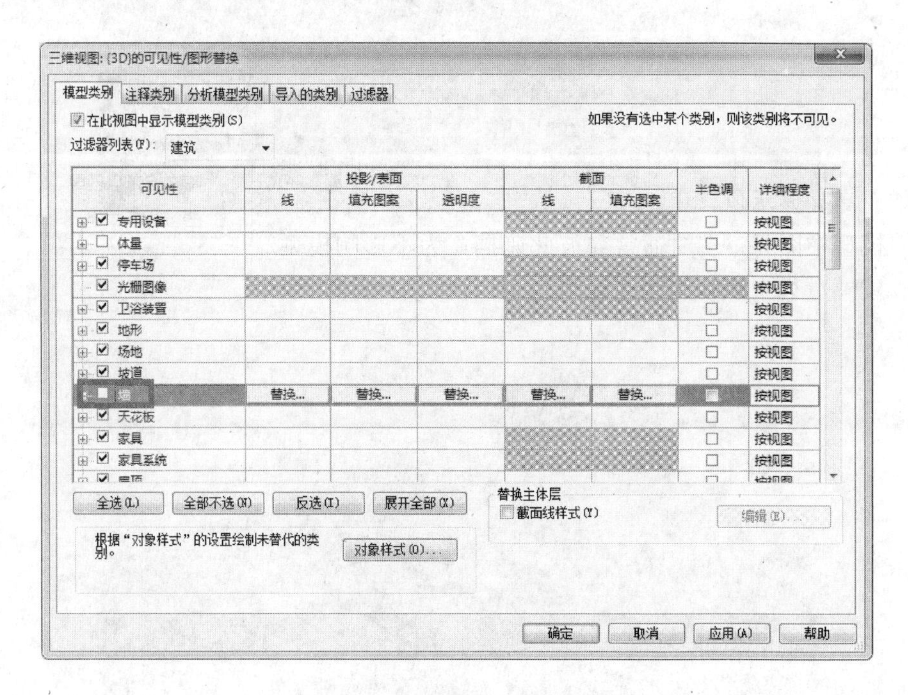

图 1-2-12 可见性/图形替换按钮

1.2.3 模型的查看

(1) 鼠标操作

通过鼠标就可以进行模型的旋转、平移、缩放操作。“Shift＋鼠标中键”用于模型旋转；鼠标中键用于模型平移；鼠标滚轮用于模型缩放。

(2) 视立方 (ViewCube)

如图 1-2-13 所示，用于三维模型的旋转。

(3) 全导航控制盘

如图 1-2-14 所示，可以对视图进行缩放、旋转、平移等命令。

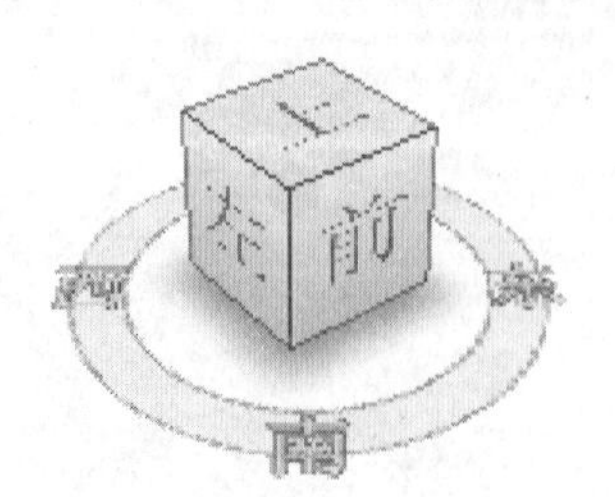

图 1-2-13 视立方

图 1-2-14 导航盘

（4）缩放控制命令

如图 1-2-15 所示，用于更快捷方便地缩放视图。

1.2.4　实训注意事项

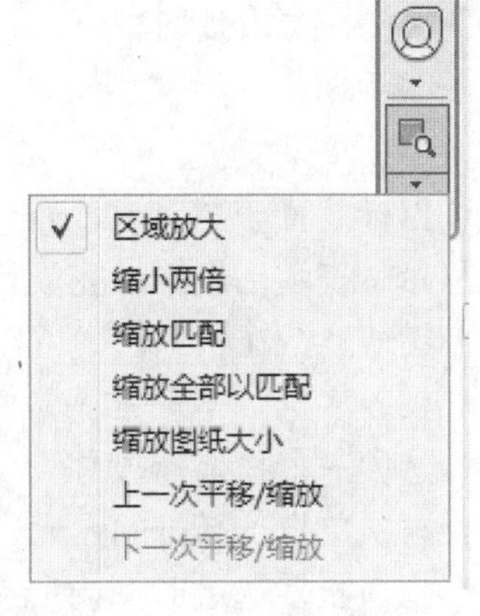

图 1-2-15　缩放控制命令

（1）不同类型视图的视图控制栏样式中的工具是不同的。有一些工具在平面视图中不显示，而在三维视图中显示，比如，高亮显示位移集。

（2）模型中图元过多时通常会彼此遮挡，为不影响模型的编辑，建模过程中经常需要"隐藏"遮挡视线的物体，或将要编辑的对象"隔离"出来。要注意学会将隐藏的图元显示出来。

（3）"控制盘"不仅可以在三维视图中使用，也可以在二维视图中使用。而"全导航控制盘"中的"漫游"按钮不可以在默认的三维视图中使用，必须在相机视图中才可以使用。

思　考　题

（1）在平面视图中，是否会出现"高亮显示位移集"工具按钮？

（2）如何隐藏和隔离图元，并将隐藏和隔离的图元重新显示？

（3）除了对当前模型的样式替换，可以对链接的模型进行样式替换吗？

（4）如何使用渲染对话框，将创建的模型导出为图片格式？

（5）键盘结合鼠标的操作有几个步骤？

（6）如何自定义视图背景？

任务 1.3　图元的选择与修改

1.3.1　实训任务说明

模型绘制过程中，经常需要对图元进行修改。在查看、修改图元前，先要选定需要编辑的图元。在 Revit 中选择图元的方法共有 3 种，分别是单击选择、框选选择和使用键盘功能键结合鼠标循环选择。无论使用哪种方法选择图元，都需要使用"修改"工具才可以执行。Revit 提供了大量的图元修改工具，其中包括"移动""旋转"和"缩放"等。这些工具都可以在"修改"选项卡中找到。

本项实训的目标是掌握选择所需图元的不同方法（单选、多选、选择过滤），熟练掌握"修改"选项卡中的各个命令（"移动""旋转"和"缩放"等），能够结合 Tab 键的切换功能选择所需要编辑的图元。

1.3.2　图元的选择

（1）单选

鼠标放置于图元上，当需要选择的图元的轮廓高亮显示时，单击确定，整个图元将高亮显示，表示已经选择完成。有时，高亮显示轮廓的图元并不是需要选择的图元，可以按 Tab 键切换。在状态栏中可以看见图元的名称，用以确认其是否为需要选择的图元。

（2）多选

选中一个物体，按住 Ctrl 键不放，继续选择其他的物体，可实现多选。按住 Shift 键，再次单击选择过的图元，可取消多选此图元。鼠标在视图中，自左上角到右下角拉出矩形框，能多选矩形框内所有完整图元（图元必须是全部在矩形框内，才能被选择上）；鼠标自右下角到左上角拉出矩形框，能选择中矩形框内所有图元（图元任意一部分被框选，都能被选择上）。单选任意图元，单击鼠标右键，选择“选择全部实例”-“在整个项目中”，如图 1-3-1 所示，可多选项目中所有与该图元一致的构件。

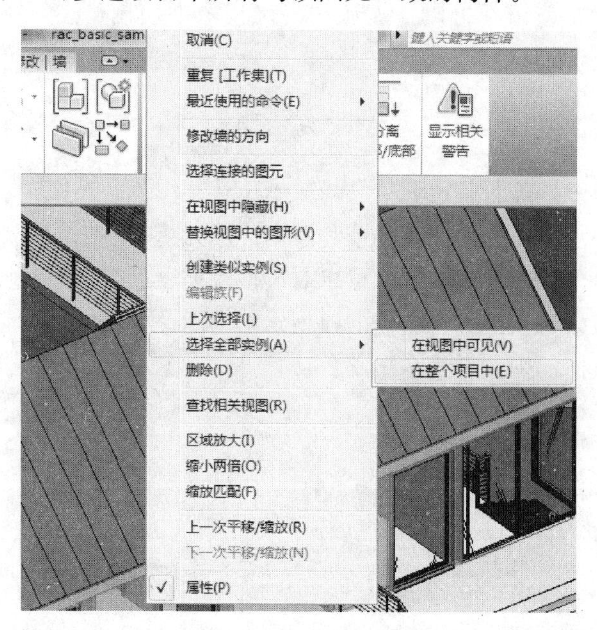

图 1-3-1　选择全部实例

（3）过滤器

用鼠标框选不同类型的若干图元，在“修改|选择多个”上下文选项卡中，单击“选择”面板-“过滤器”命令。在弹出的对话框（图 1-3-2）中，勾选需要选择的图元类型，单击确定后，系统将对多选的图元进行过滤，放弃选择未勾选的图元。

1.3.3　图元的修改

在“修改”选项卡-“修改”面板中，有若干常规命令可以对图元进行修改，它们的功能与 AutoCAD 等其他软件的这些功能类似，如图 1-3-3 所示。

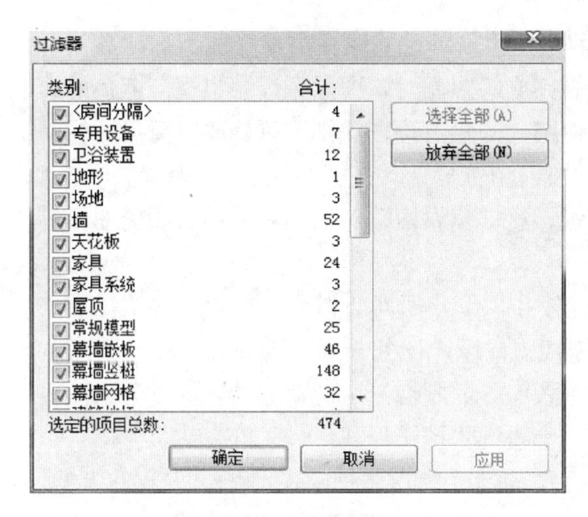

图 1-3-2 过滤器

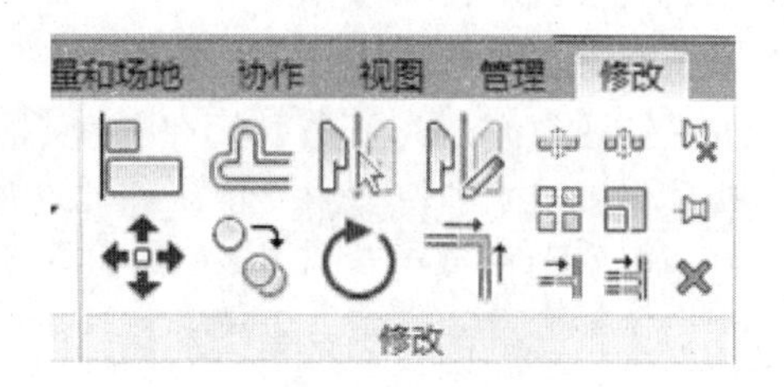

图 1-3-3 “修改”选项卡

1.3.4 实训注意事项

（1）使用对齐命令时，有时候选择不到所需要的构件或者线条，可以使用 Tab 键进行切换。但是在点击对齐命令后不能立即用鼠标左键点击线条，必须先使用 Tab 键，切换到需要点击的线条之后再进行点击。

（2）使用框选方式选择图元时，若要选择完全位于选择框边界之内的图元，从左至右拖拽光标；若要选择全部或部分位于选择框边界之内的任意图元，则从右至左拖拽光标。

（3）利用阵列工具中的径向阵列时，先选择阵列的地点，再输入角度，最后按键盘上的 Enter 键即可。

思 考 题

（1）Revit 中的修改命令可以像 AutoCAD 一样，完全使用快捷键操作吗？

（2）选择图元的方法有哪几种？

（3）使用框选方式选择图元时，如何选择完全位于选择框边界之内的图元？如何选择全部或部分位于选择框边界之内的任意图元？

（4）使用对齐工具时，如果按 Ctrl 键，会实现“多重对齐”命令吗？

（5）阵列工具有几种阵列的方式？

（6）若要取消选择某个选定的图元，但是不取消其他的图元，应该如何操作？

任务 1.4 临时尺寸标注及界面设置

1.4.1 实训任务说明

尺寸标注是建模过程中最重要的一个环节。在 Revit 软件中，提供了一种临时尺寸标注，这是与 AutoCAD 中的尺寸标注不一样的地方。临时尺寸标注由尺寸线、标注数值和端点等内容组成。当选中绘图区域中已经绘制完成的图元时，图元旁边会出现淡蓝色的尺寸标注和控制柄。要修改图元与轴线或者其他图元的相对位置，则可以修改临时尺寸标注中的数值即可。Revit 中“属性”对话框和“项目浏览器”等工具可以在“视图”上下文选项卡中的“用户界面”下拉菜单中进行勾选，这样“属性”对话框和“项目浏览器”等工具就会显示在软件界面中。

在 AutoCAD 中，为了高效率地完成设计任务，设计师都会为软件设置一些快捷键来提高绘图效率。为了在 Revit 中高质量、快速地完成设计任务，同样需要设置一些常用的快捷键来提高建模效率。把鼠标移到某个命令按钮处，则会显示此命令的快捷键方式，也可以在“用户界面”中点击“快捷键”按钮，来查询快捷键形式。

本项实训的目标是学会利用临时尺寸标注中的尺寸和控制柄对图元做出修改和调整，学会调用“属性”对话框和“项目浏览器”等工具面板。掌握添加或删除快捷键的方法。

1.4.2　临时尺寸标注

（1）在视图中，选择任意模型图元，将出现淡蓝色的临时尺寸标注，如图 1-4-1 所示。单击数字进行修改，按回车键确认，观察其在视图中的变化。

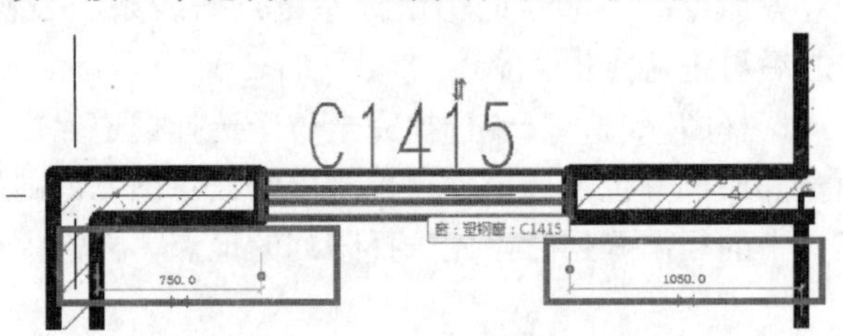

图 1-4-1　临时尺寸标注

（2）单击尺寸界线蓝色控制点，可精确设置尺寸标志位置。

（3）单击数字下方标注符号，可将临时尺寸变为永久性尺寸标注。

1.4.3　界面定义

单击“视图”选项卡-“窗口”面板-“用户界面”命令，如图 1-4-2 所示，可对用户界面进行设置。

图 1-4-2　用户界面

1.4.4　快捷方式

（1）将鼠标放置于常见命令按钮处，会显示该命令快捷方式，如图 1-4-3 所示。

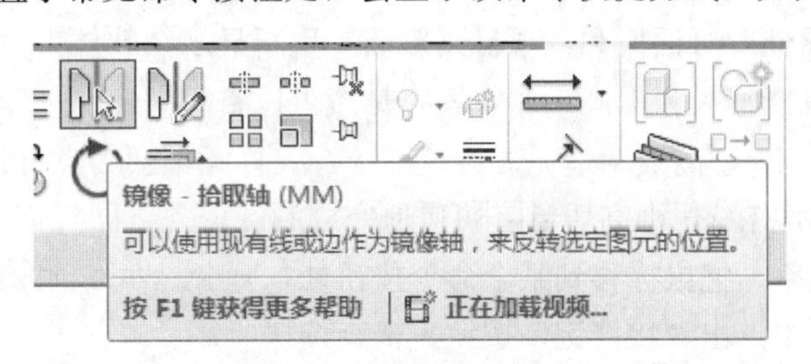

图 1-4-3　快捷方式显示

（2）单击“用户界面”命令下“快捷键”按钮，在弹出的对话框中（图 1-4-4），可对常用命令的快捷方式进行查询和修改。

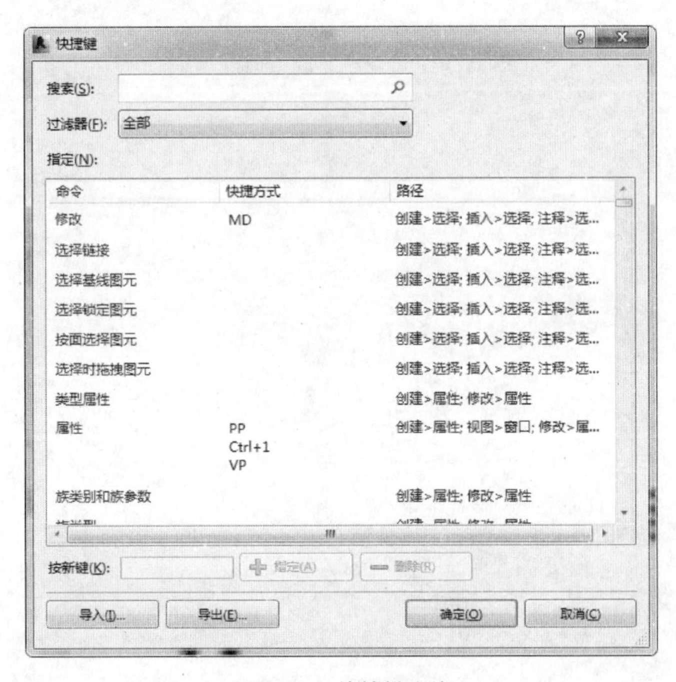

图 1-4-4　快捷键查询

（3）不保存示例文件，关闭软件，结束本节学习。

1.4.5　实训注意事项

临时尺寸根据端点位置的不同在作用上是有区别的。如果尺寸的端点都在图元上，那么这一临时尺寸可以控制图元的尺寸；如果临时尺寸的端点一个位于本图元，另一个在其他图元上，那么它主要是用来控制这一图元与其他图元的距离或角度等内容。如果尺寸的端点不在需要的位置，可以将其拖拽到所需位置。

思 考 题

（1）如何将临时尺寸标注设置为永久性尺寸标注？

（2）如何将永久性尺寸标注修改为临时尺寸标注，以此达到修改图元的目的？

（3）如何将“属性”对话框和“项目浏览器”重新显示在软件界面中？

（4）使用快捷键能够大大提高工作效率，是否可以自定义快捷键？如果可以，应该怎么做？

（5）临时尺寸端点位置不同，其作用有什么不同？

单元2 别墅建筑建模基本操作

某别墅建筑，砌体混合结构，部分建筑施工图见附录1。其中建筑内外墙厚均为240mm，沿轴线居中布置。二层棚架顶部标高与屋顶檐口一致，棚架梁截面高150mm，宽100mm，棚架梁间距自定。窗型号C1815的尺寸为1800mm×1500mm，窗型号C0615的尺寸为600mm×1500mm；门的型号M0821，M0921，M1521，M1822，JLM3022，TLM1824，尺寸分别为800mm×2100mm，900mm×2100mm，1500mm×2100mm，1800mm×2200mm，3000mm×2200mm，1800mm×2400mm。房屋不同部位的附着材质，外墙体采用白色墙面涂料，勒脚采用灰色石材，屋顶及棚架采用黄色涂料，立柱及栏杆采用白色涂料。其他建模条件由学生自定。

本单元实训的教学目标为：

(1) 能够根据附录1的别墅建筑施工图，分析模型搭建的基本工作流程，明确构建该别墅建筑模型的工作步骤。

(2) 掌握标高、轴网、柱子、墙体、楼板、门窗、屋顶、楼梯与扶手、场地等功能模块的基本概念及操作方法。

(3) 能够应用Revit软件逐步完成别墅建筑模型搭建。模型构件应表现对应建筑实体的基本形状及总体尺寸，模型的作业深度应能用于方案设计阶段。

(4) 以"别墅＋学号"为文件名保存实训成果。并能在该成果基础上拓展学习。

在Revit中设计项目，可以从标高和轴网开始，根据标高和轴网信息建立墙、门、窗等模型构件；也可以先建立概念体量模型，再根据概念体量生成标高、墙、门等三维构件模型，最后再加轴网、尺寸标注等注释信息，完成整个项目。两种方法殊途同归，本教材以第一种方法完成别墅项目建模。

任务2.1 设置标高

2.1.1 实训任务说明

标高和轴网是建筑设计中重要的定位信息，Revit将标高和轴网作为建筑模型中各构件空间定位的依据。事实上，标高和轴网也是在Revit平台上实现建筑、结构、机电全专业间三维协同设计的工作基础与前提条件。

在建立模型时，Revit将通过标高确定建筑构件的高度和空间位置，几乎所有的建筑构件都是基于标高创建的。当标高修改后，这些建筑构件也会随着标高的改变而发生高度的变化。使用“标高”工具，可定义垂直高度或建筑内的楼层标高。可为每个已知楼层或其他建筑参照（如第二层、墙顶或基础底端）创建标高。当标高创建完成后，需要进行一些适当的修改，才能符合项目与出图的要求。如标头样式、标高线线型图案等。标高创建完成后，利用视图选项卡中的新建楼层平面可以生成相应的视图。

本项实训的主要内容是创建项目的标高定位信息。实训目标是掌握“标高”命令的主要知识点，了解生成标高的主要方式，能够利用“标高”命令将标高绘制到指定位置，熟练掌握标高样式的编辑命令，对绘制的标高进行实例属性和类型属性的修改。

2.1.2 绘制标高

（1）打开 Revit 软件，选用软件自带的“建筑样板”新建一个项目，命名为“别墅”，保存文件。

（2）在项目浏览器中展开“立面”项，双击任意方向进入立面视图。

（3）在绘图区域中，单击标头名称激活文本框，重命名“标高 1”为“F1”，“标高2”为“F2”。跳出“是否希望重命名相应视图”对话框，一律选择“是”。

（4）单击标头处高度数值激活数据，调整“F2”标高，将一层与二层之间的层高修改为 3.200m，如图 2-1-1 所示。

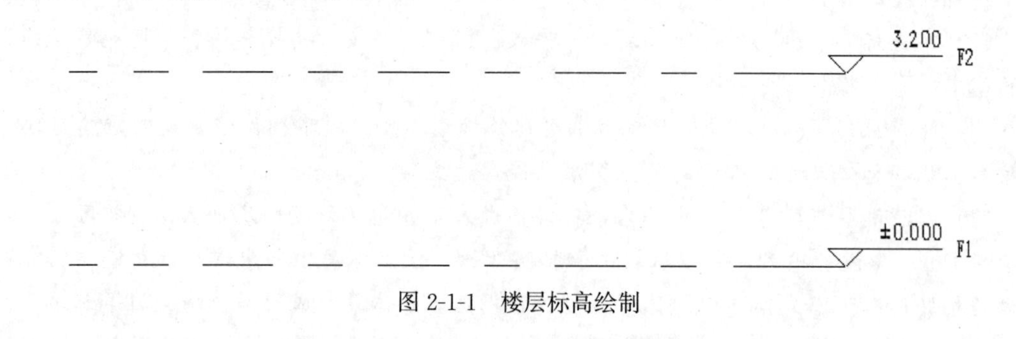

图 2-1-1 楼层标高绘制

（5）绘制 F3 标高。单击“建筑”选项卡-“基准”面板-“标高”命令，在 F2 标高左上方单击，向右移动鼠标，在标高终点处单击结束绘制标高“RF”，选择标高 RF，激活临时尺寸标注，调整其与 F2 的间隔使间距为 3000mm，如图 2-1-2 所示。

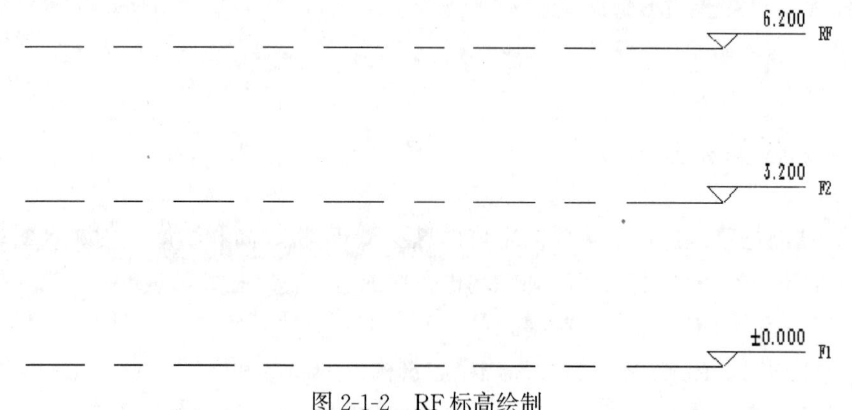

图 2-1-2 RF 标高绘制

（6）利用复制命令，创建地坪标高。选择标高 F1，单击“修改|标高”选项卡-“修改”面板-“复制”命令，选项栏勾选“约束”和“多个”。移动光标在标高“F1”上单击捕捉一点作为复制参考点，然后垂直向下移动光标，输入间距值 450 后按 Enter 确认复制新的标高。

（7）为新复制的一条标高命名为“室外地坪”，结果如图 2-1-3 所示。

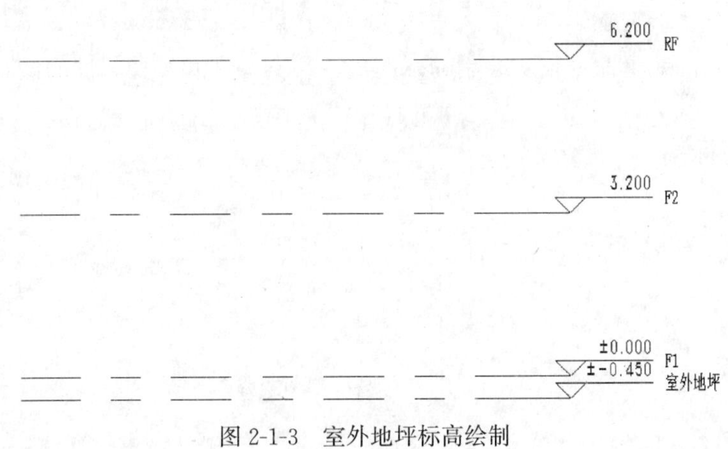

图 2-1-3　室外地坪标高绘制

（8）建筑的标高创建完成，保存文件。

（9）需要注意的是，在 Revit 中新复制或阵列的标高，标头都是黑色显示，这表明在“项目浏览器”中的“楼层平面”视图项下没有创建新的平面视图，并且标高标头之间重叠，下面将对标高做局部调整。

2.1.3　编辑标高

（1）单击拾取标高“室外地坪”，从“属性”面板中“类型选择器”下拉列表中选择“下标头”类型，标头自动向下翻转方向。结果如图 2-1-4 所示。

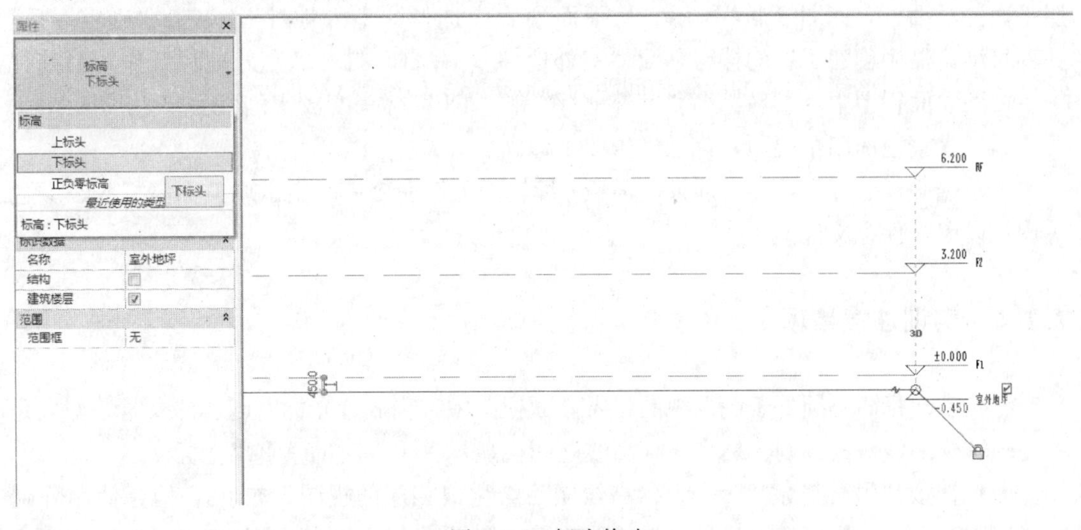

图 2-1-4　标头修改

（2）选中任意下标头，在“属性”面板-“编辑类型”命令中，将标高（下标头）的线型图案改为中心线，并增加勾选“端点1处的默认符号”，如图2-1-5所示。对上标头和正负零标高执行相同操作，修改结果如图2-1-6所示。

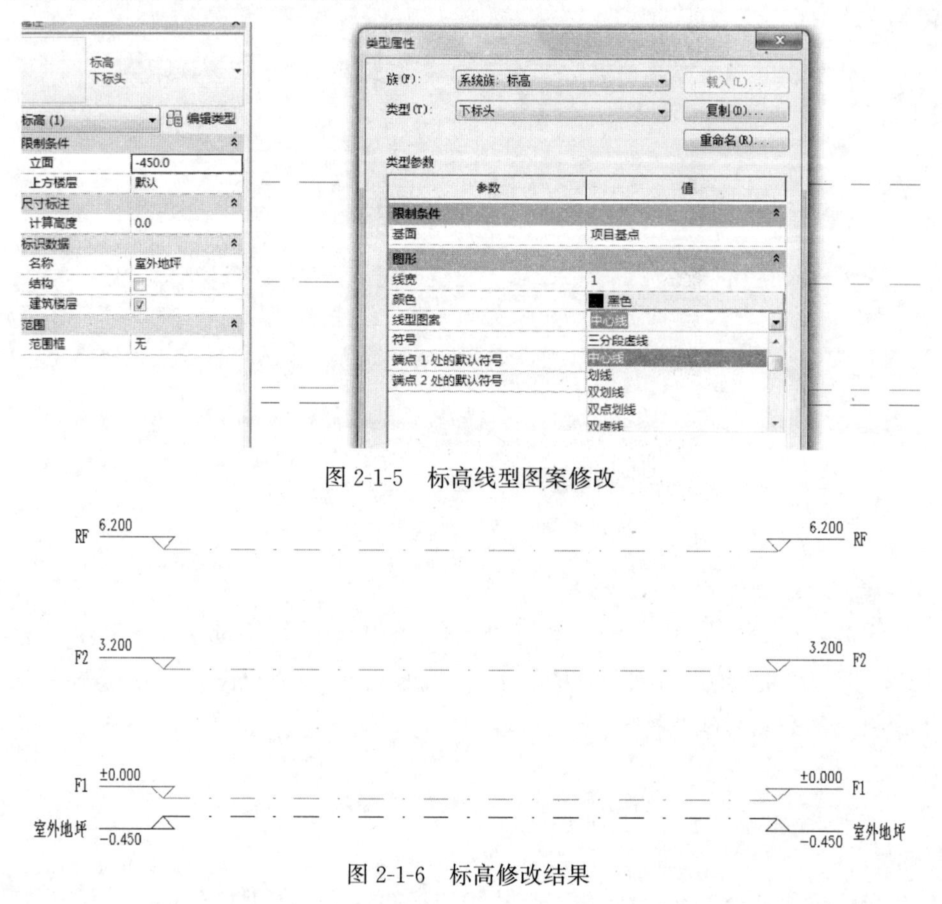

图2-1-5 标高线型图案修改

图2-1-6 标高修改结果

（3）单击“视图”选项卡-“创建”面板-“平面视图”-“楼层平面”命令，打开“新建楼层平面”对话框，如图2-1-7所示。从下面列表中选择“室外地坪”，单击“确定”后，在项目浏览器中创建了新的楼层平面“室外地坪”，并自动打开“室外地坪”作为当前视图。回到立面视图中，发现标高“室外地坪”和“RF”标头变成蓝色显示。

（4）观察立面四个视图，都已经生成了标高。

（5）选中任意标高，在“属性”面板-“编辑类型”命令中，尝试调整标高标头、颜色等属性设置，保存文件。

2.1.4 实训注意事项

（1）创建标高必须处于剖面视图或者立面视图中。当放置光标以创建标高时，如果光标与现有标高线对齐，则光标和该标高线之间会显示一个临时的垂直尺寸标注。

（2）直接利用绘制标高命令，标高绘制后会生成相应的视图，如F3。但是使用阵列或者复制命令创建的标高，只是单纯地创建标高符号而不会生成相应的视图，所以需要手

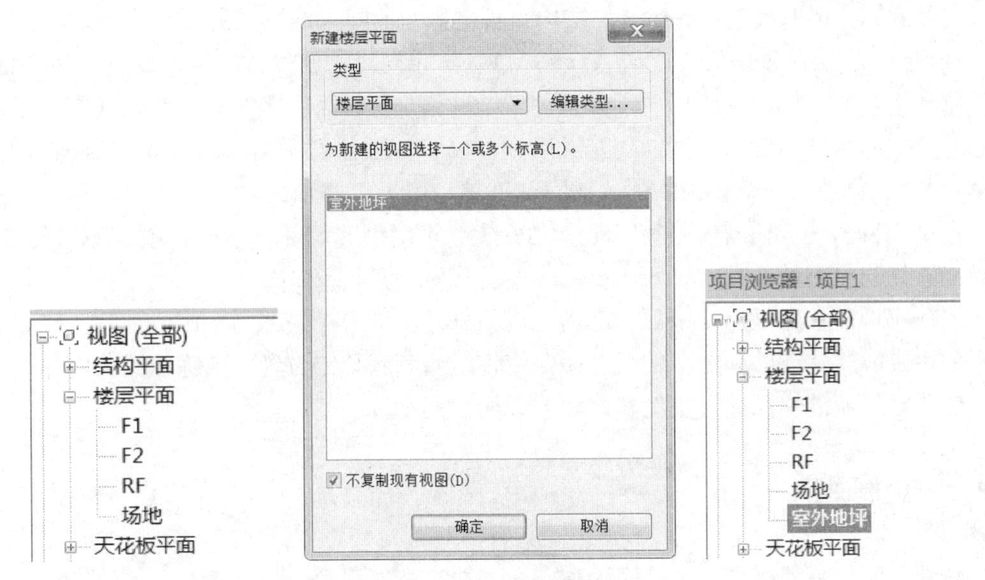

图 2-1-7　新建楼层平面

动创建平面视图。需要将绘制的标高线型变为连续时，则应选中该标高，然后点击类型属性，修改线型图案。

（3）在标高绘制过程中，标高命令按照数字顺序进行。修改标高尺寸时，标高线之间的临时尺寸标注单位为毫米，而标高符号上数字单位为米。

（4）如果想要同时水平移动所有的标高线，则需要将所有的标高线头和尾对齐，这样所有的标高线都会随之移动。

思　考　题

（1）生成标高的主要方式有哪几种？

（2）如何将标高的线型变为点画线？

（3）如何使标高线的两端均显示标高符号和名称？如何使其只在一边显示？

（4）Revit 中是否可以同时移动所有标高？如何操作？如何移动单个标高？

（5）如何使绘制的标高形成相应的视图？

（6）在 Revit 软件中，标高名称是否可以重名？

（7）将绘制的标高删除之后，重新绘制的标高名与删除的标高名是否相同？

（8）能否水平移动所有的标高线？

任务 2.2　建立轴网

2.2.1　实训任务说明

轴网是建筑物平面定位的重要信息。轴网不仅是确定建筑模型中各构件空间关系的基础，也是在Revit平台上实现建筑、结构、机电全专业间三维协同设计的前提条件。

在Revit中绘制轴网的方式与AutoCAD基本相同。需要注意的是，Revit中的轴网具有三维属性，它与标高共同构成了模型的三维网格定位体系。多数构件与轴网有着紧密的联系，譬如结构柱与梁。标高创建完成后，可以切换至任意平面视图（如楼层平面视图）来创建和编辑轴网。Revit提供了“轴网”工具，用于创建轴网对象。轴网用于在平面视图中定位项目图元。轴网的正确创建是之后能够正确创建墙体、柱子，添加门窗的前提，也是能够创建模型的基础。

本项实训的任务是创建项目的轴网定位信息。实训目标是掌握运用“轴网”命令绘制轴网的主要方式，能够利用“轴网”命令将轴线绘制到指定位置，熟练掌握轴网样式的编辑命令，对绘制的轴网进行实例属性和类型属性的修改。

2.2.2 绘制轴网

轴网需要在平面图中绘制，同标高一样，在一个视图中绘制完成后，其他平面图、剖面图与立面图都将自动显示。

（1）绘制轴网。在项目浏览器中，打开F1楼层平面图，选择“建筑”选项卡-“基准”面板-“轴网”命令。在绘图区域用与绘制标高相同的方式绘制第一条垂直轴线，轴号为“1”，如图2-2-1所示。

（2）选择①轴线，单击“属性”面板中的“编辑类型”按钮，得到如图2-2-2所示的“类型属性”对话框。将“轴线中段”“无”改为“连续”，并增加勾选“平面视图轴号端点1（默认）”，最终结果如图2-2-3所示。

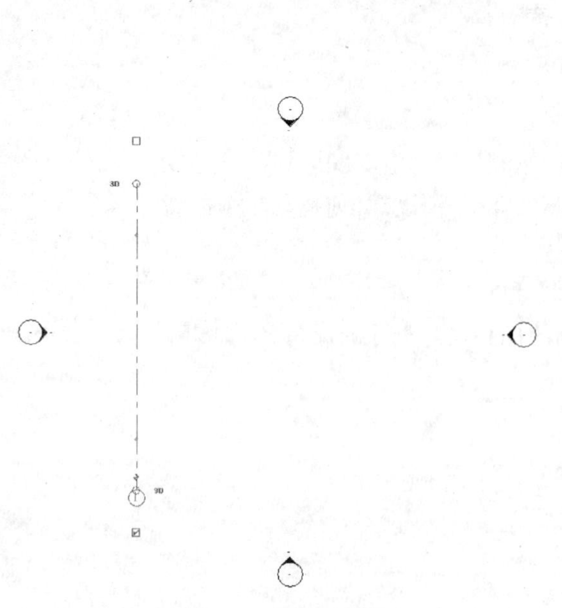

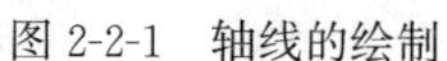

图2-2-1 轴线的绘制

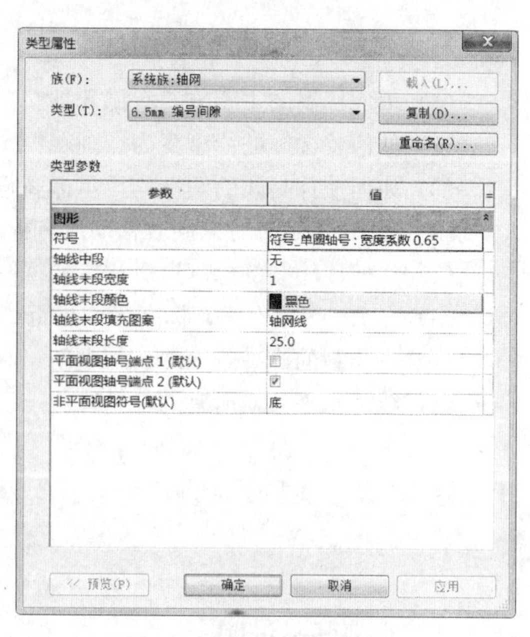

图2-2-2 轴网“类型属性”对话框

（3）利用“复制”命令创建②～⑪轴线。单击选择①轴线，单击“修改|标高”上下

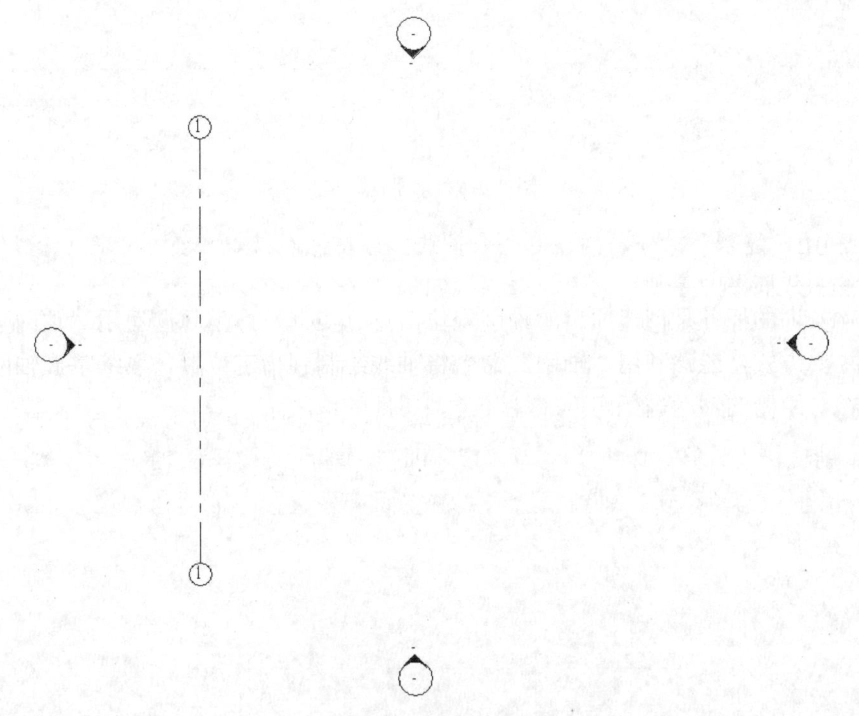

图 2-2-3　修改后轴线

文选项卡-“修改”面板-“复制”命令，选项栏勾选“约束”和“多个”，如图 2-2-4 所示。移动光标在①轴线上单击捕捉一点作为复制参考点，然后水平向右移动光标，输入间距值 600 后按“Enter”键确认后复制②轴线。保持光标位于新复制的轴线右侧，分别输入 3000、1800、1800、3900、3600 后按“Enter”键确认，完成后结果如图 2-2-5 所示。

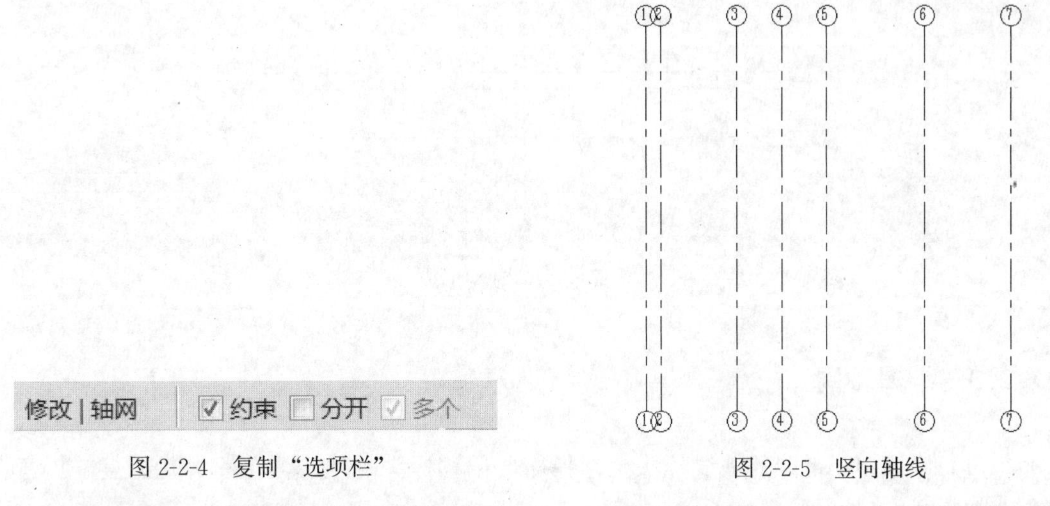

图 2-2-4　复制“选项栏”

图 2-2-5　竖向轴线

（4）绘制水平方向轴线。选择“轴网”命令，在如图 2-2-6 所示位置绘制一条水平轴线。双击新创建水平轴线的标头，激活文本框，修改标头文字为“A”，创建Ⓐ轴线。

需要注意的是，绘制轴网时，编号按照顺序进行，需要修改垂直轴号及不可使用的轴号，如 I、O、Z。另外，轴号不得重复出现。

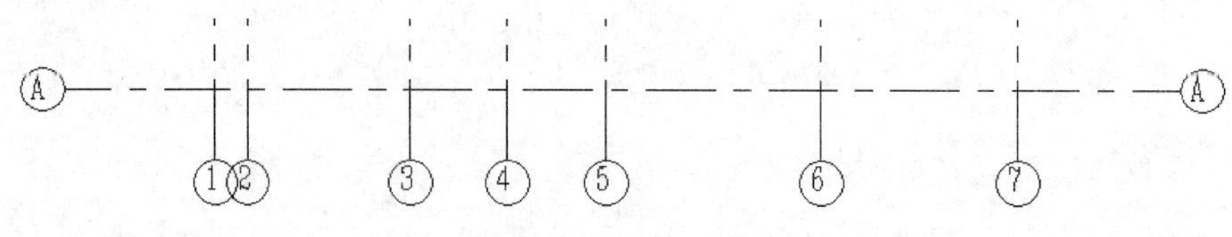

图 2-2-6　水平向轴线

(5) 利用"复制"命令，创建Ⓑ～Ⓚ轴线。选择Ⓐ轴线，单击"修改|标高"上下文选项卡-"修改"面板-"复制"命令，选项栏勾选"约束"和"多个"，移动光标在A轴线上单击捕捉一点作为复制参考点，然后垂直向上移动光标，保持光标位于新复制的轴线上方，分别输入1800、600、3600、1200、1200、1200、3000、1200后按"Enter"键确认，完成复制。目前的软件版本还不能自动排除I、O、Z等轴线编号，故需手动修改。例如，双击"I"轴线标头，修改标头文字为"J"，即把Ⓘ轴线改成了Ⓙ轴线。继续向上复制Ⓙ轴线，距离为1800，完成K轴线。适当调整立面符号位置与轴网两端位置，完成后的轴网如图2-2-7所示。

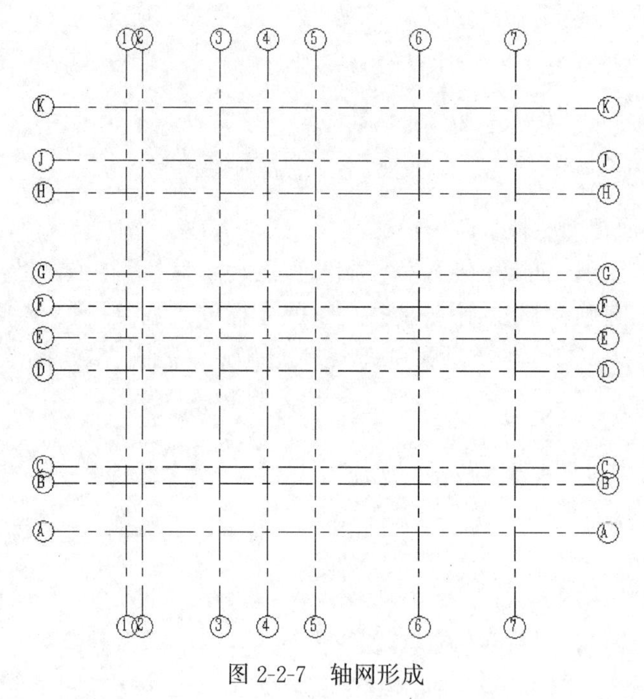

图 2-2-7　轴网形成

2.2.3　编辑轴网

(1) 偏移相互干涉的轴线标头。选择需要偏移标头的轴线，在标头附近点击折弯符号，如图2-2-8所示。

(2) 根据给定的别墅一层平面图，选中②轴线下端，将方块中的勾掉，然后把🔒打开🔓，如图2-2-9所示。然后拖拽②轴线下端的端点至Ⓓ轴线，如图2-2-10所示。按照此法将轴网调整至如图2-2-11所示的图形。

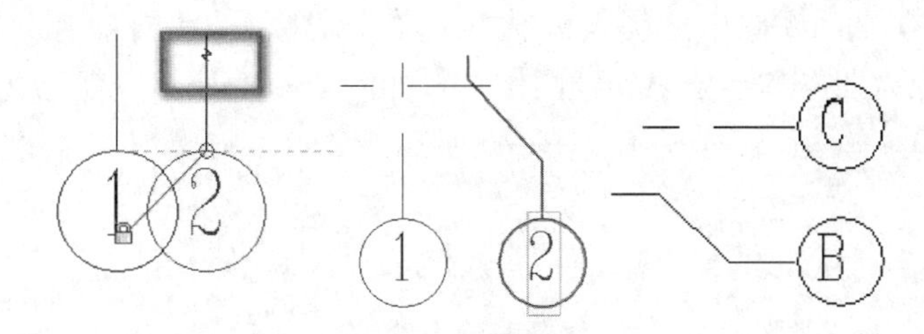

图 2-2-8 轴线标头修改

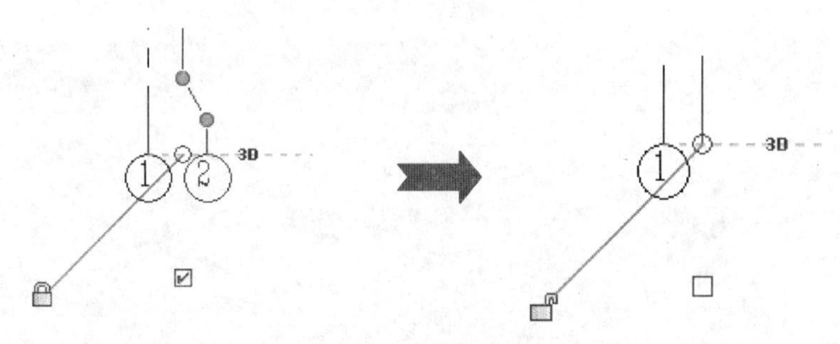

图 2-2-9 ②轴线标头修改

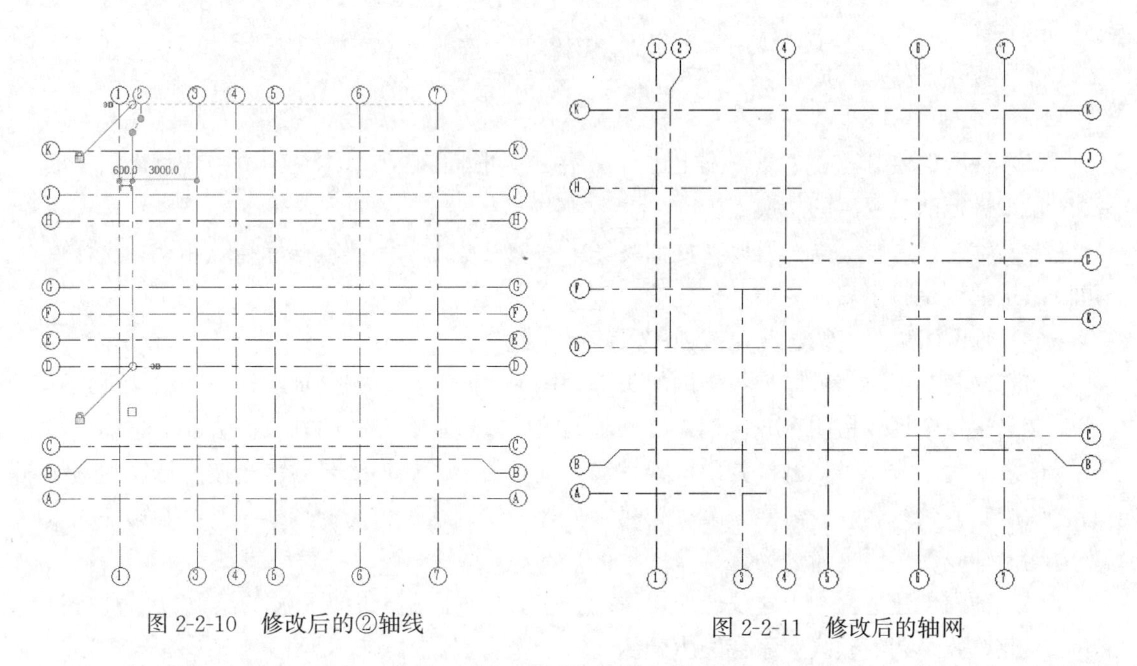

图 2-2-10 修改后的②轴线

图 2-2-11 修改后的轴网

(3) 观察其他平面视图中轴网，发现折弯部分不会在其他视图中同步显示。在 F1 楼层平面视图中选择全部轴网，在“修改|轴网”上下文选项卡-“基准”面板中选择“影响范围”命令。弹出如图 2-2-12 所示对话框，选择其余三个楼层平面视图，单击确定。再次观察其他平面视图。

(4) 选中任意轴线，在“属性”面板-“编辑类型”命令中，尝试调整轴线各种属性设置。

(5) 在项目浏览器中打开立面视图中观察轴网，并适当调整标高标头位置。

（6）在F1楼层平面视图中选择全部轴网。单击“修改|轴网”上下文选项卡中“锁定”命令，以确保后期操作不会误动轴网位置，如图2-2-13所示。保存文件。

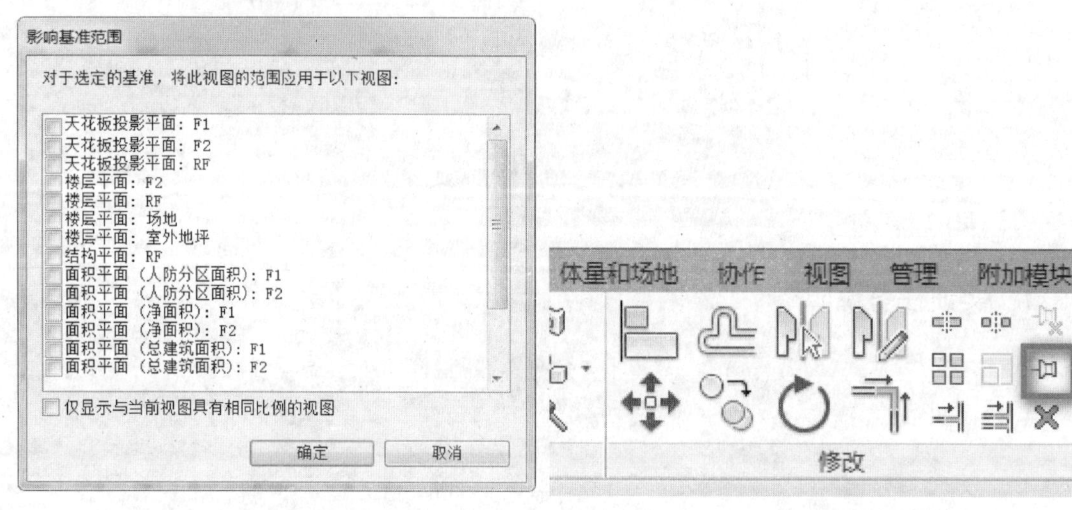

图2-2-12　影响基准范围

图2-2-13　轴网锁定

2.2.4　实训注意事项

（1）轴网的绘制宜在平面视图上进行，绘制前可双击“项目浏览器”中任意楼层平面视图，以进行活动视图的切换。

（2）轴线是有限平面，可以在立面视图中拖拽其范围，使其不与标高线相交，这样便可以确定轴线是否出现在为项目创建的每个新平面视图中。

（3）轴网可以是直线、圆弧线或多段线。

（4）绘制轴网时，可以让各轴网的头部和尾部相互对齐。如果轴线是对齐的，则选择线时会出现一个锁以指明对齐；如果移动轴网范围，则所有对齐的轴线都会随之移动。

（5）绘制轴线时，如删掉其中一根轴线，则重新绘制的轴线名称将会按字母序列紧接着之前绘制的轴线名，故需要修改轴线名。另外，绘制水平方向的轴线时，绘制第一根水平方向的轴线后需要重命名为Ⓐ。

（6）轴网创建过程中不建议使用镜像的方式，Revit默认以复制源的绘制顺序进行排序，因此镜像绘制的轴线顺序会发生颠倒。

（7）Revit不会自动过滤I、O等轴线编号，需要进行手动修改。为防止后期操作过程中移动轴网，可以在轴网创建完成后使用“修改”功能区工具“锁定”。

思　考　题

（1）轴网的绘制方式有哪几种？

（2）如何在不同的平面视图中显示不同的轴网？

（3）如何将轴网线型改为点画线？

（4）如何使轴网的两端均显示轴线符号和名称？如何使其在一边显示？

（5）Revit 中是否可以同时移动同一方向对齐的所有轴线？如果可以，那么如何移动？

（6）在 Revit 软件中，轴线名称是否可以重名？

（7）将绘制的轴线删除之后，重新绘制的轴线名与删除的轴线名是否相同？

任务 2.3　添加柱子

2.3.1　实训任务说明

柱是建筑的主要构件之一，在建筑设计过程中都需要排布柱网。按功能分类，建筑中的柱子可分为结构柱和建筑柱。结构柱有承重的功能，应由结构工程师经过专业计算后确定截面尺寸等；而建筑柱不参与承重，主要起到装饰作用，仅需建筑师确定外形和位置。

在 Revit 中，结构柱用垂直承重图元建模。尽管结构柱与建筑柱共享许多属性，但结构柱还具有许多由它自己的配置和行业标准定义的其他属性。

本项任务的主要内容是创建柱子的定位信息。实训目标是了解“建筑柱”与“结构柱”的区别，了解柱子的属性，掌握布置柱子的方法。

2.3.2　添加一层柱子

（1）切换至 F1 楼层平面图，单击“插入”选项卡-“从库中载入”面板-“载入族”按钮，弹出如图 2-3-1 所示的对话框。在默认“China”文件夹中，依次打开“结构”文件夹→“柱”文件夹→“混凝土”文件夹。然后选中“混凝土-矩形-柱”，单击“打开”按钮，“混凝土-矩形-柱”族就载入到项目中，如图 2-3-2 所示。

图 2-3-1　“载入族”对话框

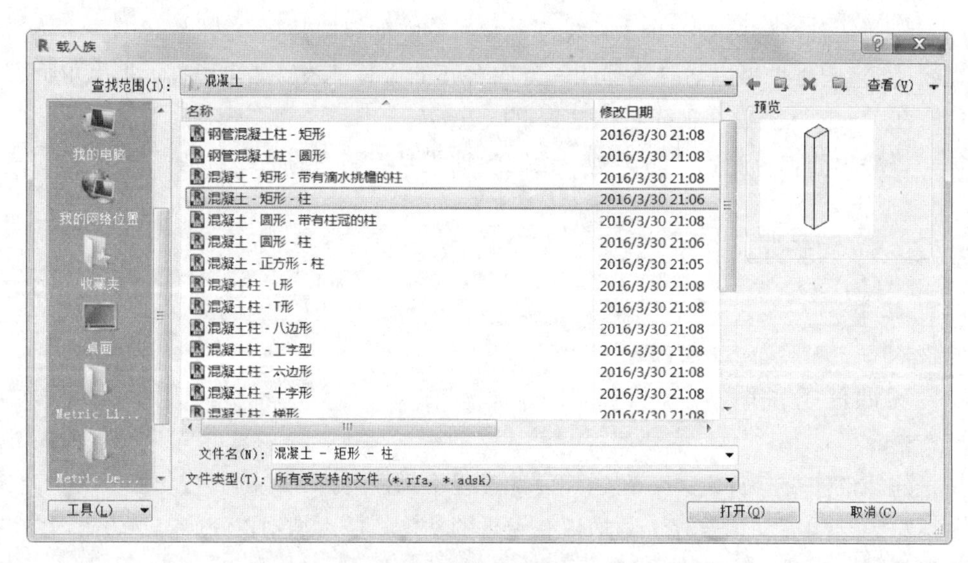

图 2-3-2 “载入混凝土-矩形-柱族”对话框

(2) 单击“建筑”选项卡-“构建”面板-“柱”下方三角形按钮，选择“结构柱”，如图 2-3-3 所示。单击“属性”面板中的编辑类型，弹出“类型属性”，单击“复制”，重命名为构造柱，修改其中的尺寸标注 b 和 h 均为 240，如图 2-3-4 所示。

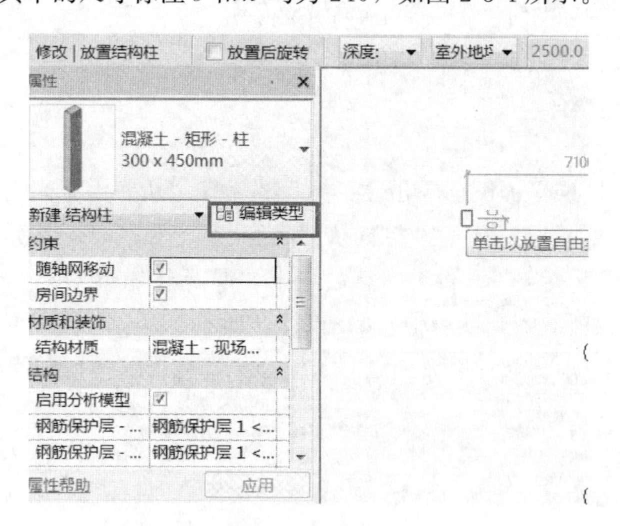

图 2-3-3　添加“柱”

(3) 按图依次添加构造柱，如图 2-3-5 所示。选中一层构造柱外墙部分，并在“属性”面板中将“底部标高”修改为“室外地坪”，“顶部标高”为“F2”。

(4) 单击“建筑”选项卡-“构建”面板-“柱”下方三角形按钮，选择“结构柱”。单击“属性”面板中的编辑类型，弹出“类型属性”，单击“复制”，重命名为矩形柱，修改其中的尺寸标注 b 和 h 均为 300，如图 2-3-6 所示。

(5) 按图依次添加车库矩形柱，如图 2-3-7 所示，没有轴线定位的柱可根据附录 1 给出的定位条件调整临时尺寸标注。选中矩形柱，并在“属性”面板中将“底部标高”修改为“室外地坪”，“顶部标高”为“F2”。

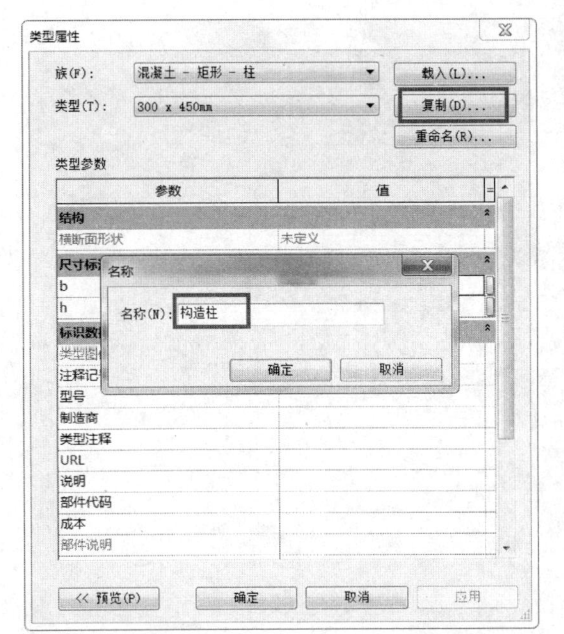

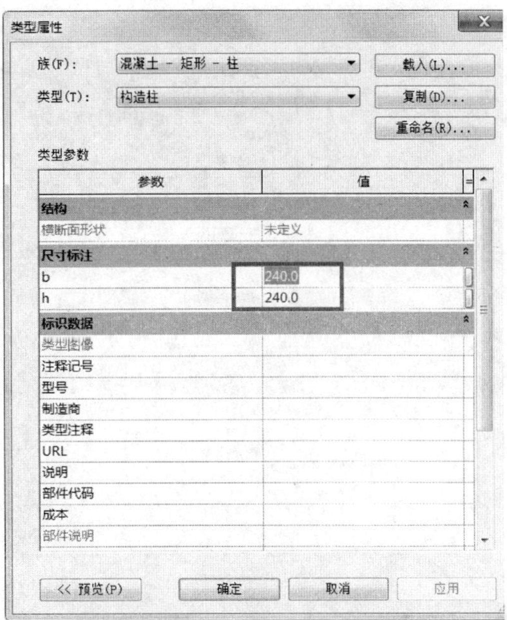

图 2-3-4　新建“构造柱”

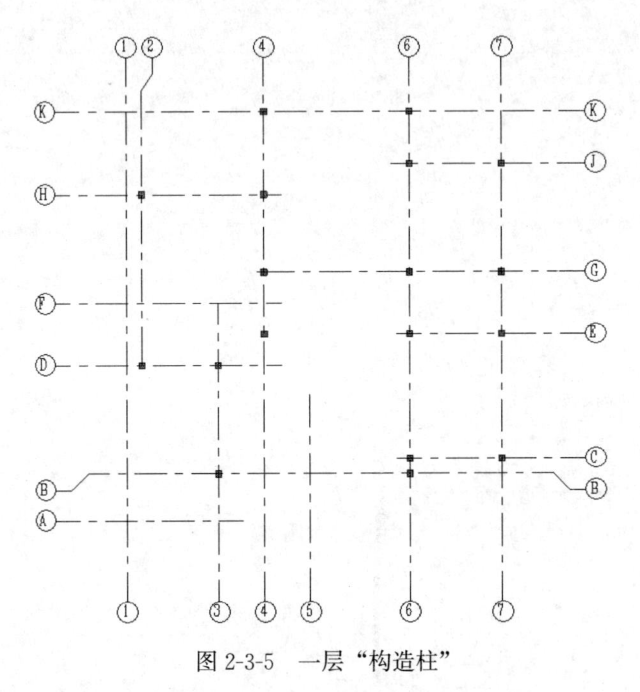

图 2-3-5　一层“构造柱”

（6）选择除车库矩形柱外的所有构造柱，然后切换到“修改|选择多个”选项卡，接着单击“剪贴板”面板中的“复制”按钮，如图 2-3-8 所示。

（7）切换到“修改|选择多个”选项卡，然后在“剪贴板”面板中，单击“粘贴”下的“与选定的标高对齐”按钮，如图 2-3-9 所示。在“选择标高”对话框中，同时选择“F2”，单击“确定”按钮，如图 2-3-10 所示。切换至“F2”平面视图，选择所有的二层构造柱，确保属性面板中底部标高为“F2”，顶部标高为“RF”，将底部偏移修改为 0，

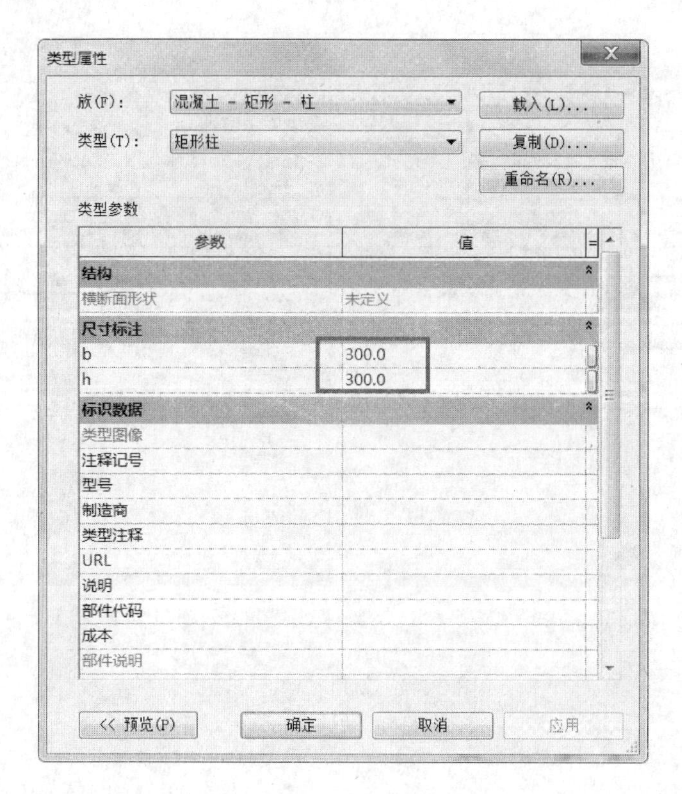

图 2-3-6　新建柱

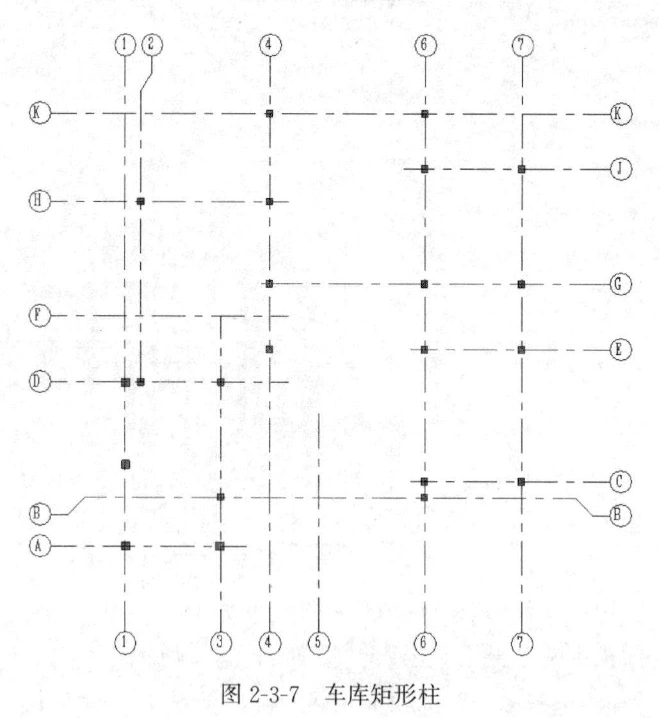

图 2-3-7　车库矩形柱

顶部偏移修改为0。

(8) 切换至F2楼层平面图，单击“建筑”选项卡-“构建”面板-“柱”下方三角形按钮，选择“建筑柱”，单击“模式”面板中的“载入族”，在默认“China”文件夹中，依

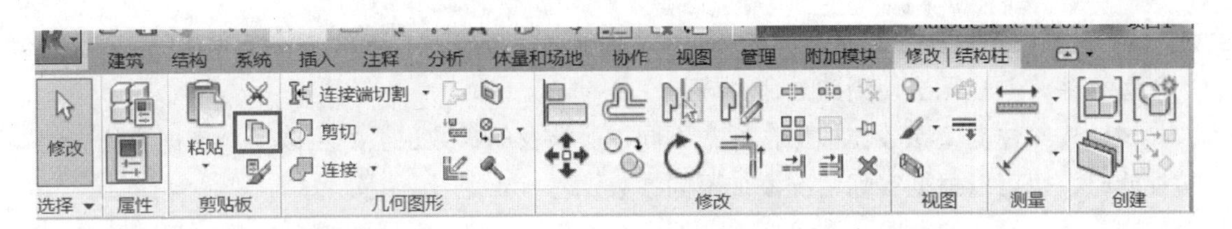

图 2-3-8　“修改|结构柱”

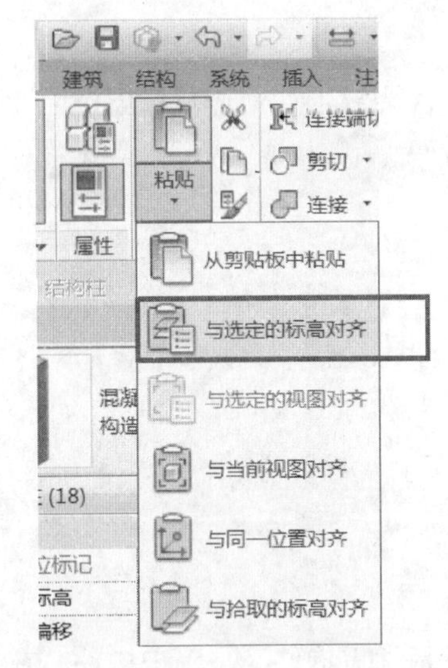

图 2-3-9　与选定的标高对齐

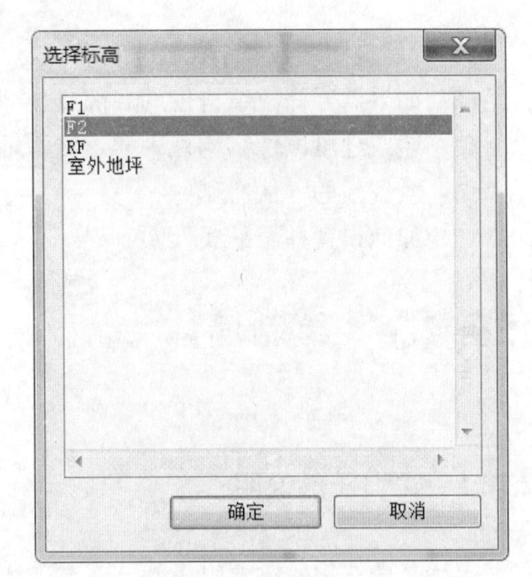

图 2-3-10　选择标高

次打开“建筑”-“柱”文件夹，选中“中式柱 2”单击“打开”，为项目载入柱子。在阳台的适当位置放置四根柱子，如图 2-3-11 所示。

（9）切换至 3D 视图，查看该模型，如图 2-3-12 所示。

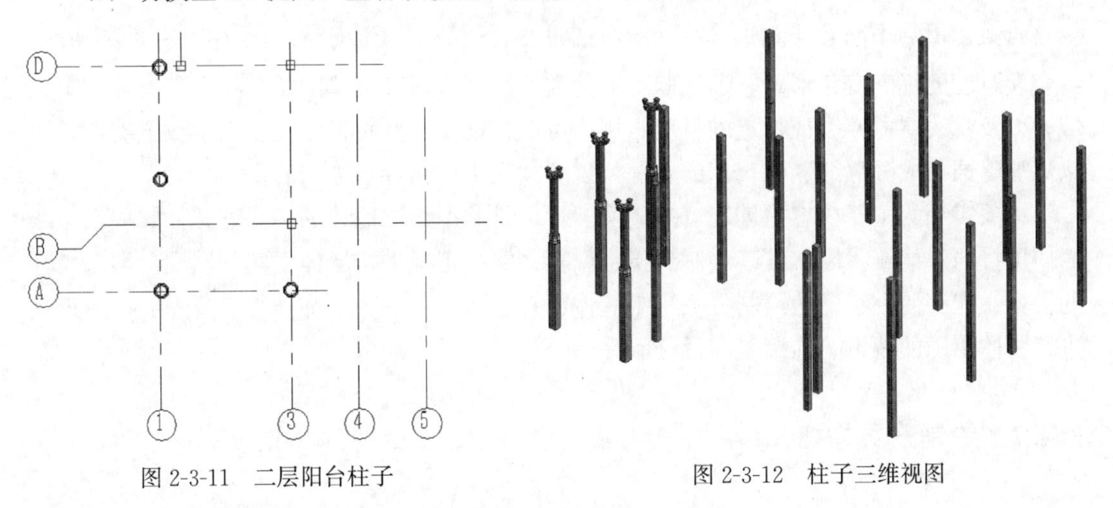

图 2-3-11　二层阳台柱子

图 2-3-12　柱子三维视图

2.3.3　实训注意事项

（1）基于绘制完成的轴网，可以批量在轴网交点处创建结构柱。同样，如果有绘制完成的建筑柱，也可以选择“在柱处”命令批量布置结构柱。批量放置结构柱的方法，仅适用于垂直柱，斜柱无法使用此处命令按钮。

(2) 建筑柱类型参数会根据柱样式不同，所涉及的参数也会发生改变。当用户建立建筑柱族时，也可以根据实际情况添加不同参数。

思 考 题

(1)“建筑柱”与“结构柱”有什么区别?

(2) 如果需要修改结构柱的底部或顶部正好超高标高一段距离，如何进行设置?

(3) 建筑柱可以像结构柱一样，沿着轴网交点批量布置吗?

(4) 放置柱的方法有哪些?

(5) 如何设置柱子的属性?

任务 2.4 绘制墙体

2.4.1 实训任务说明

墙体是建筑物的重要组成部分。在砌体结构中，墙体既是承重构件又是围护构件。在绘制墙体时，需要综合考虑墙体的所在楼层、绘制路径、起止高度、用途、结构、材质等各种信息。在创建墙体之前，需要对墙体结构形式进行设置。例如，需要修改结构层的厚度，添加保温层、抗裂防护层与饰面层等信息。还可以在墙体形式中，添加墙饰条、分隔缝等内容。

与建筑模型中的其他基本图元类似，墙也是预定义系统族类型的实例，表示墙功能、组合和厚度的标准变化形式。通过修改墙的类型属性来添加或删除层、将层分割为多个区域，以及修改层的厚度或指定的材质，用户可以自定义这些特性。在图纸中放置墙后，可以添加墙饰条或分隔缝、编辑墙的轮廓，以及插入主体构件，如门和窗等。

本项实训的主要内容是创建墙体。实训目标是掌握绘制墙体的主要方式，掌握定位线的使用技巧，能够将墙体准确绘制到指定位置；能够正确进行墙体的实例属性与类型属性的设置；能够使用正确的绘制方式绘制墙体、叠层墙、幕墙、墙饰条与墙分隔缝；能正确进行墙体轮廓的编辑、连接墙和拆分墙。

2.4.2 绘制一层外墙

(1) 单击“建筑”选项卡-“构建”面板中“墙”命令。在属性面板中，选择类型为“基本墙：常规-200mm”。点击编辑类型按钮，在弹出对话框中，选择复制墙体，创建别墅 F1 外墙，命名为“外墙-基本墙”，如图 2-4-1 所示。

(2) 在对话框中继续操作，选择功能为“外部”，点击“编辑”按钮，如图 2-4-2 所

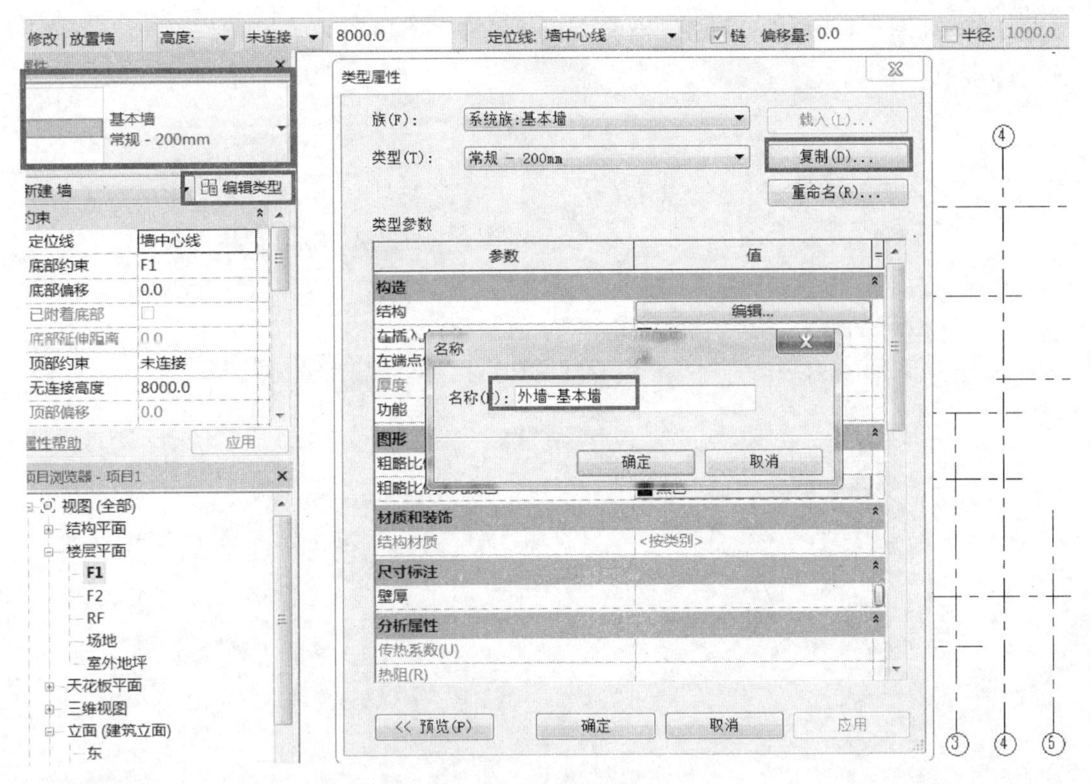

图 2-4-1 新建墙体样式

示，进入图 2-4-3 所示对话框。

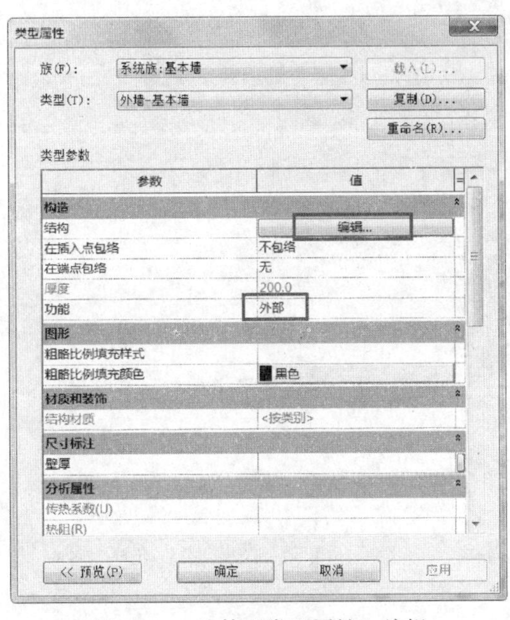

图 2-4-2 墙体“类型属性”编辑

图 2-4-3 墙体材质、厚度修改

（3）单击材质 <按类别> 后“…”按钮，选择不同材质，可选择墙体结构为混凝土，面层可用“石膏墙板”材质分别复制创建“石膏墙板-外”和“石膏墙板-内”，添加材质的方式如图 2-4-4 所示。设置“石膏墙板-外”的颜色为红色，如图 2-4-5 所示，修改内外面层厚度为 20。

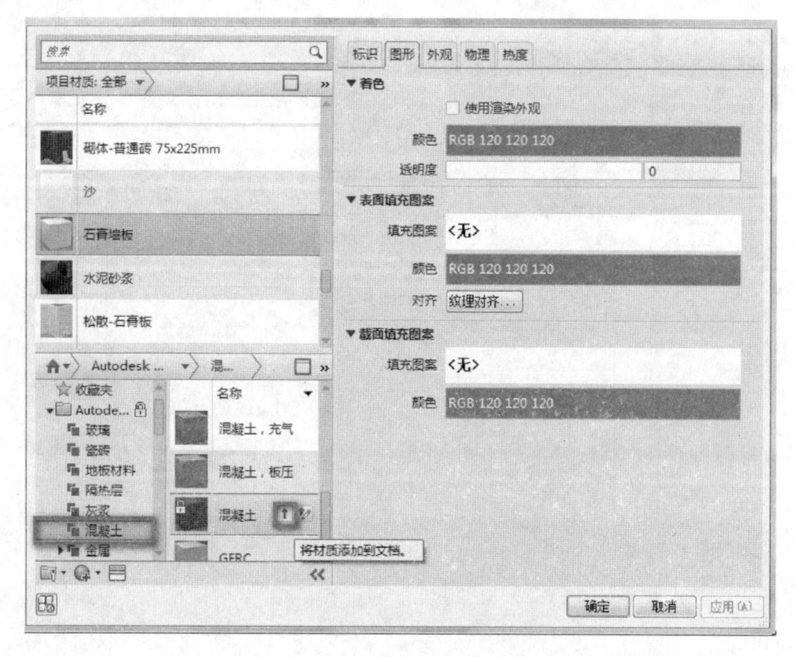

图 2-4-4　墙体材质编辑

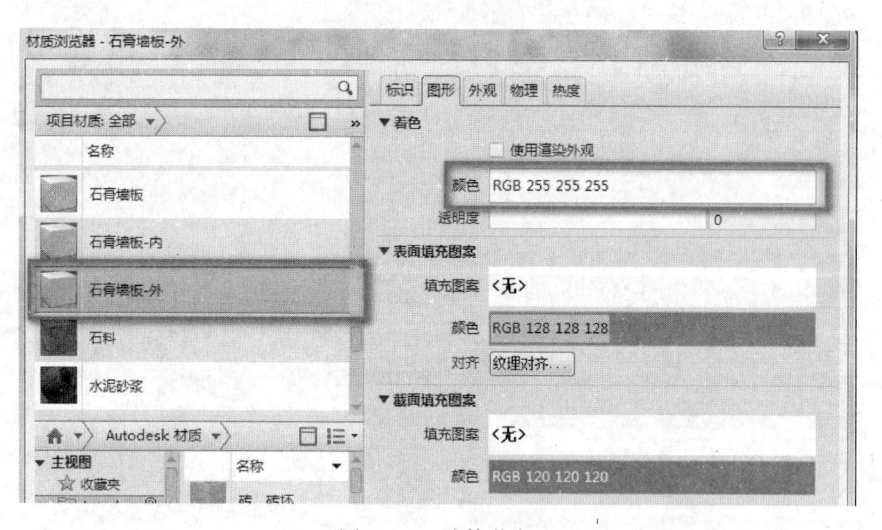

图 2-4-5　墙体着色

（4）运用“插入”“向上”与“向下”等命令，修改墙体结构，如图 2-4-6 所示。

（5）以“外墙-基本墙”为基础，复制新建墙体“外墙-下部”，修改其外部面层材质为石料，如图 2-4-7 所示。

（6）单击“建筑”选项卡-“构建”面板中“墙”命令。在属性面板中，选择类型为“基本墙：常规-200mm”。点击编辑类型按钮，选择族类型为“系统族：叠层墙”，复制创建名称为“外墙-叠层墙”的叠层墙，如图 2-4-8 所示。

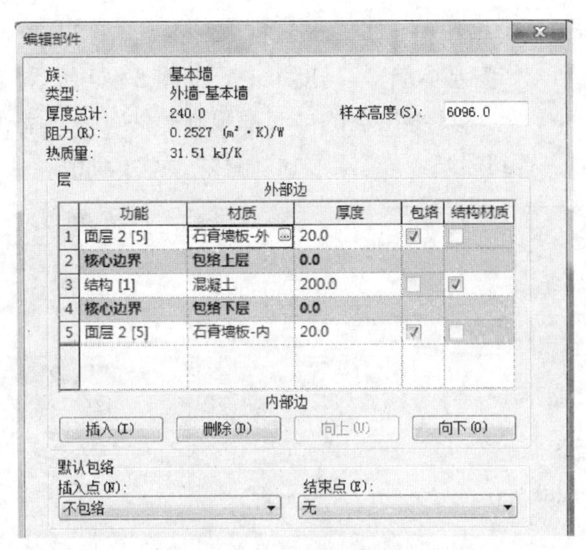

图 2-4-6　新建“面层”

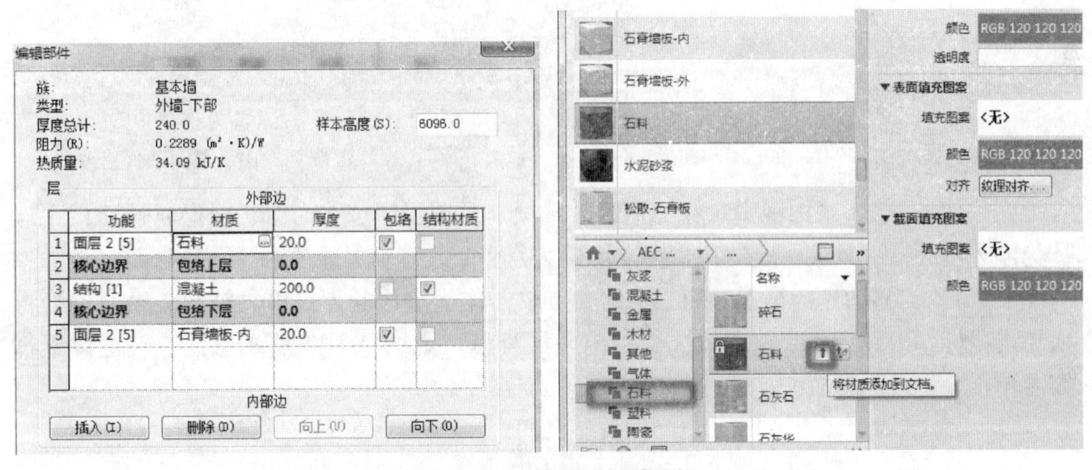

图 2-4-7　墙体面层材质选择

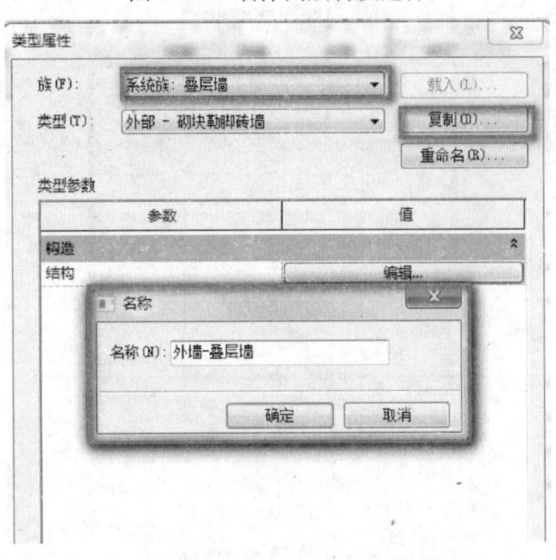

图 2-4-8　新建“叠层墙”

（7）单击结构后面的编辑按钮，进入编辑页面，将2墙体设置为“外墙-下部”，高度为450，1墙体设置为“外墙-基本墙”，高度可变，如图2-4-9所示。

（8）在属性面板中设置外墙-叠层墙的“底部限制条件”为“室外地坪”、“底部偏移”为0，“顶部约束”为“直到标高：F2”、“顶部偏移”为0，如图2-4-10所示。

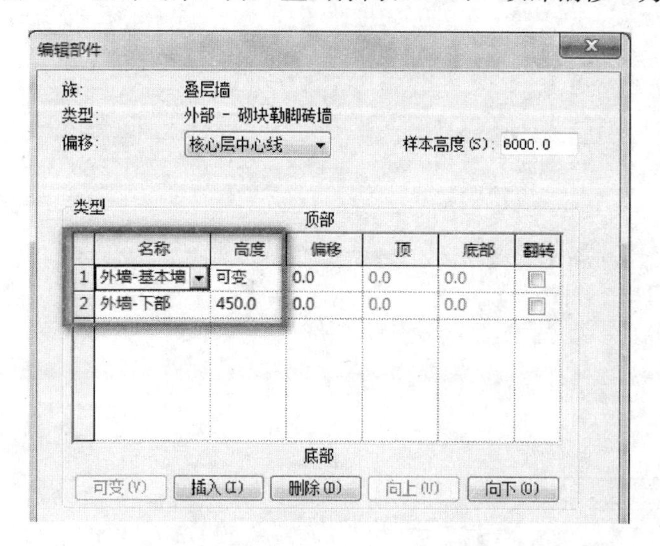

图2-4-9　叠层墙“编辑部件”

图2-4-10　限制条件修改

（9）切换至F1平面视图，在“建筑”选项卡中选择“墙”命令，确保属性面板中墙体为刚才创建的“外墙-叠层墙”，在“修改|放置墙”上下文选项卡-“绘制”面板中选择“直线”命令。移动光标至Ⓐ轴和①轴的交点单击作为墙体起点，沿①轴向上至Ⓓ轴处再次单击鼠标，继续操作，按图依次绘制出一层外墙，如图2-4-11所示（注：转弯位置都需要单击，以确定位置）。

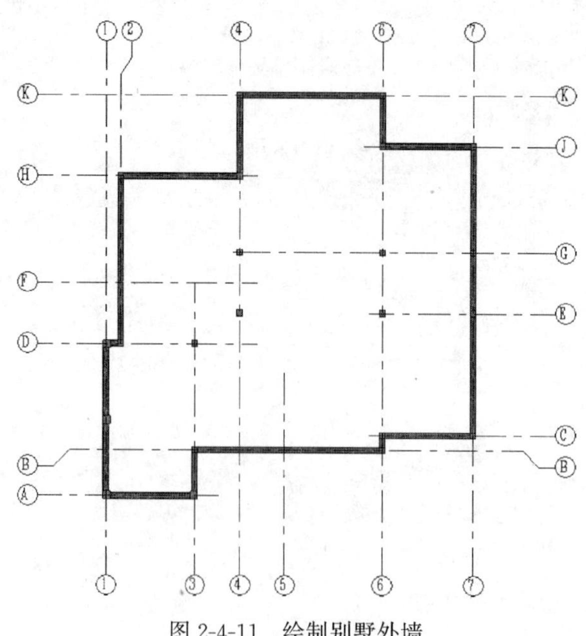

图2-4-11　绘制别墅外墙

2.4.3　绘制一层内墙

（1）单击“建筑”选项卡-“工作平面”面板下-“参照平面”命令。按图 2-4-12 和图 2-4-13 所示绘制参照平面。

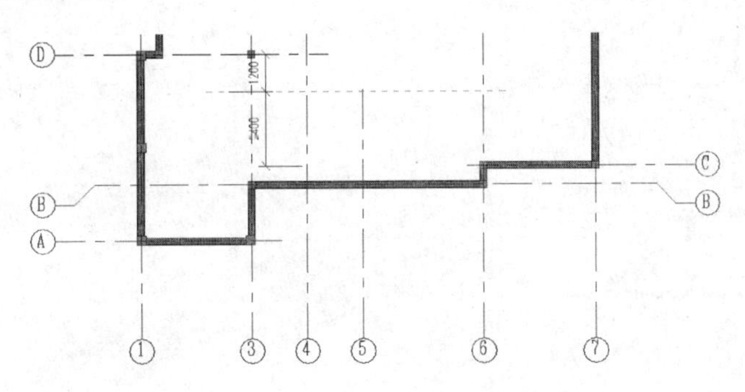

图 2-4-12　绘制参照平面

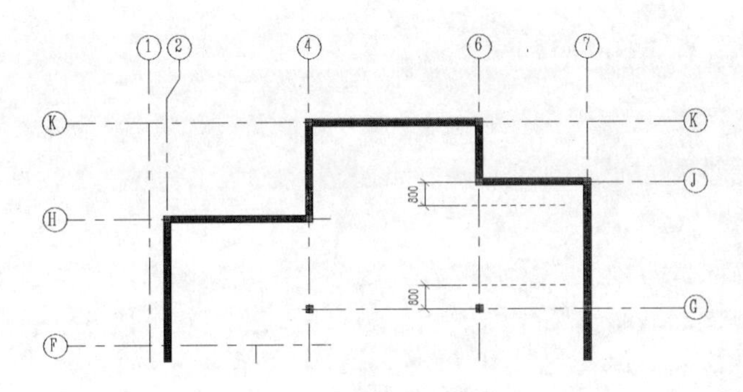

图 2-4-13　绘制参照平面

（2）以“外墙-基本墙”为基础，复制新建墙体“内墙-基本墙”，修改其功能为内部，外部面层材质为“石膏墙板-内”，如图 2-4-14 所示。

参数	值
构造	
结构	编辑...
在插入点包络	不包络
在端点包络	无
厚度	240.0
功能	内部

层

外部边

	功能	材质	厚度	包络	结构材质
1	面层 2 [5]	石膏墙板-内	20.0	☑	☐
2	核心边界	包络上层	0.0		
3	结构 [1]	混凝土	200.0	☐	☑
4	核心边界	包络下层	0.0		
5	面层 2 [5]	石膏墙板-内	20.0	☑	☐

内部边

插入(I)　删除(D)　向上(U)　向下(O)

图 2-4-14　新建内墙

（3）在属性面板中设置内墙-基本墙的“底部限制条件”为“F1”、“底部偏移”为 0，“顶部约束”为“F2”、“顶部偏移”为 0。根据轴网的位置，绘制别墅 F1 层内墙，如图 2-4-15 所示。

（4）完成的室内一层墙体三维视图如图 2-4-16 所示，保存文件。

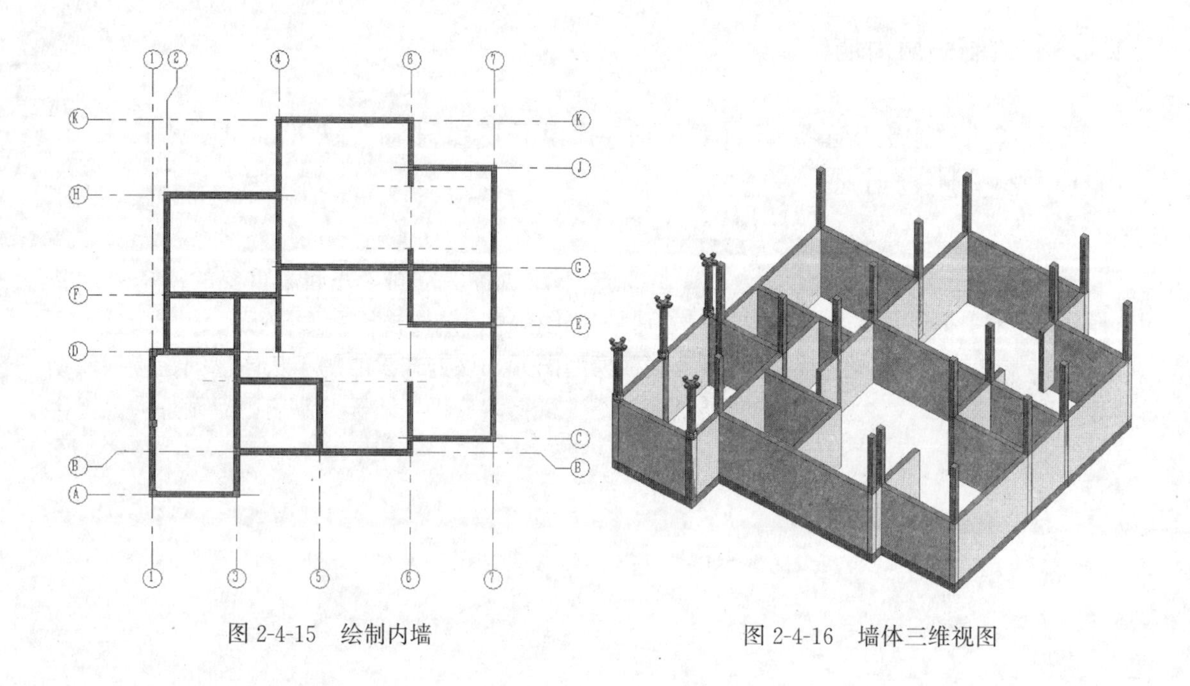

图 2-4-15　绘制内墙　　　　图 2-4-16　墙体三维视图

2.4.4　实训注意事项

(1) 绘制墙体时，应该按照顺时针方向进行绘制。如果采用相反方向，则绘制的墙体内侧将反转为外侧。如需调整墙体内外侧翻转，可以选中墙体按Space键进行切换。

(2) 在绘制墙体的过程中，一定要仔细查看当前所绘制墙体的标高限制是否正确。如软件默认“高度”为8000，极易将墙体绘制到其他层。在设计协作过程中，会对其他设计人员造成影响。

(3) 绘制墙体前应先明确墙体的常规信息，如墙体所在的楼层、绘制路径、起止高度、用途、结构、材质等。

(4) Revit会根据墙的定位线为基准位置应用墙的厚度、高度及其他属性。

(5) 因墙体绘制前需要进行墙体常规信息的设置，故需要新建为外墙、内墙等。

思　考　题

(1) 为什么要将功能参数修改为内部？这对所建立的模型有什么影响？

(2) 样本高度数值具体有什么作用？对项目中所绘制的墙体有什么影响？

(3) 绘制墙体时，必须按照顺时针方向进行绘制吗？

(4) 墙体的材质如何设置？如何设置表面颜色图案？

(5) Revit中有多少种墙体的类型？

(6) 绘制墙体的主要方式有哪几种？

(7) 如何连接墙？如何拆分墙？

(8) 如何编辑墙体轮廓？

任务 2.5　绘制楼板

2.5.1　实训任务说明

楼板是建筑中常用的建筑构件，用于分隔建筑各层空间，并起着重要的结构承重作用。Revit 中提供了 3 种楼板类型，分别是建筑楼板、结构楼板和面楼板。其中面楼板是用于将概念体量模型的楼层面转换为楼板模型图元，该方式只能用于从体量创建楼板模型时。结构楼板是为方便在楼板中布置钢筋、进行受力分析等结构专业应用而设计的，提供了钢筋保护层厚度等参数。“结构楼板”与“建筑楼板”的用法没有任何区别。同时，在楼板命令中还提供了“楼板：楼板边”命令，供用户创建一些沿楼板边缘放置的构件，如结构设计中常用到的圈梁。创建室内楼板的方式有多种，其中一种可通过拾取墙或使用“线”工具绘制楼板来创建楼板。

本项实训的主要内容是绘制楼板。实训目标是了解楼板的类型，能够进行楼板的创建与编辑，清晰楼板与墙体的关系，正确进行楼板实例属性与类型属性的新建与编辑、修改，掌握楼板的使用方法。

2.5.2　绘制一层楼板

（1）切换至 F1 楼层平面，单击“建筑”选项卡-“构建”面板中“楼板”命令。在“属性-面板”中，选择“楼板：常规-300mm”类型楼板，进入“编辑类型”对话框，同墙体创建方式类似，复制新建“一层楼板”楼板，如图 2-5-1所示。单击“结构按钮”，进入到“编辑部件”对话框，如图 2-5-2 所示。修改其结构厚度为 400mm，插入上部面层和下部面层，并为上部面层添加材质，如图 2-5-3 所示。以水泥砂浆为基础复制创建名称为“楼面砂浆”的材质，设置其颜色如图 2-5-4 所示，厚度设置为 25mm。读者也可根据确自己的喜好设置不同的颜色，将结构材质设置为混凝土，如图 2-5-5 所示。设置好后多次单击确定。确定其绘制标高为 F1，如图 2-5-6 所示。

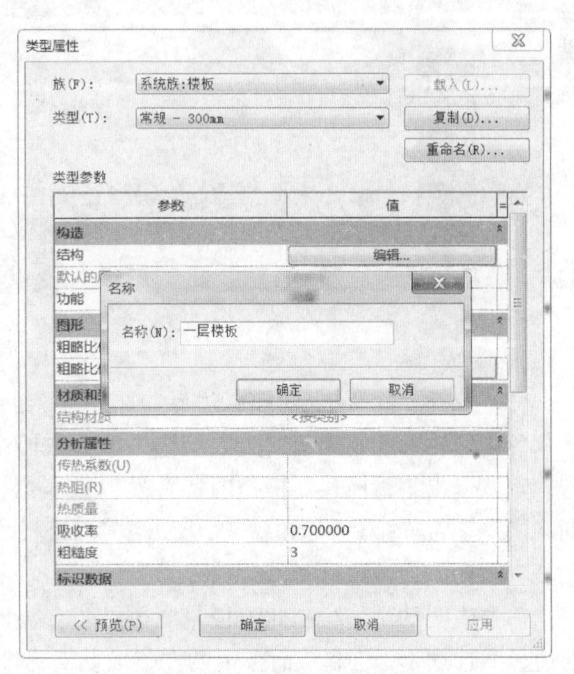

图 2-5-1　新建“一层楼板”

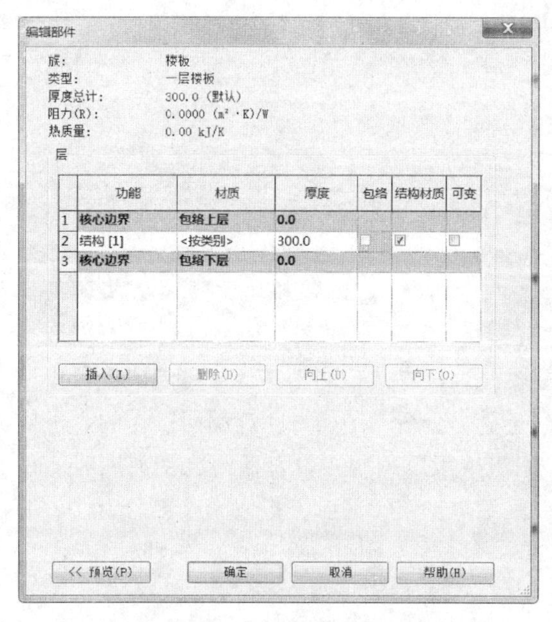

图 2-5-2 “编辑部件”对话框

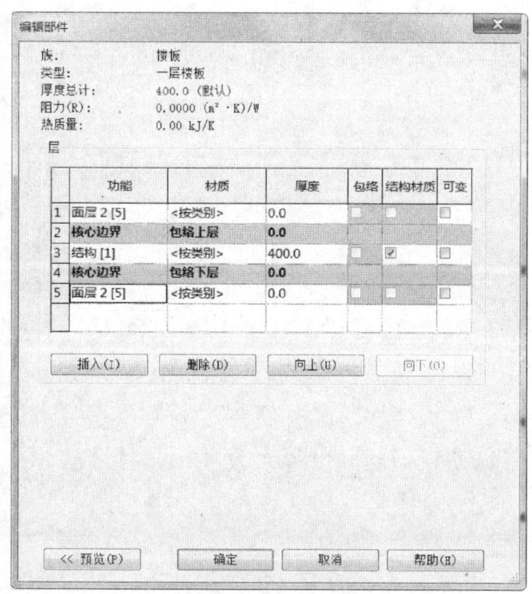

图 2-5-3 插入面层

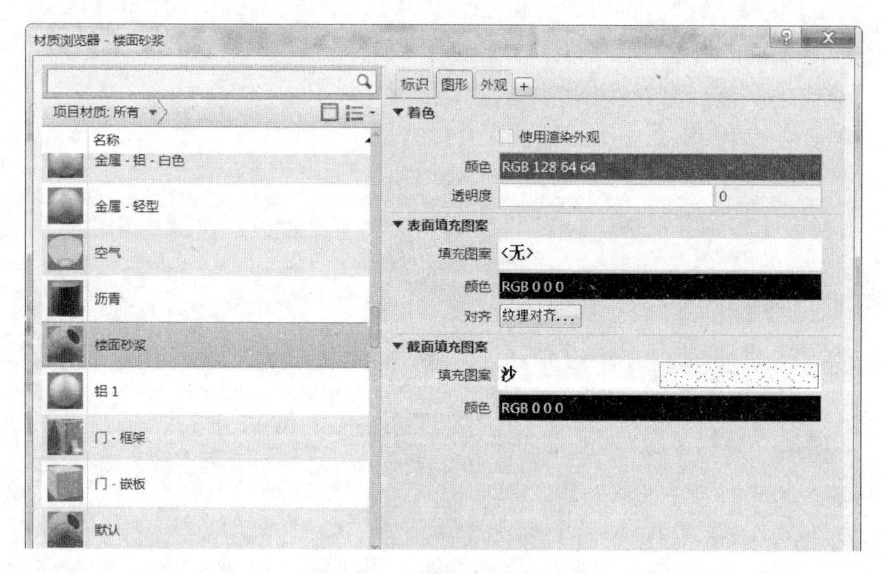

图 2-5-4 楼板材质选择

（2）选择“修改|创建楼层边界”选项卡-“绘制”面板中“直线”工具，沿图 2-5-7 所示灰色区域轮廓绘制楼板（砖混结构一般拾取墙中线绘制），完成后在“模式”面板中点击确定，退出编辑模式。操作时需注意：线条必须闭合，且无重叠，否则会报错。Revit 询问用户是否连接几何图形，以从墙中剪切楼板，单击“是”按钮接受该建议。完成后如图 2-5-8 所示。

需要说明的是，绘制此楼板轮廓边界还有一种更为简便的方法，选择“修改|创建楼层边界”选项卡-“绘制”面板中的“拾取墙”命令，然后将鼠标放置在任一外墙上，按一下 Tab 键，这时，所有的外墙会高亮显示，然后左键单击鼠标，这时，楼板的边界线就

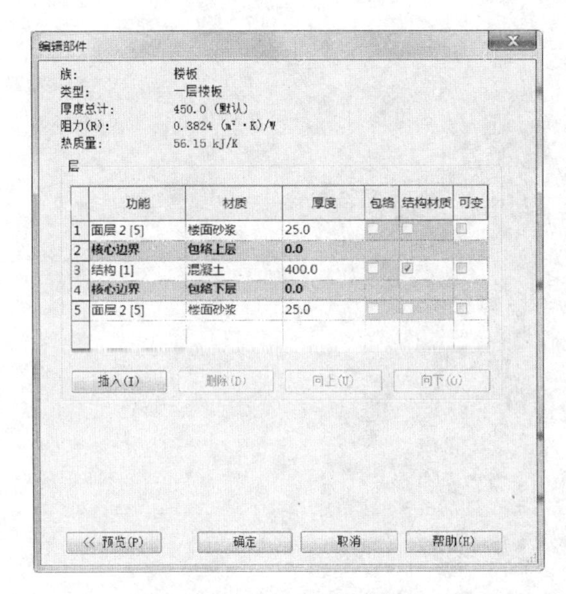

图 2-5-5　楼板结构编辑

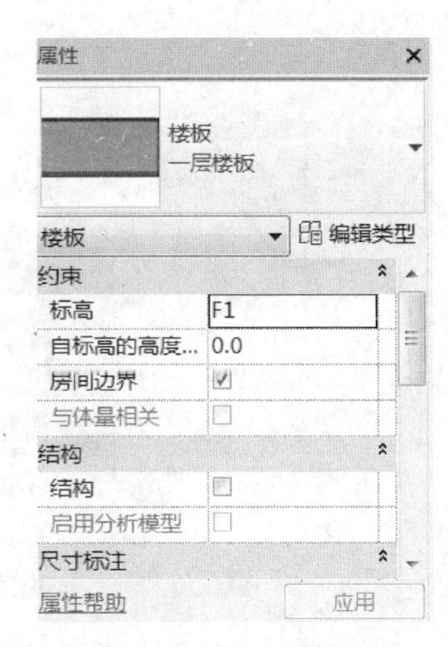

图 2-5-6　楼板标高确定

绘制好了。此后步骤同上。

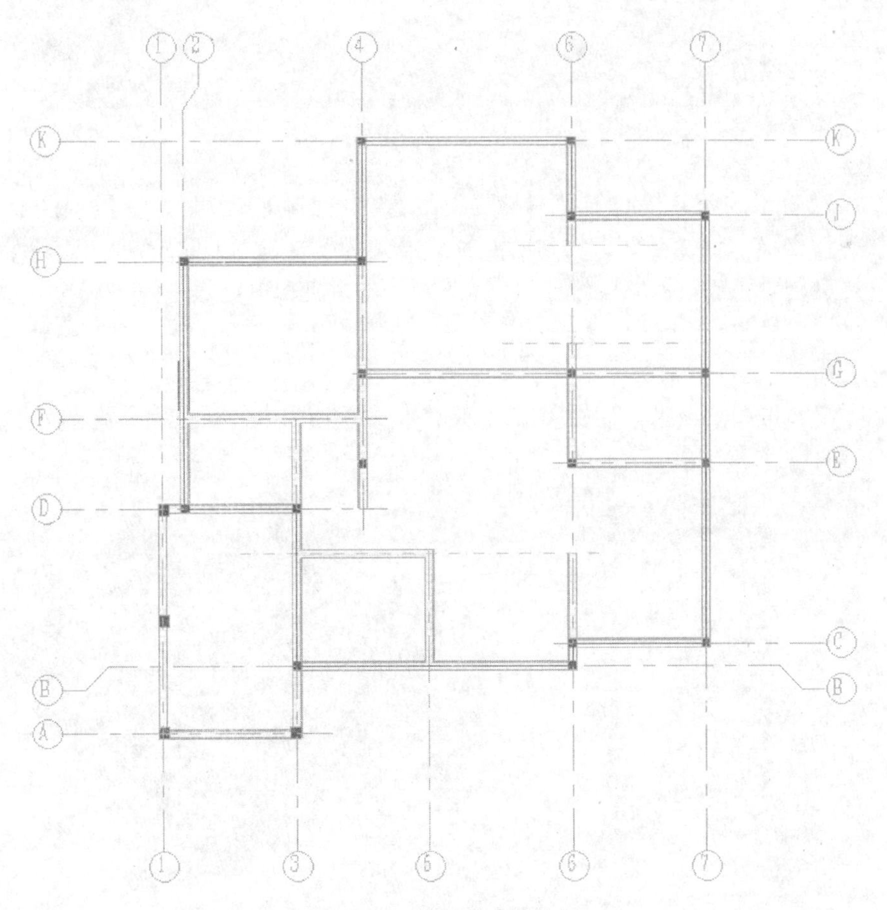

图 2-5-7　楼板轮廓线绘制

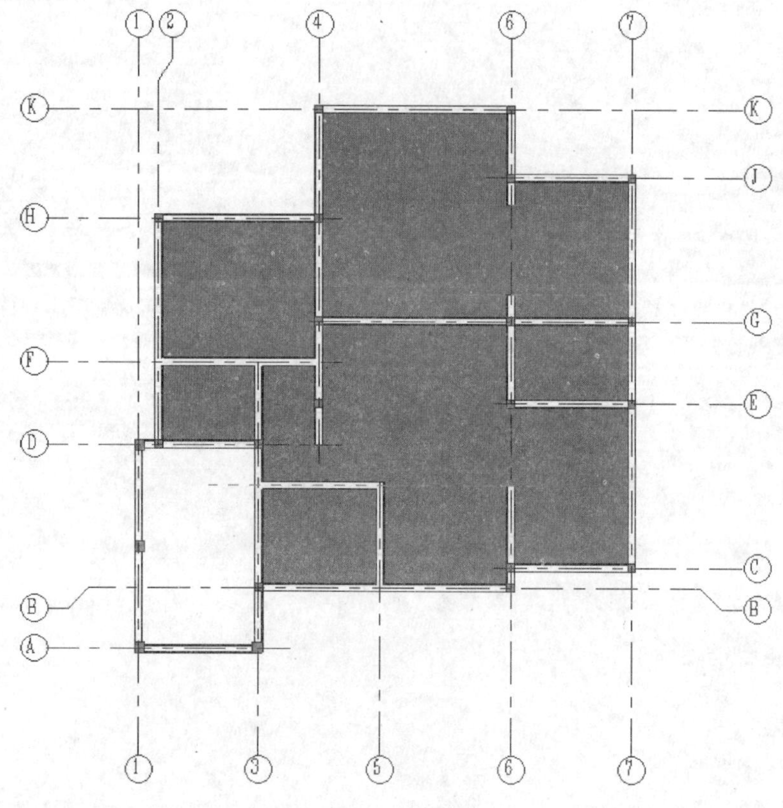

图 2-5-8　楼板形成

（3）再次单击“建筑”选项卡-“构建”面板中“楼板”命令。选择“楼板：常规-150mm”类型楼板，将“自标高的高度偏移”设置为－300，沿图 2-5-8 灰色区域轮廓绘制楼板（砖混结构一般拾取墙中线绘制），完成后在“模式”面板中点击确定，退出编辑模式，Revit 询问用户是否连接几何图形，以从墙中剪切楼板，单击“是”按钮接受该建议。完成后如图 2-5-9 所示。

（4）一层楼板创建完毕，如图 2-5-10 所示。保存文件。

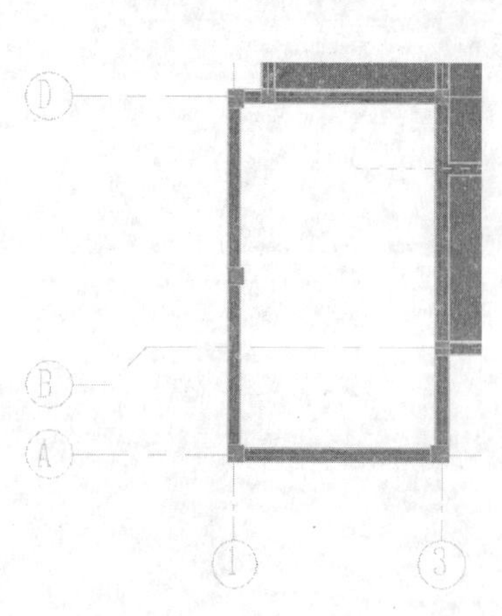

图 2-5-9　车库楼板绘制

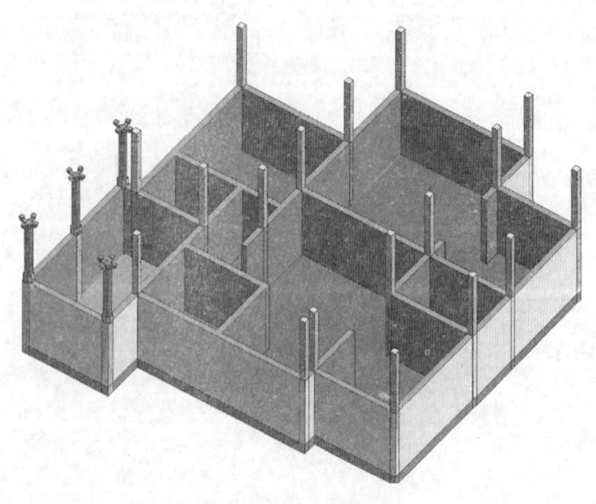

图 2-5-10　三维视图

2.5.3　绘制二层墙体与楼板

（1）选中一层别墅所有的外墙与内墙，如图2-5-11所示。单击“修改|墙”选项卡-

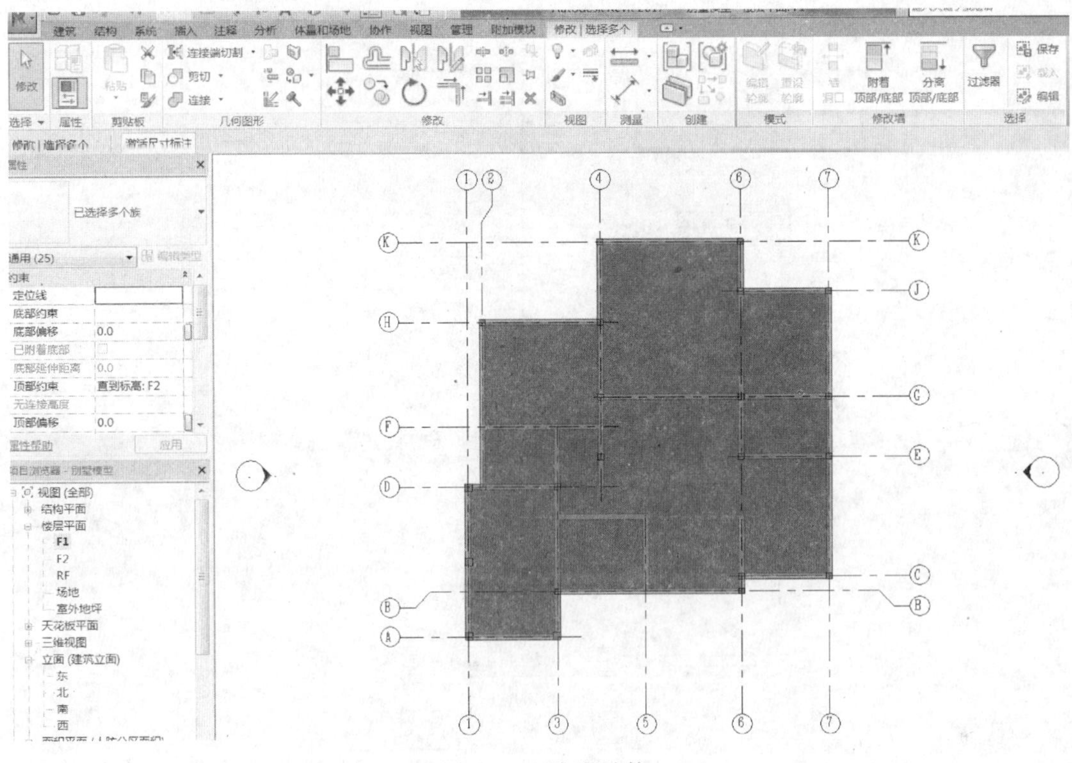

图2-5-11　复制墙体

“剪贴板”面板的“复制到剪贴板”命令后，在单击“剪贴板”面板的“粘贴”按钮下三角形按钮，在下拉选项中选择“与选定的标高对齐”命令，如图2-5-12所示，在弹出的标高选项中，选择“F2”。将首层别墅内外墙复制到二层中。

（2）在默认三维视图或F2楼层平面视图中选中二层全部外墙（方法见本教材1.3.2节），将其类型替换为外墙-基本墙，在“属性”面板中，确认其限制条件如图2-5-13左侧所示。然后选中二层内墙，在“属性”面板中，确认其限制条件如图2-5-13右侧所示。

（3）单击“建筑”选项卡-“工作平面”面板下-“参照平面”命令。按图2-5-14所示绘制参照平面。

（4）在F2楼层平面图中，将Ⓐ轴线、①轴线及与其连接部分墙体删除，将⑥轴线上E～G段内墙删除。将Ⓓ轴线上2～3段及③轴线上B～D段墙体改为外墙-基本墙，并

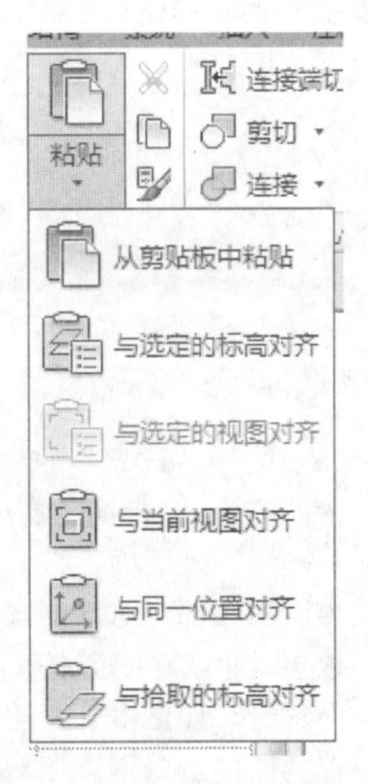

图2-5-12　与选定的标高对齐

确保符号在墙的外部（如不是按空格键调整）。按照附图1-2选中部分内墙，拖动其端部控制点改变其长度。并选择任意内墙，键盘输入cs快键创建同样类型墙体。需要注意的是，运用cs快捷方式，除了图元类型会相同，其限制条件也将继承原有图元的设置，请观察属性面板中限制条件的值。在参照平面上E～G段之间绘制内墙，如图2-5-15所示。

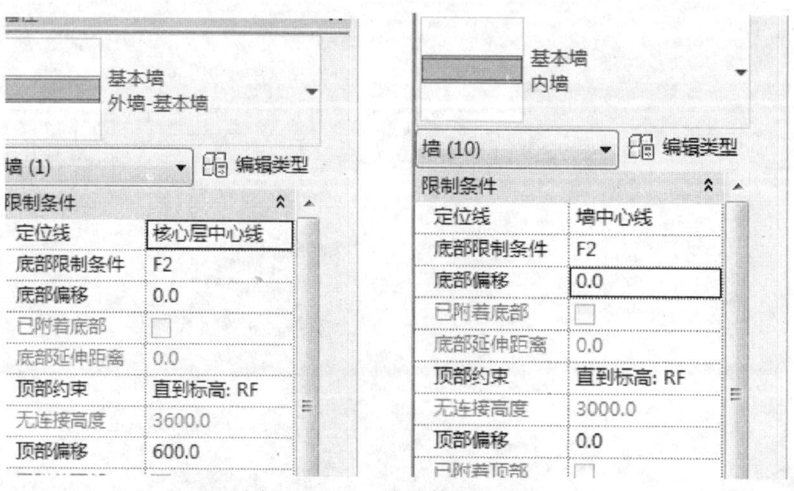

图2-5-13　二层墙体属性修改

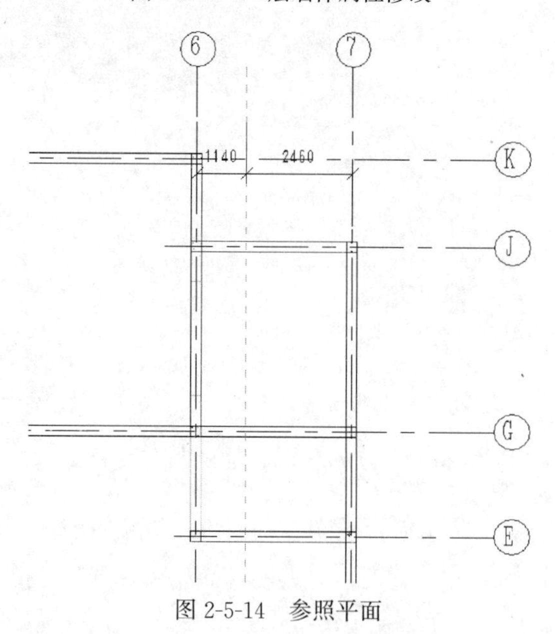

图2-5-14　参照平面

（5）选择“建筑”选项卡-“构建”-“楼板”工具，确定楼板类型为“常规-150mm”，标高为“F2”，自标高的高度偏移为0，在如图2-5-16所示位置绘制二层楼板，使楼板边界对齐一层的外墙面。按确认退出编辑模式。在弹出“是否希望将高达此楼层标高的墙附着到楼层的底部”对话框选择“否”。然后Revit询问用户是否连接几何图形，以从墙中剪切楼板，单击“是”按钮接受该建议。完成二层楼板绘制，如图2-5-17所示。

（6）这时如觉得外墙的颜色不美观，还可以修改，选择二层任意一面外墙，在左边的属性控制栏单击编辑类型对话框，单击结构后面的编辑，将“石膏墙板-外”的材质颜色改为图2-5-18所示或者白色。

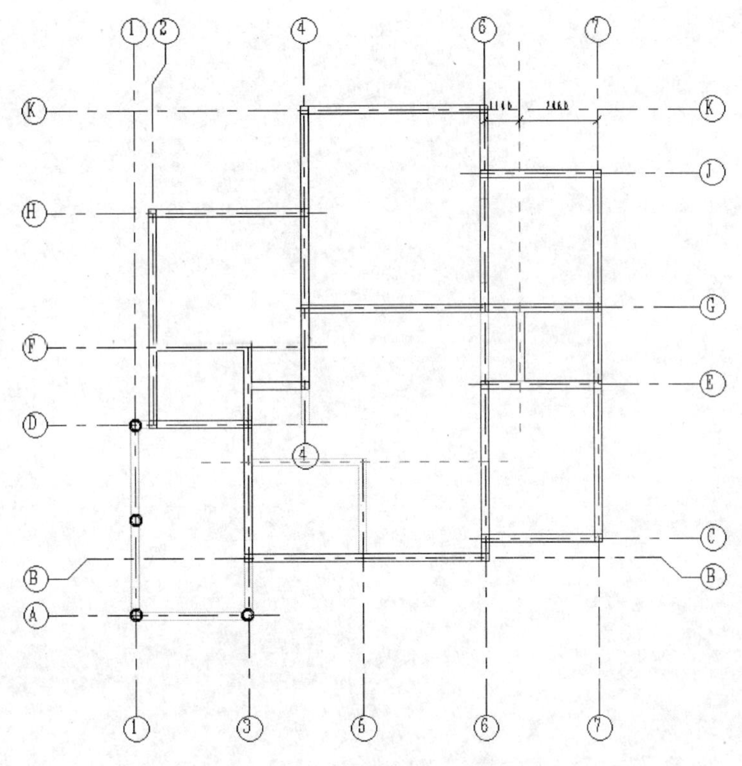

图 2-5-15　绘制 E～G 段内墙

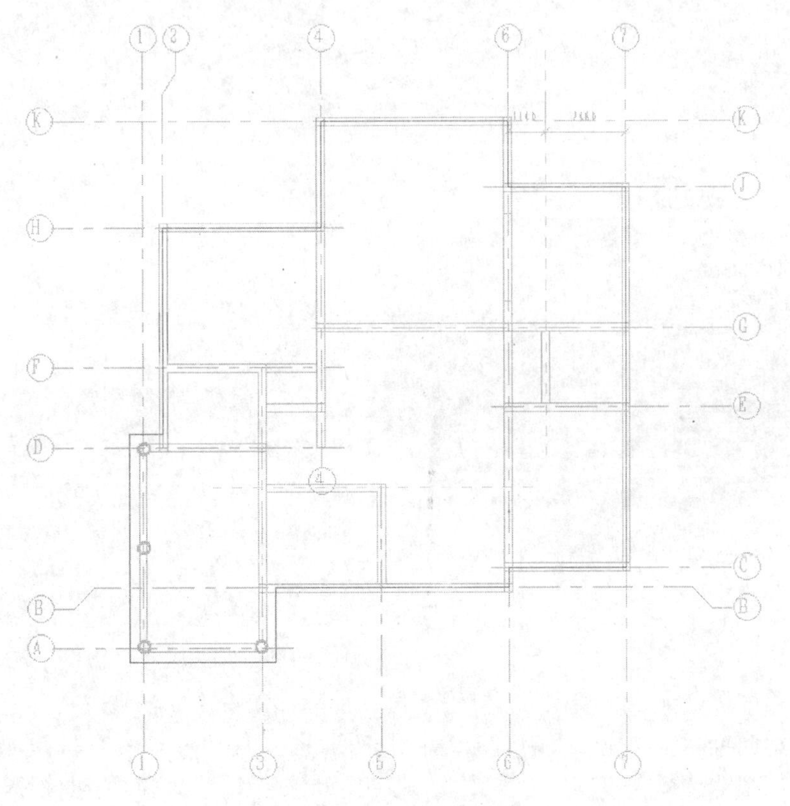

图 2-5-16　二层楼板绘制

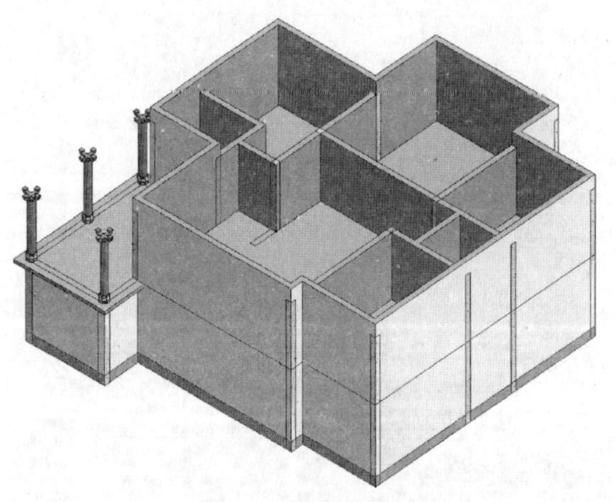

图 2-5-17　三维视图

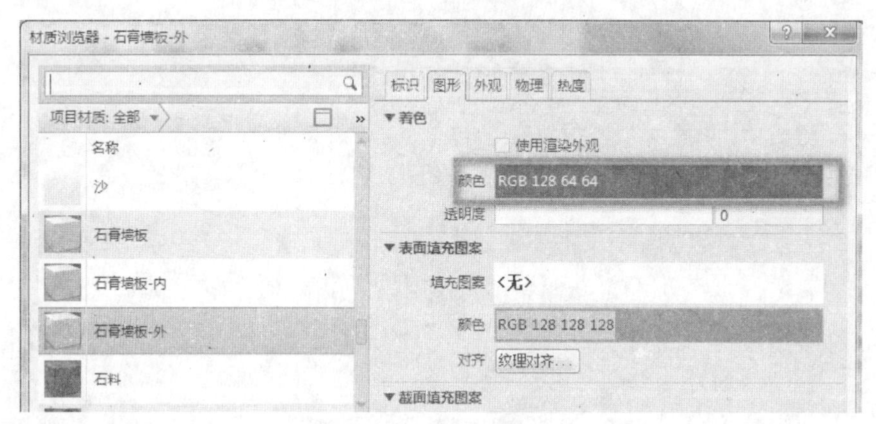

图 2-5-18　修改墙体着色

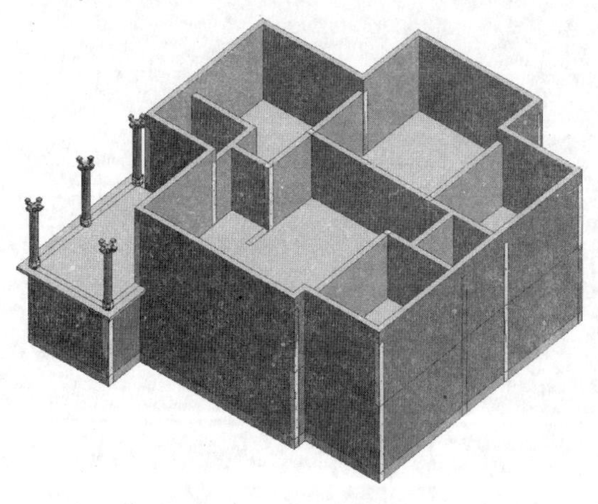

图 2-5-19　三维视图

（7）单击 3 次确定，修改颜色之后的墙体如图 2-5-19 所示。

2.5.4　实训注意事项

（1）在三维视图中同样可以绘制楼板，但需要注意的是绘制的楼板可基于标高或水平工作平面创建，但无法基于垂直或倾斜的工作平面创建。

（2）一般情况下，绘制好墙体之后便开始绘制楼板。楼板通常在平面图中绘制，在立面图和三维视图中检查。

（3）在当前标高上绘制楼板时，如有墙体顶部约束条件与之相同时，则会打开此对话框，提示到达此标高墙体是否要附着于当前楼板底部。如果单击“是”按钮，则相应墙体会批量附着到当前楼板底部；如单击“否”按钮，则将结束此命令。需要根据实际情况来决定是否附着。

（4）在多层建筑中，墙体与楼板容易使模型出现重复或冲突等现象，影响模型的视觉效果和量的重复计算。

（5）在创建楼板时，要正确选择“属性”面板中的数值，特别是偏移量。

（6）楼板在创建过程中，绘制的楼板轮廓线必须是闭合的环。可以是独立的几个环，但是绘制的轮廓线不能相互交叉相交，否则不能完成楼板的创建。

思　考　题

（1）卫生间楼板与其他位置的楼板创建方式是否相同？为什么？

（2）楼板的类型有几种？分别是哪几种？

（3）创建楼板的方式有哪几种？

（4）楼板只能在平面视图中创建吗？是否可以在三维视图中创建？

（5）是否可以绘制斜楼板？

（6）为什么在立面或剖面视图中，才可以看到压型板的轮廓样式？

（7）楼板与墙之间的关系如何？

任务 2.6　添加门窗

2.6.1　实训任务说明

门窗是建筑设计中最常用的构件。创建完成墙体之后，下一个任务就是放置门窗。门窗必须基于墙体才可以放置。因此在开始本任务实训练习之前，应确保已经完成别墅项目的所有墙模型。平、立、剖或三维视图都可以放置门窗。

门窗在 Revit 当中属于可载入族，可以在外部制作完成后导入到项目当中使用。Revit 提供了门窗工具，用于在项目中添加门窗图元。门窗必须放置于墙、屋顶等主体图元上，这种依赖于主体图元而存在的构件称为“基于主体的构件”。门窗放置后墙上会自动剪切一个门窗“洞口”。门窗规格样式的更改可以通过修改属性参数来实现。

本项实训的任务是在别墅项目中放置门窗。实训目标是学会载入合适的门窗族，使用门窗构件为别墅项目模型添加门窗，能够编辑门窗的类型标记，为放置的门窗进行正确标记。

2.6.2　添加一层门

（1）打开“别墅”项目，切换至“F1”楼层平面视图。

（2）单击“建筑”选项卡-“构建”面板-“门”按钮。在属性面板中选择“单扇-与墙齐”门类型，点击“编辑类型”按钮。

（3）复制新建“M0821”，门高度为 2100，宽度为 800，类型标记为 M0821，如图 2-6-1 所示。

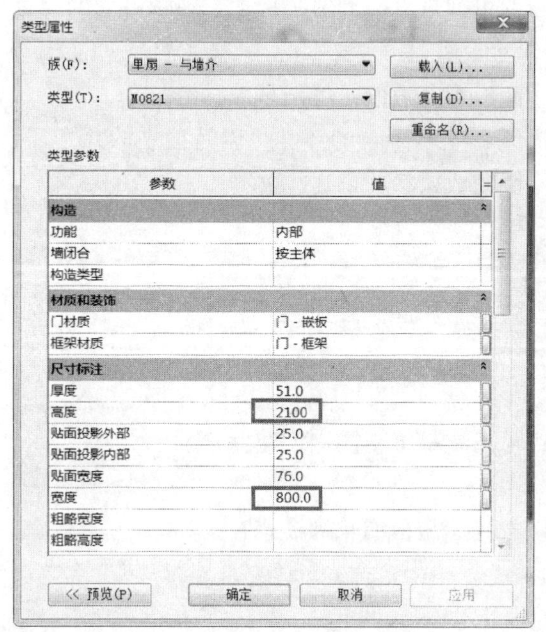

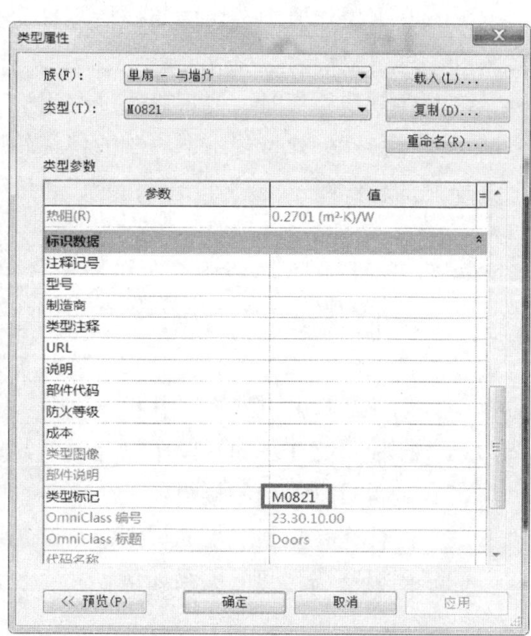

图 2-6-1 新建门类型

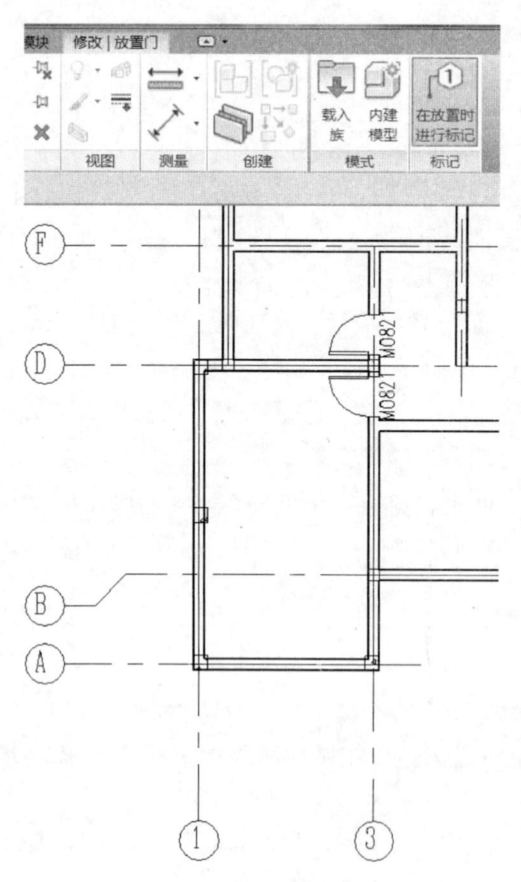

图 2-6-2 放置门

（4）点击确定，确保上面的功能选项卡中的“在放置时进行标记”选项卡处于选中状态，在③轴上的Ⓑ轴与Ⓕ轴之间的墙体上适当位置放置 M0821，在放置时将选项栏中的“水平”修改为“垂直”，这样文字就变为垂直，如图 2-6-2 所示。

（5）对门的位置和开启方向进行调整。单击刚才插入的 M0821，上面将显示翻转控件及临时尺寸标记。修改门的方向及距离Ⓓ轴上的墙面的位置为 120，如图 2-6-3 所示。具体操作时，按空格键可快捷翻转门的方向；拖动或点击临时尺寸上的蓝色控制点，可调节尺寸测量位置。

（6）调整门的位置高度，选中 M0821，确定标高为 F1。

（7）激活放置门工具，继续放置门 M0821，如图 2-6-4 所示，使 M0821 距其较近的墙面距离均为 120。

（8）放置双扇平开门。单击“插入”选项卡-“从库中载入”面板-“载入族”命令。在默认“China”文件夹中，依次打开“建

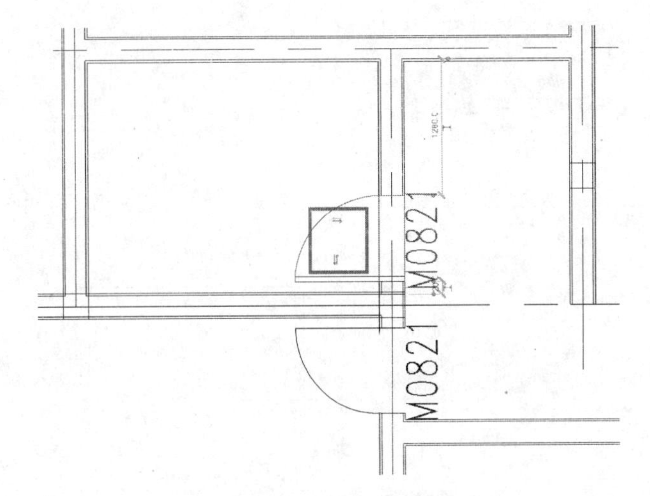

图 2-6-3　门位置调整

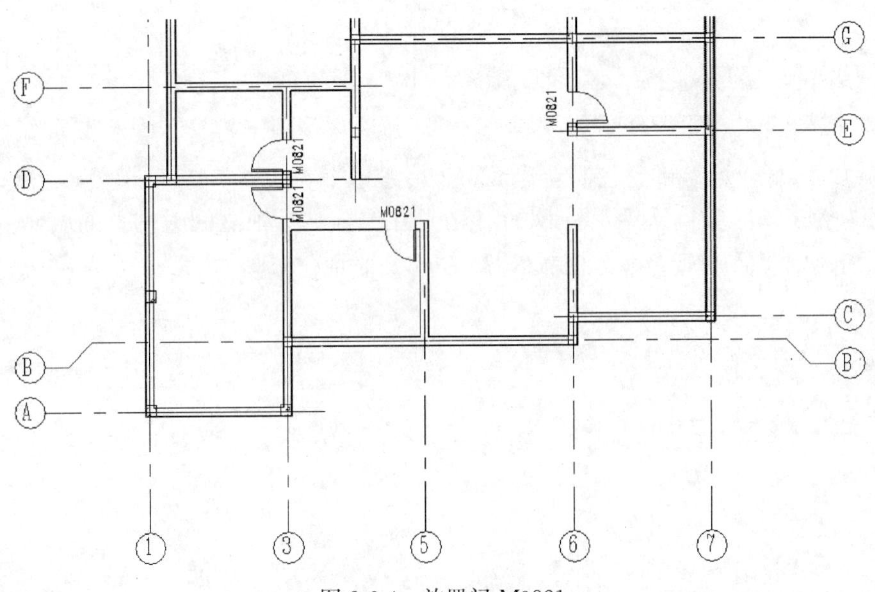

图 2-6-4　放置门 M0821

筑"-"门"-"普通门"-"平开门"-"双扇"文件夹，选中"双面嵌板格栅门 2"单击"打开"，为项目载入双开门。

(9) 再次单击"建筑"选项卡-"构建"面板-"门"按钮。在属性面板中选择刚才载入的"双扇平开格栅门 2"门类型，编辑类型，复制新建"M1521"，修改其高度为 2100mm，宽度为 1500mm，类型标记为 M1521，如图 2-6-5 所示。按确认后，将 M1521 放置在⑤轴与⑥轴之间的Ⓖ轴墙体上，放置标高为 F1，右边缘距⑥轴线墙面 120mm。平面位置如图 2-6-6 所示。

(10) 以 M1521 为基础，复制新建 M1822，修改其高度为 2200mm，宽度为 1800mm，类型标记为 M1822。按确认后，将 M1822 放置在⑤轴与⑥轴之间Ⓑ号轴上的墙体上，放置位置为⑤轴与⑥轴的正中间（即左边缘距⑤轴的距离为 1050mm），放置标高为 F1。平面位置如图 2-6-7 所示。

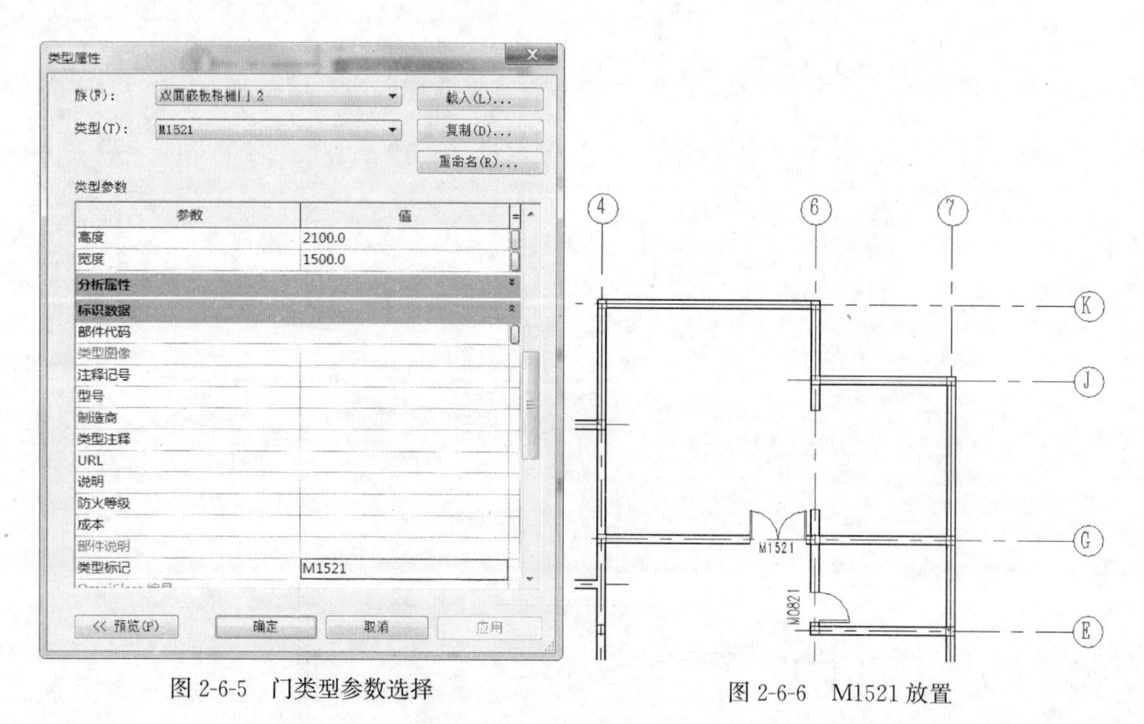

图 2-6-5　门类型参数选择　　　　图 2-6-6　M1521 放置

（11）以 M0821 为基础，复制新建 M0921，修改其高度为 2100mm，宽度为 900mm，类型标记为 M0921。按确认后，将 M0921 放置在③轴与④轴之间Ⓕ轴上的墙体上，放置位置为距离④轴墙面 120mm 处，放置标高为 F1。平面位置如图 2-6-8 所示。

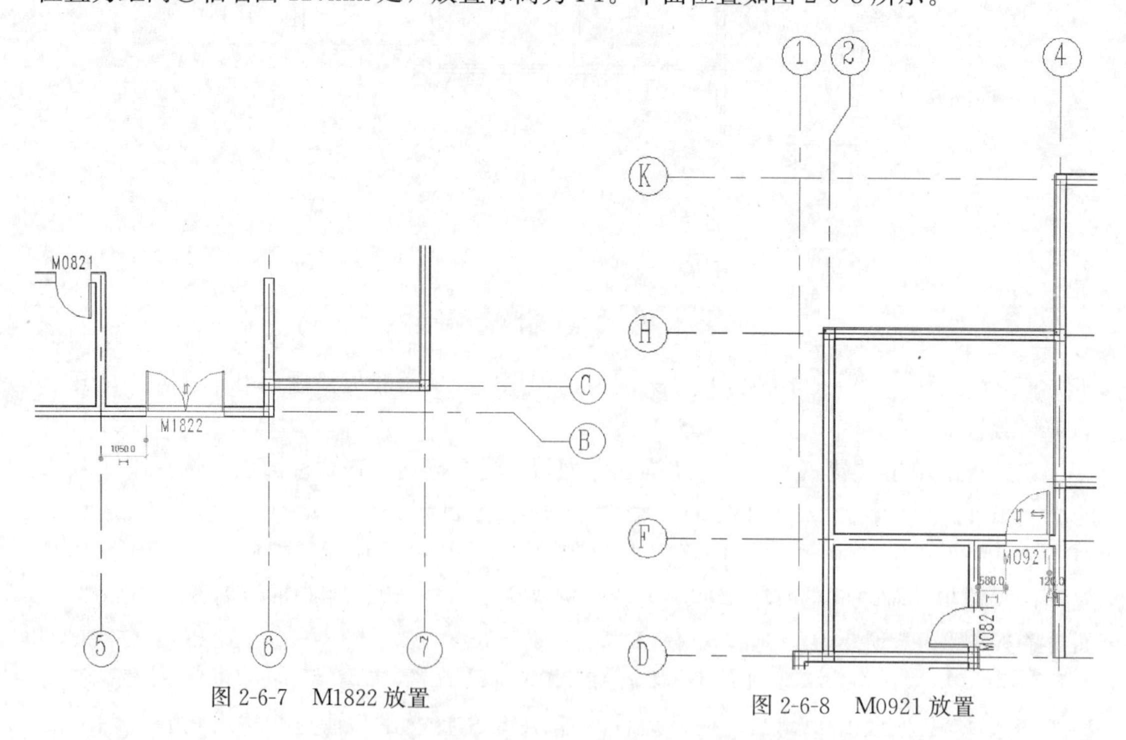

图 2-6-7　M1822 放置　　　　图 2-6-8　M0921 放置

（12）放置卷帘门。单击“插入”选项卡-“从库中载入”面板-“载入族”命令。在默认“China”文件夹中，依次打开“建筑”-“门”-“卷帘门”文件夹，选中“卷帘门”单击

"打开"，为项目载入卷帘门。

(13) 再次单击"建筑"选项卡-"构建"面板-"门"按钮。在属性面板中选择刚才载入的"卷帘门"门类型，编辑类型，复制新建"JLM3022"，修改其高度为2200mm，宽度为3000mm，类型标记为JLM3022，门嵌板材质设为"涂料-黄色"，如图2-6-9所示。按确认后，将标高设置为F1，底高度为-300，将JLM3022放置在Ⓐ轴线上墙体，①轴线和③轴线中间，平面位置如图2-6-10所示。

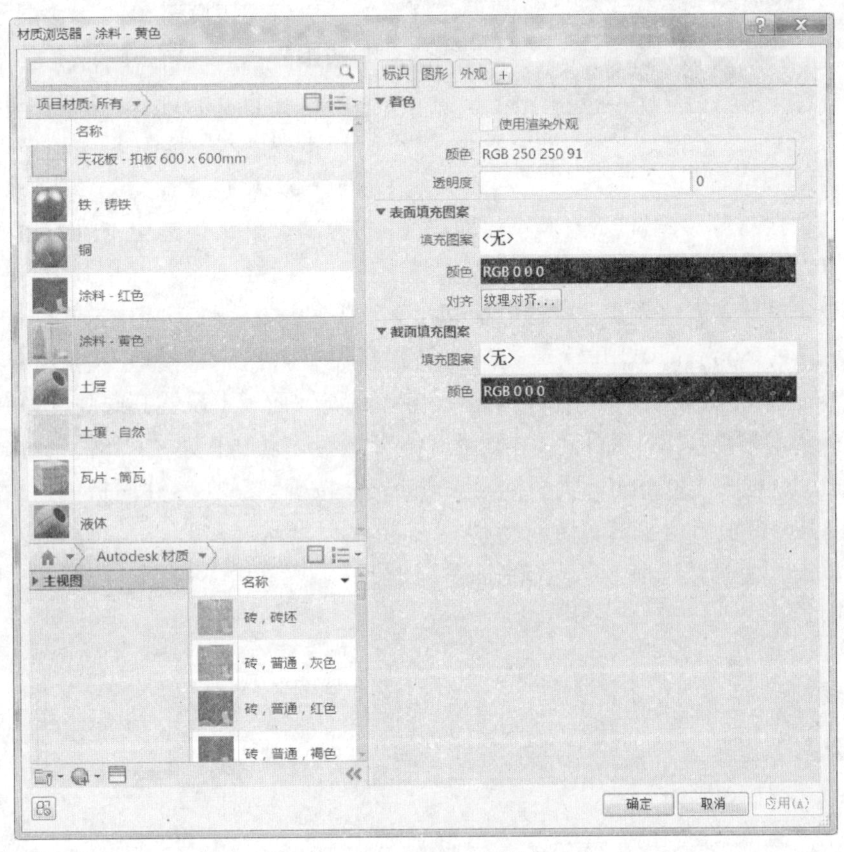

图 2-6-9　JLM3022 材质修改

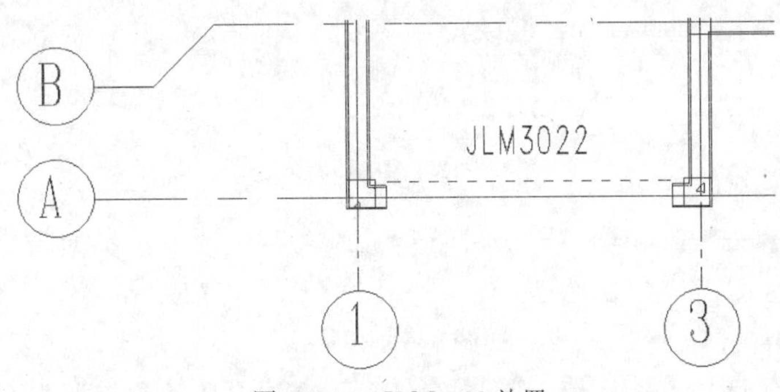

图 2-6-10　JLM3022 放置

(14) 完成第一层门的放置，切换至3D视图，在视图"属性"面板中，勾选"剖面框"选项，点击绘图区域模型外围出现的方框激活剖面框工具，方框六个面出现控制柄，

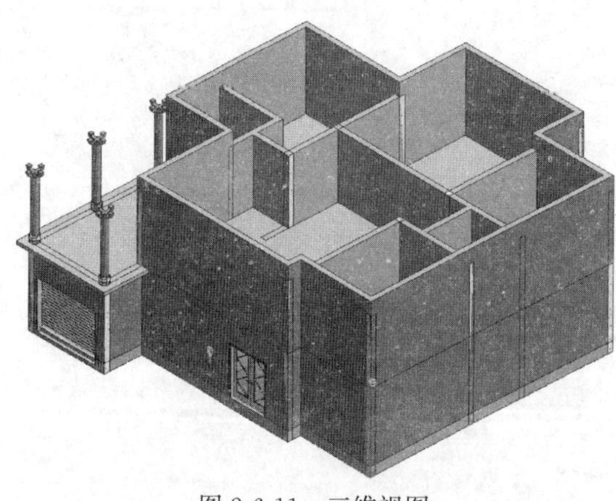

图 2-6-11 三维视图

拖动控制柄使之显示第一层模型，观察模型与刚才插入的门，如图 2-6-11 所示。

2.6.3 添加一层窗

（1）切换至“F1”楼层平面视图，采用前一节（导入族、新建门、修改门参数）的方法，为一层的墙体添加窗。单击“插入”选项卡-“从库中载入”面板-“载入族”命令。在默认“China”文件夹中，依次打开“建筑”-“窗”-“普通窗”-“推拉窗”文件夹，选中“推拉窗 5-带贴面”单击“打开”，为项目载入推拉窗。

（2）单击“建筑”选项卡-“构建”面板-“窗”按钮。在属性面板中选择“固定”列表中的 1200mm×1500mm，打开编辑类型，复制新建“C0615”，修改其高度为 1500mm，宽度为 600mm，类型标记为 C0615，单击确定，在属性面板中设置其底高度为 900。再选择刚才载入的“推拉窗 5-带贴面”门类型，编辑类型，复制新建“C1815”，修改其高度为 1500mm，宽度为 1800mm，类型标记为 C1815，按确认后在属性面板中设置其底高度为 900，按 Esc 键退出窗编辑对话框。

（3）单击“建筑”选项卡-“工作平面”面板下-“参照平面”命令，按图 2-6-12 所示绘制参照平面。

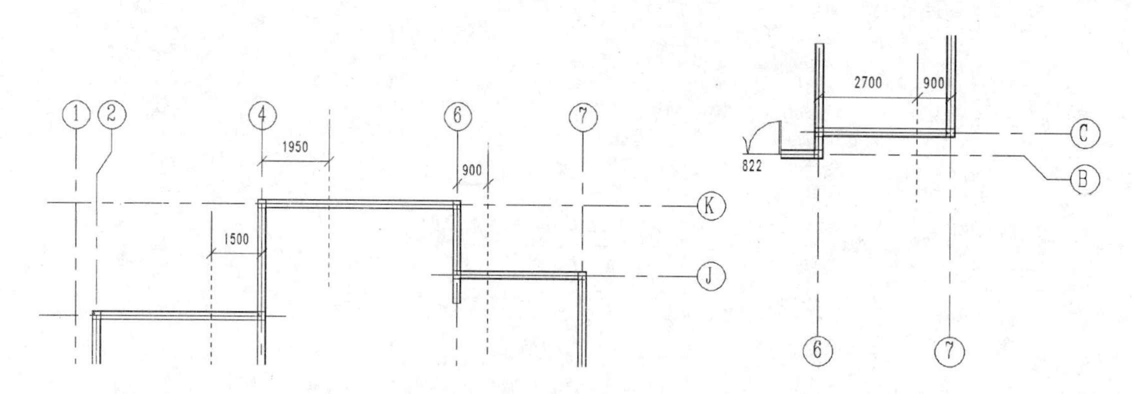

图 2-6-12 窗的位置确定

（4）单击“建筑”选项卡-“构建”面板-“窗”按钮。选择窗类型为 C1815，在Ⓒ轴、Ⓙ轴、Ⓚ轴墙体上适当位置放置 C1815，利用对齐命令将窗对齐到参照平面，完成后按 Esc 键两次退出放置窗命令。完成后如图 2-6-13 所示。

（5）单击“建筑”选项卡-“构建”面板-“窗”按钮。选择窗类型为 C0615，在Ⓑ轴、②轴、⑦轴墙体的相应位置上放置 C0615，完成后按 Esc 键两次退出放置窗命令。选择刚刚放置的 C0615，调整其到两边墙体的距离。完成后如图 2-6-14 所示。

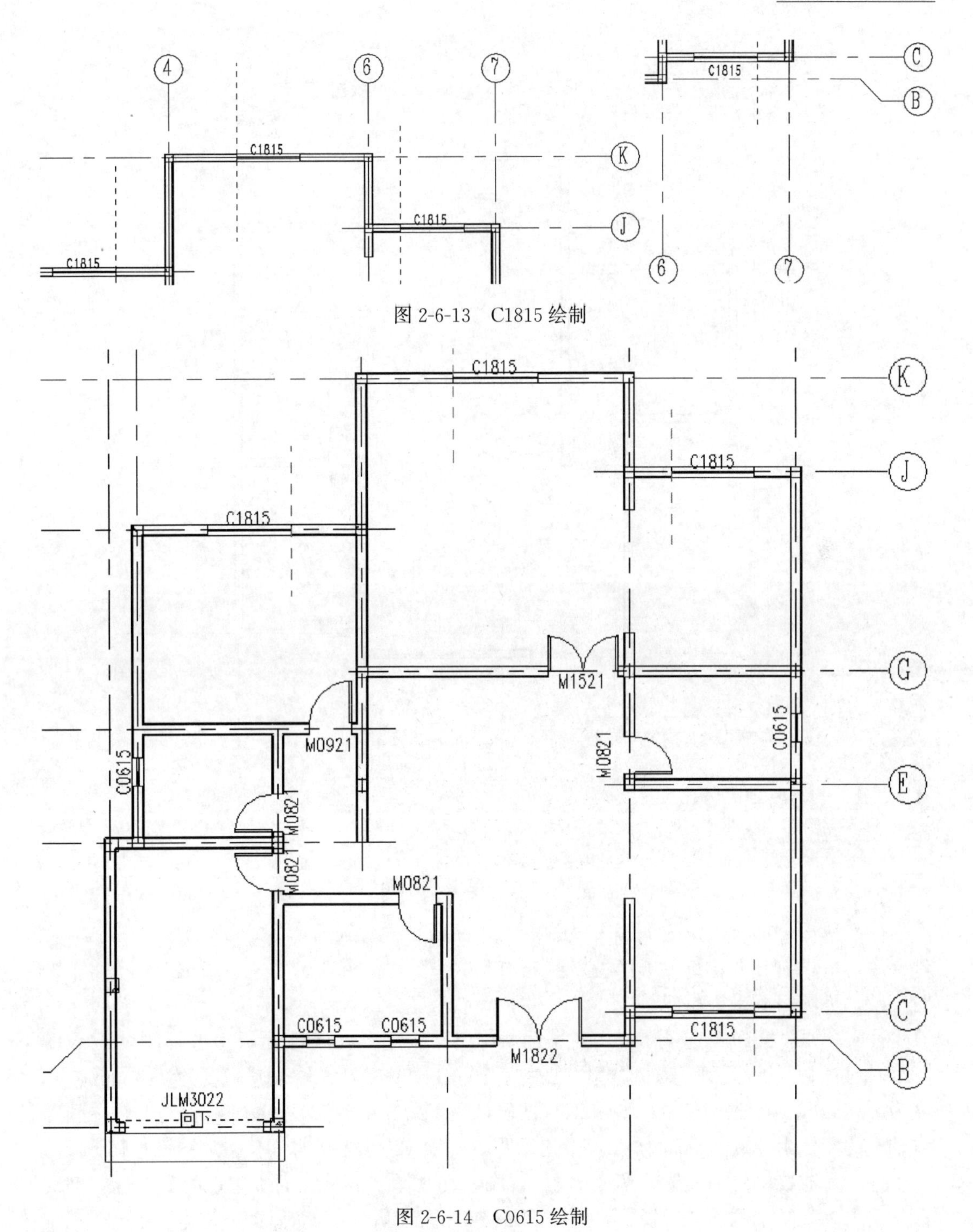

图 2-6-13　C1815 绘制

图 2-6-14　C0615 绘制

2.6.4　添加二层门窗

二层门窗的放置和添加与一层类似，如图 2-6-15 所示。

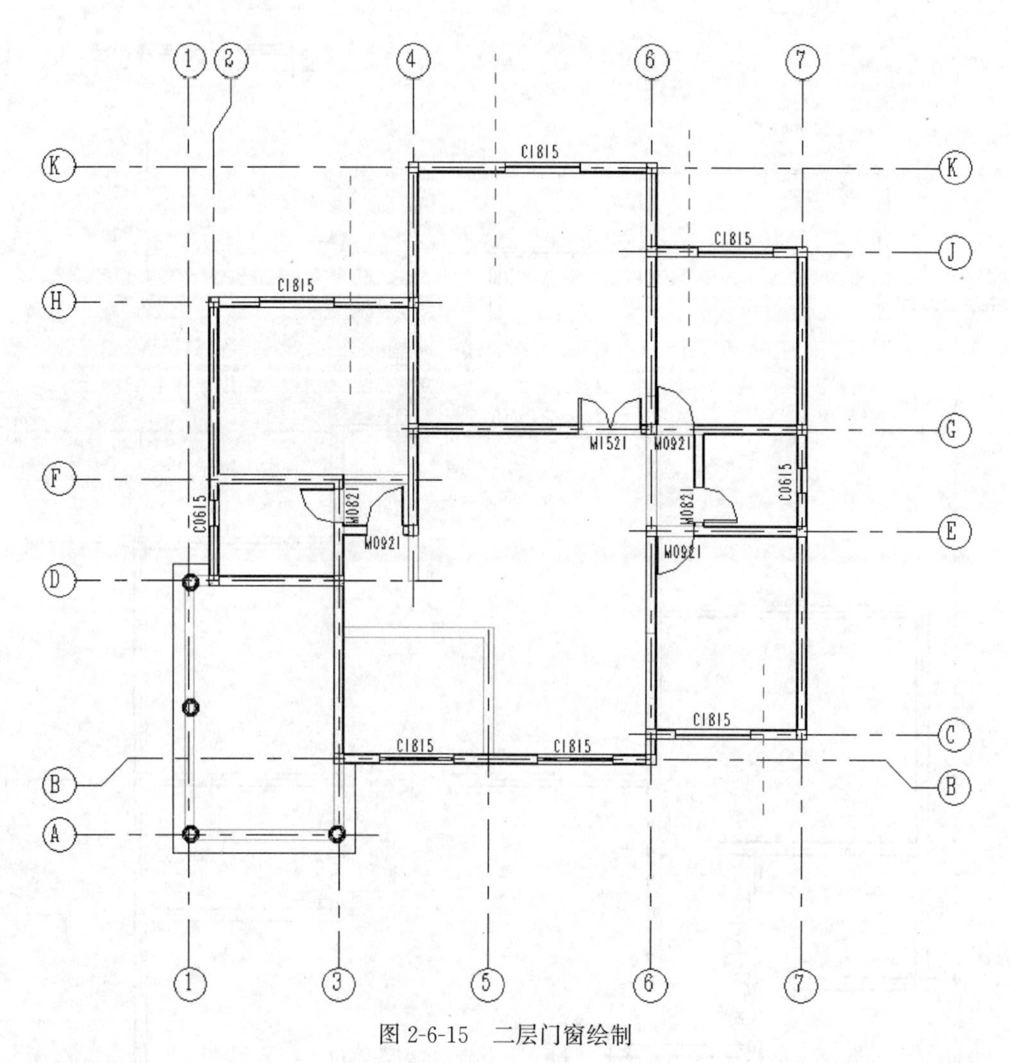

图 2-6-15　二层门窗绘制

（1）单击“插入”选项卡-“从库中载入”面板-“载入族”命令。在默认“China”文件夹中，依次打开“建筑”-“门”-“普通门”-“推拉门”文件夹，选中“双扇推拉门 1”单击“打开”，为项目载入推拉门。

（2）单击“建筑”选项卡-“构建”面板-“门”按钮。在属性面板中选择刚才载入的“双扇推拉门 1”门类型，编辑类型，复制新建“TLM1824”，修改其高度为 2400mm，宽度为 1800mm，类型标记为 TLM1824。按确认后，将 TLM1824 放置在Ⓑ轴与Ⓓ轴之间③号轴上的墙体上，放置标高为 F2，上边缘距Ⓓ轴线 1200mm。平面位置如图 2-6-16 所示。

（3）完成二层门的放置，切换至 3D 视图，在视图“属性”面板中，取消勾选“剖面框”选项。观察别墅的三维视图，按住 Shift 键并按住鼠标滚轮整体移动鼠标可动态三维观察小别墅的全貌，如图 2-6-17 所示。

2.6.5　实训注意事项

（1）门窗族有实例属性和类型属性两种参数分类。修改实例属性只影响当前选中的实

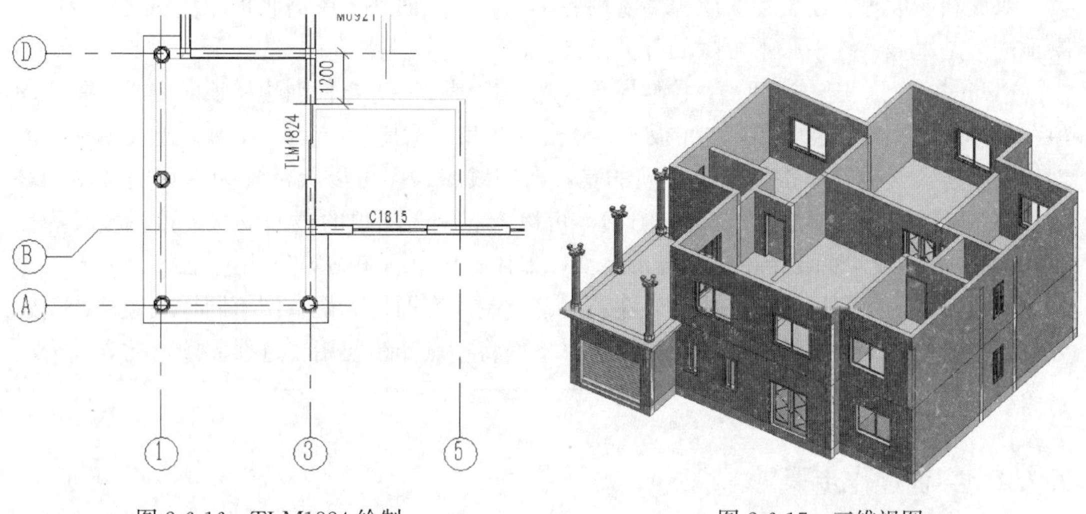

图 2-6-16　TLM1824 绘制　　　　图 2-6-17　三维视图

例文件，修改类型属性则会影响整个项目中相同名称的文件。

(2) 放置门窗时，可以按空格键切换门窗的方向。也可以在放置完成后，选中相应的门窗、按空格键，就可以切换门窗的方向。

(3) 操作中可以采用更快捷的方式载入并使用门窗族：打开存放族文件的文件夹，选择需要载入的族，直接拖动至视图中。

(4) 门窗通常都是基于墙体的构件，因此在放置门窗前必须先建立墙体。删除墙体，墙上的门窗也就随之自动删除。

(5) 放置门窗时，可以选择临时尺寸标注修改其相对位置。

(6) 放置门窗时，如果需要编辑门窗名，则点击右上角“在放置时进行标记”按钮。

思　考　题

(1) 放置门窗是否可以在三维视图中操作?

(2) 门窗名标记需要注意什么事项?

(3) 门窗的放置需要注意哪些问题?

(4) 如何进行门窗尺寸的修改操作?

(5) 修改门窗属性时需要注意什么?

(6) 门窗是如何定位的? 定位如何修改?

任务 2.7　绘制屋顶

2.7.1　实训任务说明

屋顶是建筑物的重要组成部分。按外形分有平屋顶和坡屋顶两类，坡屋顶又分为单坡、双坡和四坡等。建筑物的屋盖系统内容丰富，除屋面外，屋檐底板、屋顶封檐带以及屋顶檐沟是屋盖系统中必不可少的部分。

Revit 提供了“迹线屋顶”“拉伸屋顶”和“面屋顶”等3种创建屋顶的方式。除“屋顶”工具外，Revit 还提供了“底板”“封檐带”和“檐槽”工具。其中“迹线屋顶”的创建方式与“楼板”非常类似。不同的是，在迹线屋顶中可以灵活地为屋顶定义多个坡度。“拉伸屋顶”这种创建方法比较自由，可以随意编辑屋顶的截面形状，可以定义为任意样式。“面屋顶”主要用于一些异形屋面，如体育场馆、车站等公共建筑。

本项实训的主要内容是完成别墅建筑屋顶绘制。实训目标是掌握不同样式屋顶的创建方法，学会修改屋顶的结构等属性的设置。下面将重点介绍使用“迹线屋顶”的方式为项目添加屋顶。

2.7.2 实训操作步骤

（1）打开“别墅”项目，在项目浏览器中切换视图到“RF”楼层平面。在视图“属性”面板中，设置基线为“F2”。

（2）单击“建筑”选项卡-“构建”面板-“屋顶”下三角形按钮，在下拉选项中选择“迹线屋顶”。在属性面板中，选择“常规-125mm”屋顶类型，进入编辑类型选项。复制新建“别墅屋顶”，修改结构厚度为130mm，材质为混凝土。插入外部面层，厚度为20mm，材质以“环氧树脂”为基础复制新建“屋面涂料”，设置其颜色和表面填充图案为如图2-7-1、图2-7-2所示。

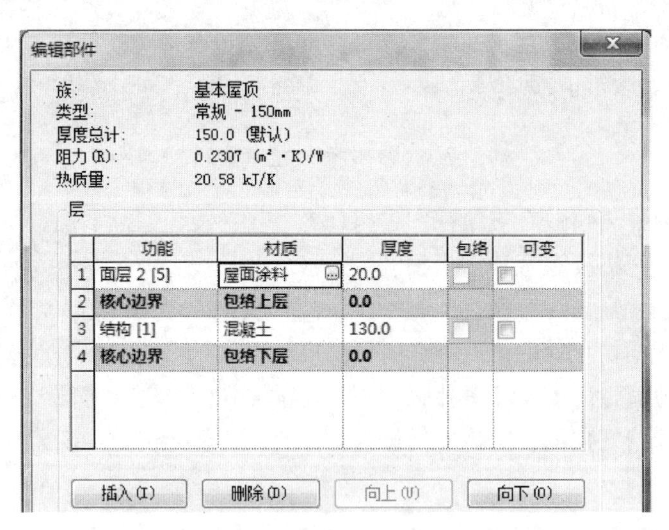

图2-7-1 屋顶属性编辑

（3）在“选项栏”中设置其悬挑为600，然后选择拾取墙工具，鼠标依次点击外墙。绘制屋顶迹线，如图2-7-3所示。

（4）结合Ctrl键选择②轴线、Ⓑ轴线、Ⓚ轴线上的屋顶迹线，在“选项栏”中取消勾选“定义坡度”项，取消后，迹线边三角形符号消失，再设置其悬挑为600，如图2-7-4

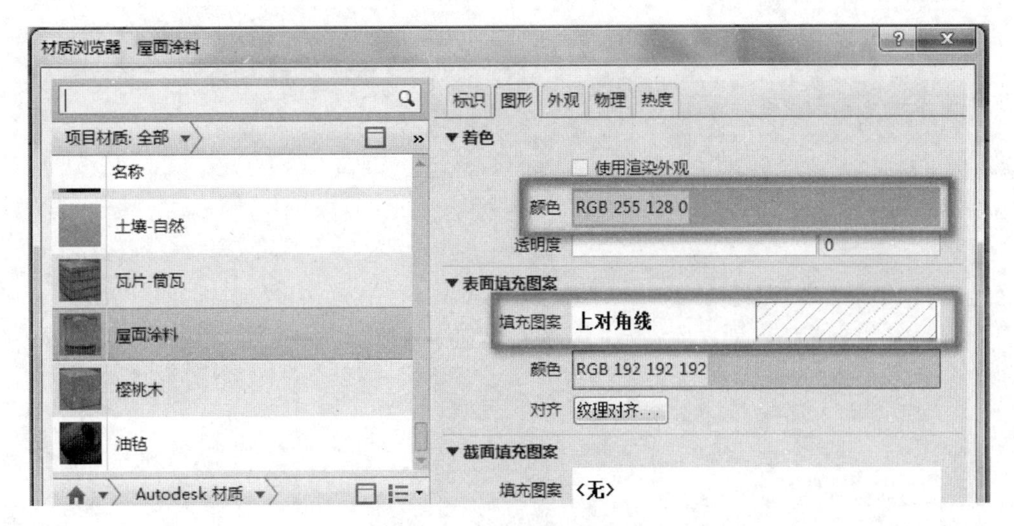

图 2-7-2　屋顶材质选择

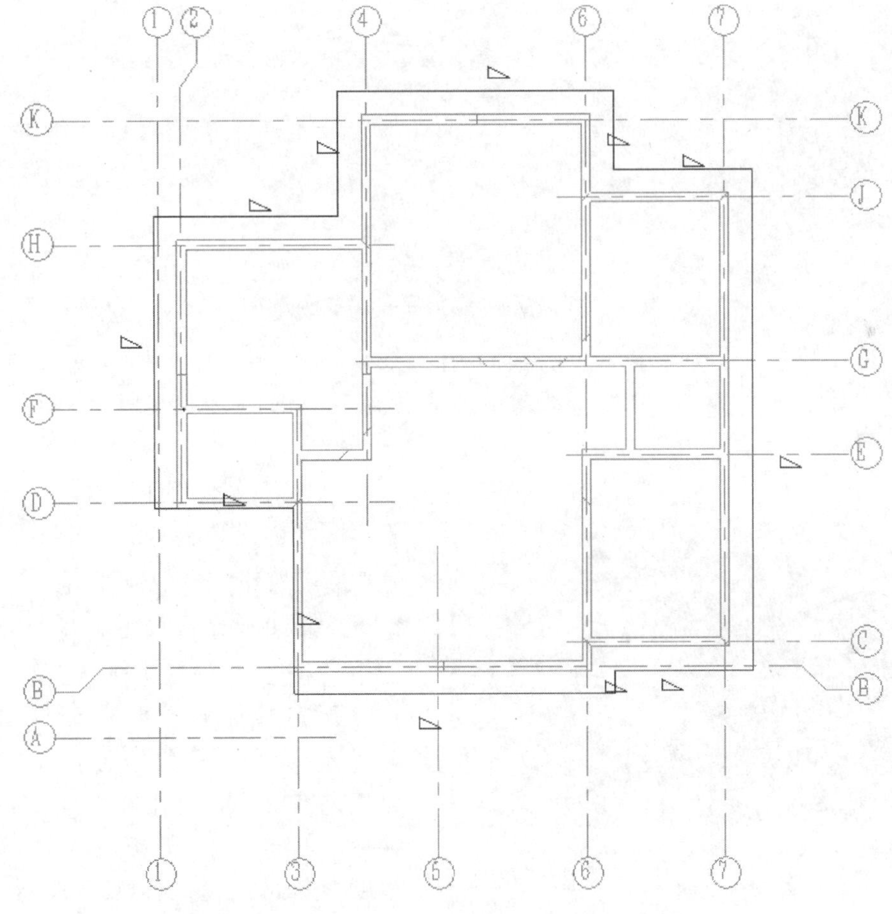

图 2-7-3　绘制坡屋顶

所示。

（5）按“确定”按钮退出编辑模式。在三维视图中查看模型。

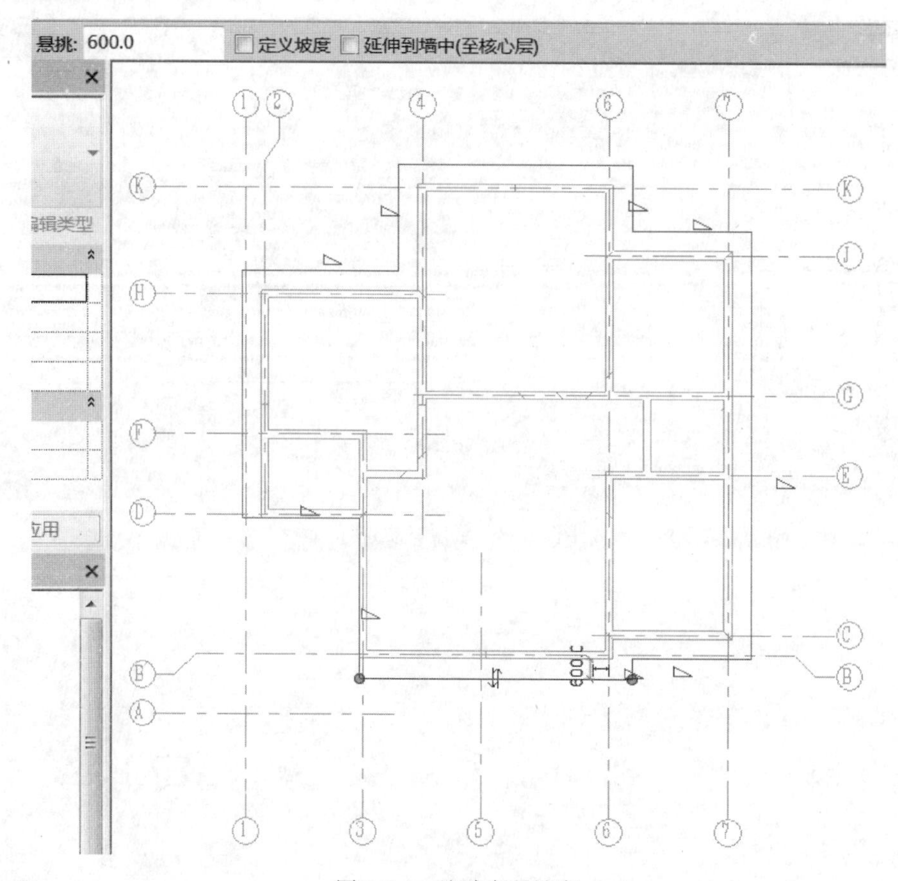

图 2-7-4　取消定义坡度

(6) 在三维视图中选择屋顶下方墙体，在“修改|墙”上下文选项卡-“修改墙”面板中，单击“附着顶部/底部”按钮，再次单击屋顶。墙体将向上延伸至屋顶底面，结果如图 2-7-5 所示。

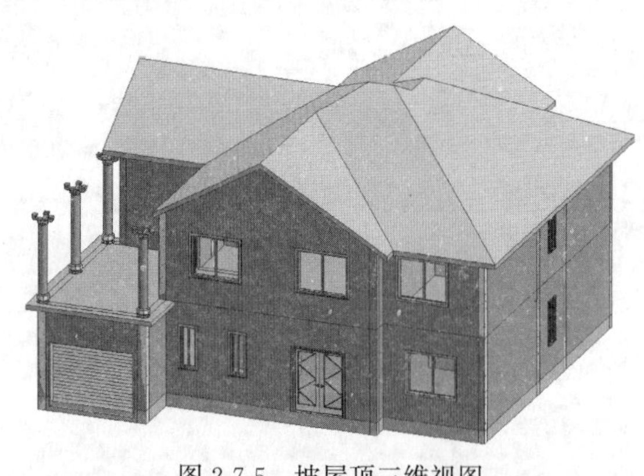

图 2-7-5　坡屋顶三维视图

(7) 切换回“RF”楼层平面视图。选择刚刚创建好的屋顶，单击视图控制栏中 按钮，单击隐藏图元，将屋顶隐藏。单击“建筑”选项卡-“构建”面板中“楼板”命令。在“属性 面板”中，选择“楼板：常规-150mm”类型楼板，进入“编辑类型”对话框，同墙体创建方式类似，复制新建“玻璃天棚”楼板，单击“编辑”按钮，修改其结构厚度为 60mm，材质以玻璃为母本复制新建“天棚玻璃”材质，修改其属性如图 2-7-6 所示，将透明度设置为 0。

(8) 单击确定以“玻璃天棚”类型绘制如图 2-7-7 所示的楼板边界，单击确定，跳出如图 2-7-8 所示的对话框，单击否。进入三维视图，得到如图 2-7-9 所示的别墅模型。

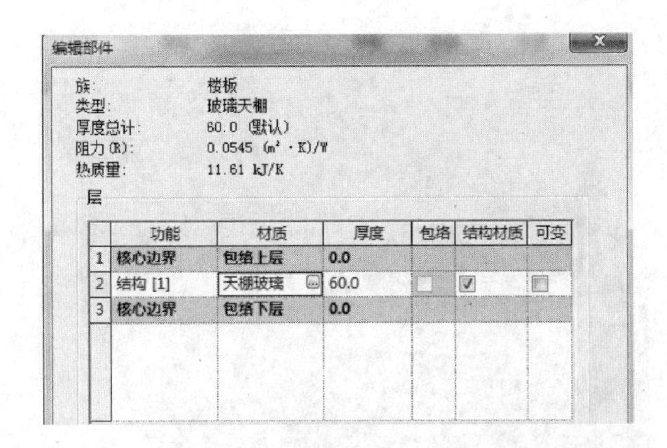

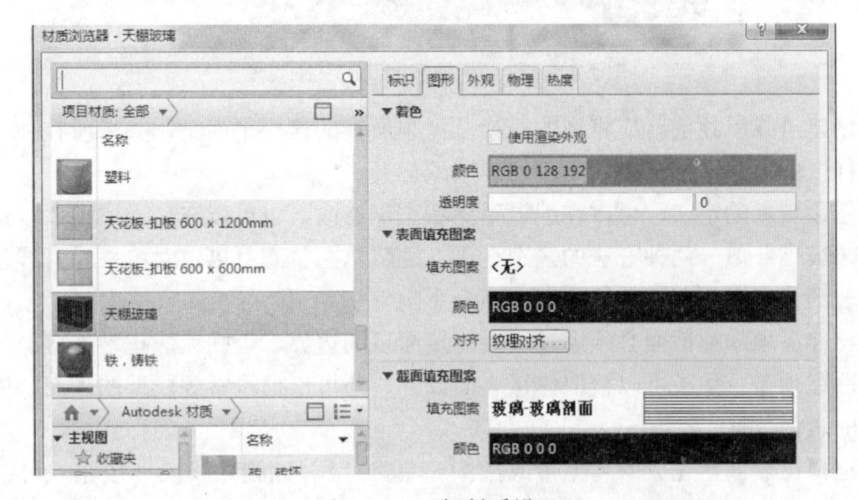

图 2-7-6 天棚材质设置

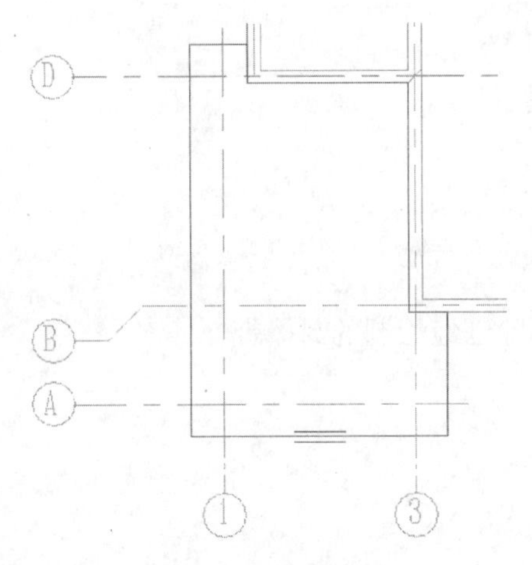

图 2-7-7 “天棚玻璃”绘制

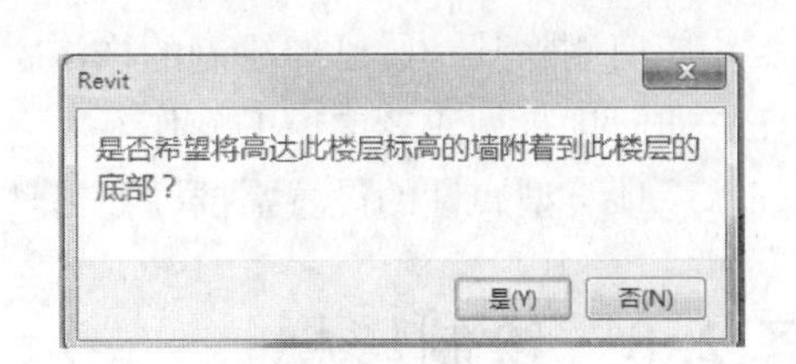

图 2-7-8 墙高度确定

2.7.3 实训注意事项

（1）迹线屋顶、拉伸屋顶以及坡屋顶的创建都是通过绘制屋顶投影轮廓线的方式进行。

图 2-7-9　带"天棚玻璃"的三维视图

（2）创建迹线屋顶前，应将视图切换至屋顶所在的楼层平面中。如果所在视图是最低标高，软件会弹出对话框，提示用户切换屋顶标高。

（3）屋顶坡度的定义，可以在编辑草图状态下修改，也可以在完成屋顶后，选择屋顶进行修改"坡度"值。两种方法的区别在于，编辑草图状态下可以对单一轮廓线进行坡度的修改或取消；完成状态下，修改坡度则会影响整个屋顶。

（4）拉伸屋顶的前截面必须超过所要连接屋顶的边界，否则无法正常连接。

（5）面屋顶命令除了可以拾取体量表面以外，还可以拾取常规模型的表面，以及外部导入模型的表面数据。

（6）选择已经创建完成的封檐带或檐沟，单击"添加/删除线段"按钮，可以进行单独一段图元的删除或添加动作。檐沟轮廓的设置方法与封檐带相同，在"类型属性"对话框中可以进行选择。

思　考　题

（1）如何取消两个屋顶之间的连接？

（2）如何进行创建坡屋顶的操作？

（3）创建屋顶的方式有哪几种？

（4）如何删除某一段已经绘制的檐沟？如何删除已经绘制的封檐带？

（5）如何进行创建老虎窗的操作？

（6）屋顶类型属性的设置需要注意哪些问题？

任务 2.8　绘制楼梯

2.8.1　实训任务说明

楼梯是建筑中楼层之间垂直交通的部位。在设有电梯、自动扶梯作为主要垂直交通手段的多层和高层建筑中，仍需要保留楼梯供火灾时逃生之用。

Revit 提供了两种创建楼梯的方法，分别是按“构件”与按“草图”。两种方式创建出来的楼梯样式相同，但是绘制过程中操作方法不同，同样的参数设置效果也不尽相同。按“构件”创建楼梯，是通过装配常见梯段、平台和支撑构件来创建楼梯，在平面或三维视图中均可进行创建，这种方法对于创建常规样式的双跑或三跑楼梯非常方便。按“草图”创建楼梯，是通过定义楼梯梯段或绘制踢面线和边界线，在平面视图中创建，优点是创建异形楼梯非常方便，楼梯的平面轮廓可以自定义。

Revit 中还提供了扶手、楼梯、坡道等工具，通过定义不同的扶手、楼梯的类型，可以在项目中生成各种不同形式的扶手、楼板构件。Revit 还提供了洞口工具，可以剪切楼板、天花板、屋顶等图元对象，生成垂直于面或垂直于标高的洞口。

本项任务的主要内容是绘制别墅建筑的楼梯。实训目标是能够分别按构件和按草图的方式创建楼梯，能够对其中的实例属性和类型属性进行编辑，能够设置按草图创建楼梯的主要参数信息，能够通过剪切楼板、天花板、屋顶等图元创建洞口。本实训主要讲解按草图创建楼梯的方式。

2.8.2　用“楼梯（按草图）”方式创建楼梯

(1) 切换至 F1 平面视图，在楼梯间处绘制三条参照平面（其中两条在Ⓕ轴线两侧 575mm 处，另一条在⑤轴线右侧 1620mm 处），如图 2-8-1 所示。

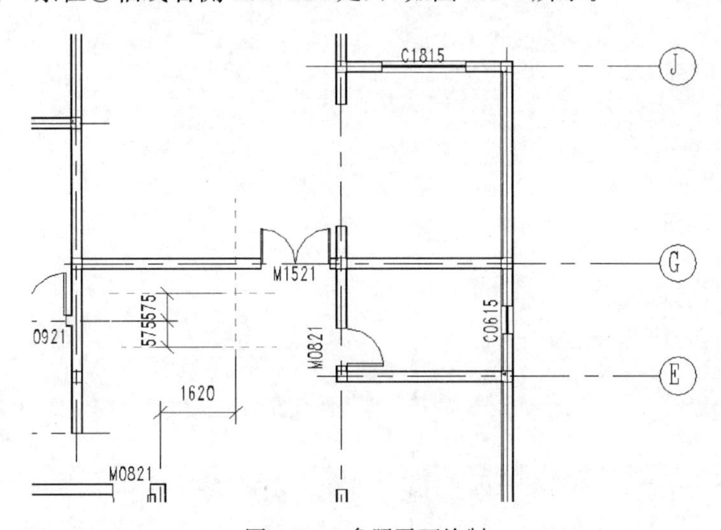

图 2-8-1　参照平面绘制

(2) 单击“建筑”选项卡-“楼梯坡道”面板-“楼梯”下三角形按钮，选择“楼梯（按草图）”命令。选择“190mm 最大踢面 250mm 梯段”，编辑类型，复制新建“160mm 最大踢面 250mm 梯段”类型。修改其最大踢面高度为 160mm，并确认踢面下拉列表中的“开始于踢面”、“结束于踢面”处于勾选状态，如图 2-8-2 所示。

(3) 单击确定，确认在“修改|创建楼梯草图”选项卡-“绘制”面板中“梯段”和“直线”处于选中状态，如图 2-8-3 所示。

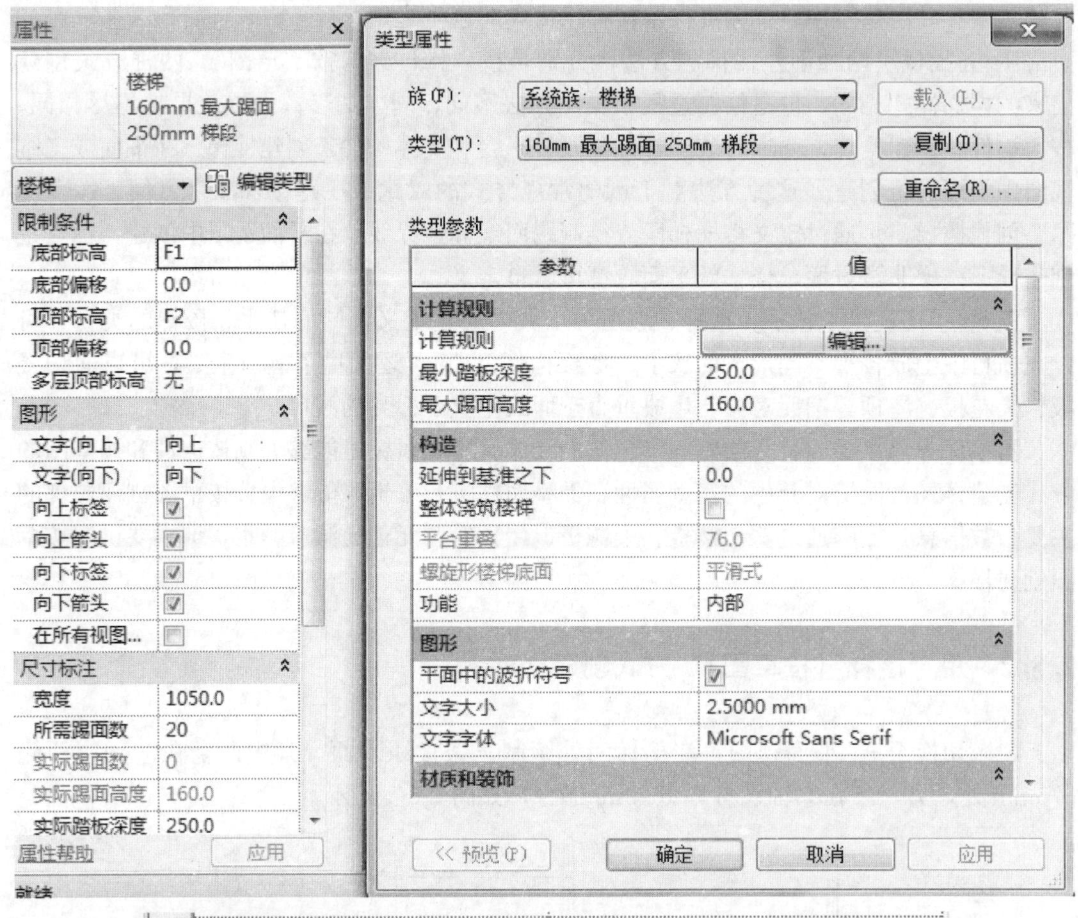

图 2-8-2　楼梯属性设置

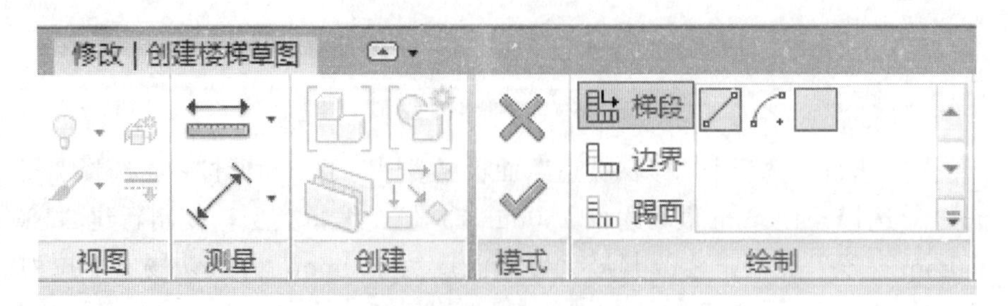

图 2-8-3　创建楼梯草图

（4）确认属性面板中的参数如图 2-8-4 所示。

（5）在绘图区域捕捉两条参照平面的交点，单击鼠标，如图 2-8-5 所示。

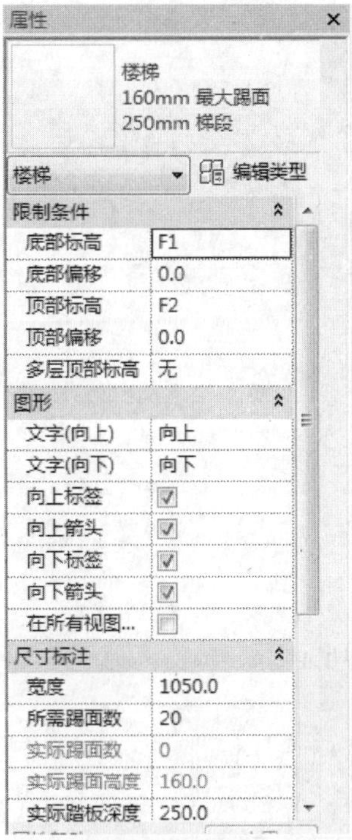

图 2-8-4　属性面板参数

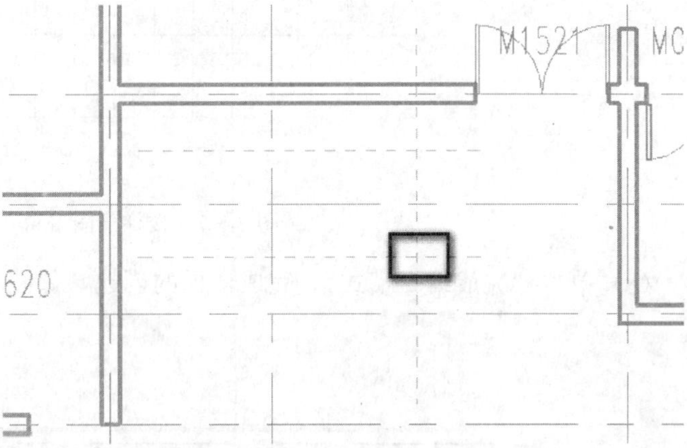

图 2-8-5　参照平面的交点

（6）鼠标向左移动，直到屏幕上出现灰色字体“已经创建了 10 个踢面，剩余 10 个”时，单击鼠标，垂直往上移动捕捉到和另一参照平面的交点单击鼠标，水平往右移动，捕捉两参照平面的交点，单击鼠标，如图 2-8-6 所示。

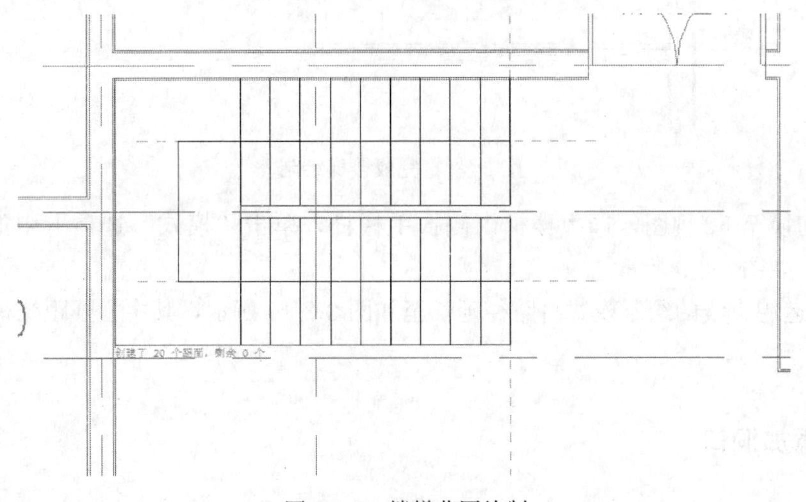

图 2-8-6　楼梯草图绘制

（7）单击“修改”选项卡中的“对齐”命令，“首选”选择“参照核心层表面”，将靠近墙体一侧的楼梯边界对齐到墙体核心层表面，如图 2-8-7 所示。

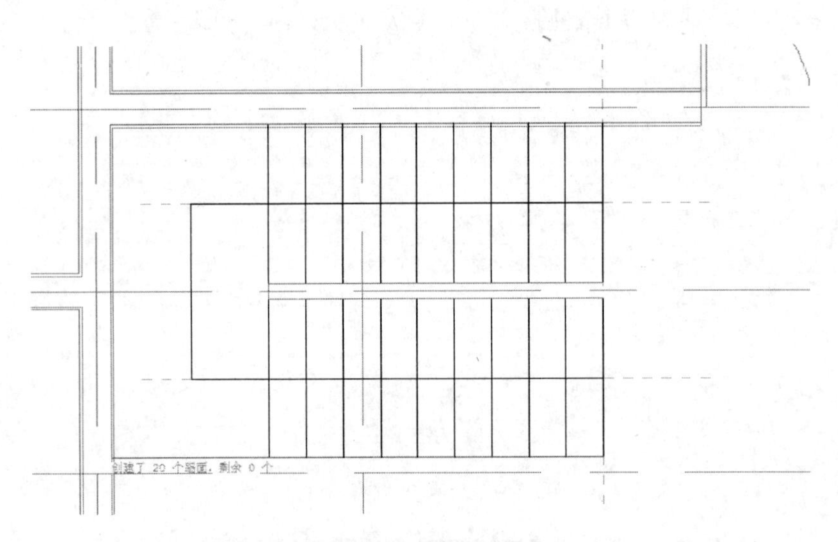

图 2-8-7 楼梯草图编辑

（8）单击“完成编辑模式”，完成楼梯的创建，如图 2-8-8 所示。

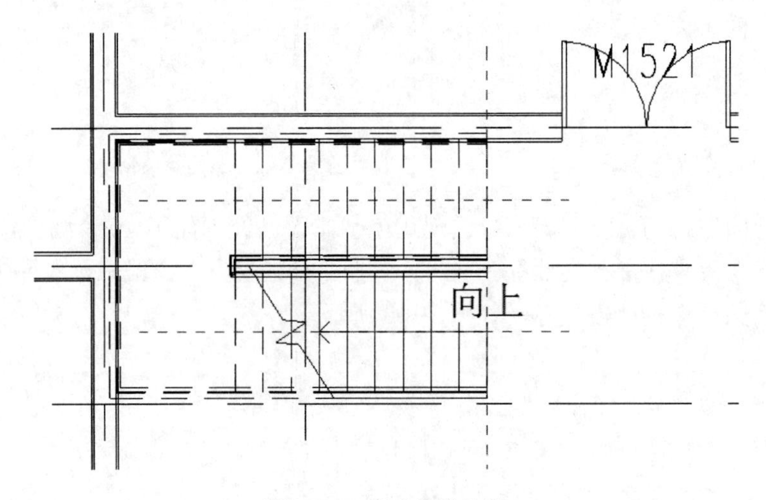

图 2-8-8 完成楼梯绘制

（9）切换至 F2 视图，选中楼梯内侧扶手栏杆，单击“模式”选项卡中的“编辑路径”按钮，如图 2-8-9 所示。

（10）运用直线的绘制模式将路径延长至如图 2-8-10 所示，其中栏杆距楼梯边缘 50～100mm 均可。

2.8.3 添加洞口

（1）切换至 F1 视图，单击“建筑”选项卡-“洞口”面板-“竖井”按钮，进入“修改|创建竖井洞口草图”模式，在“绘制”选项卡中选择“边界线”“矩形”绘制模式，沿楼梯外轮廓绘制竖井洞口，如图 2-8-11 所示。

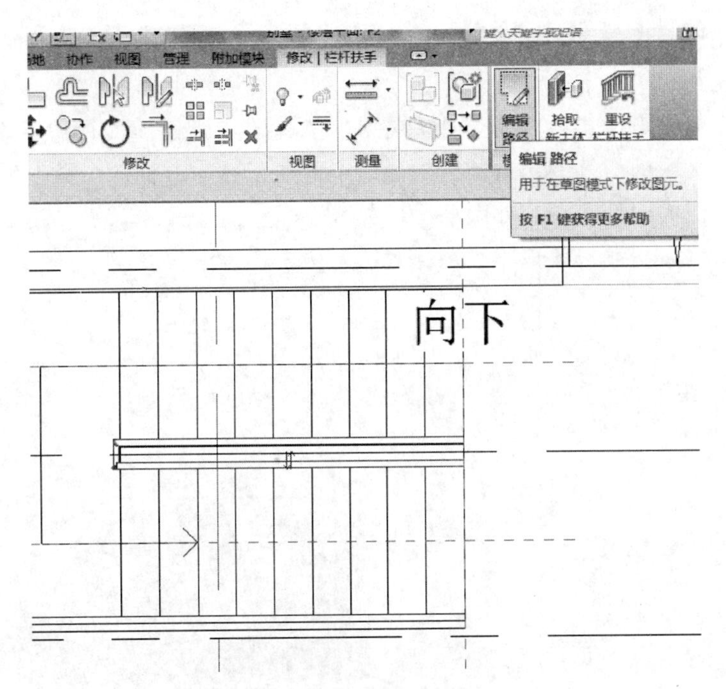

图 2-8-9　编辑楼梯栏杆

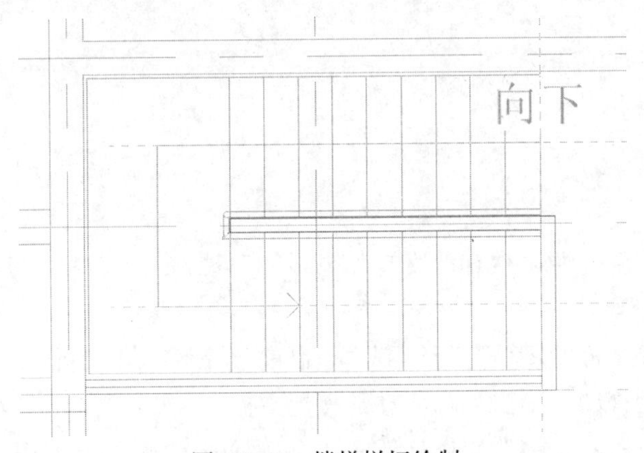

图 2-8-10　楼梯栏杆绘制

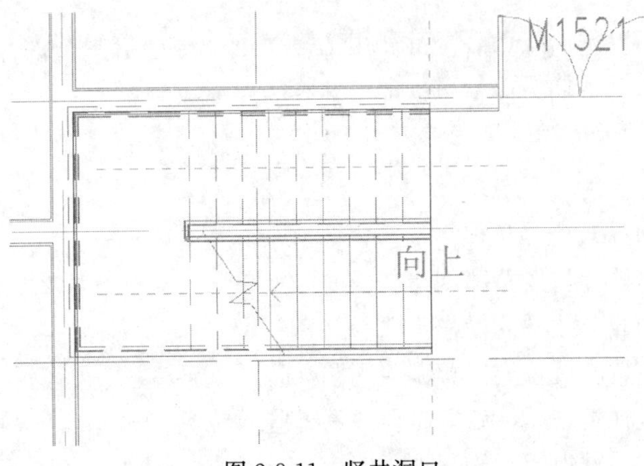

图 2-8-11　竖井洞口

（2）修改属性面板中底部偏移为1000mm，无连接高度为4000mm，顶部约束为未连接，如图2-8-12所示。

（3）单击完成编辑模式，切换至3D视图，在视图“属性”面板中，勾选“剖面框”选项，点击绘图区域模型外围出现的方框激活剖面框工具，方框六个面出现控制柄，拖动控制柄使之显示楼梯的剖面图，如图2-8-13所示。

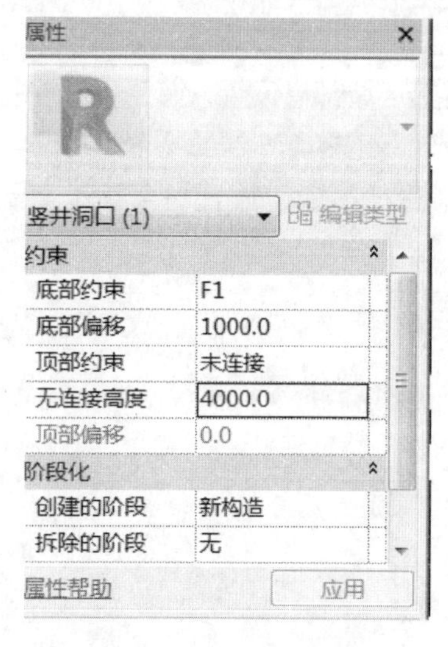

图2-8-12　属性面板限制条件

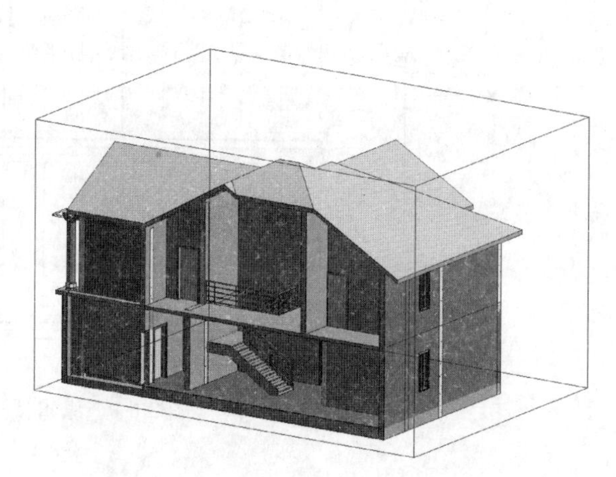

图2-8-13　楼梯剖面三维视图

2.8.4　实训注意事项

（1）创建楼梯前应先明确楼梯的常规信息，如：楼梯起止高度、步数、踏板深度、梯段宽度、材质、用途等。

（2）楼梯一般在平面视图中进行绘制，绘制前应先双击“项目浏览器”中楼梯所在楼层平面视图，将活动视图切换到楼梯所在的楼层平面。

（3）绘制双跑直楼梯、多跑直楼梯或者双跑楼梯时，需要单独两次或者多次绘制楼梯梯段方可。

（4）当建筑物中存在标准层时，可使用楼梯实例中的“多层顶部标高”。通过设计楼梯最高顶部标高，即可自动生成跨越标准层部分的楼梯梯段。

思　考　题

（1）创建楼梯的方式有哪几种？

（2）按构件创建楼梯与按草图创建楼梯的区别在哪儿？各有什么优点？

（3）请总结绘制异形楼梯的操作步骤。

（4）楼梯常规信息的设置应注意哪些问题？

（5）草图绘制楼梯类型属性设置需要注意哪些问题？

（6）楼梯可以在三维视图中绘制吗？

任务 2.9　绘制阳台栏杆

2.9.1　实训任务说明

栏杆在建筑中非常常见，如在楼梯、阳台、残疾人坡道等区域都有设置，其主要作用是保护人身安全，也可以起到分隔、导向的作用。好的栏杆设计，还有着不错的装饰作用。

Revit 提供了两种创建栏杆扶手的方法，分别是“绘制路径”和“放置在主体上”命令，可以在平面或三维视图中的任意位置创建栏杆。

本项任务的主要内容是绘制二层阳台的栏杆扶手。实训目标是学会利用“绘制路径”和“放置在主体上”命令进行栏杆扶手的创建，掌握栏杆扶手的编辑方法。

2.9.2　实训操作步骤

（1）切换至 F2 楼层平面视图，单击“建筑”选项卡-“楼梯坡道”面板-“栏杆扶手”下方三角形按钮，选择“绘制路径”。在属性面板中选择类型为“玻璃嵌板-底部填充”，单击编辑类型，修改顶部扶栏高度为 1100mm，如图 2-9-1 所示，单击确定，开始绘制栏杆路径，最终路径如图 2-9-2 所示，完成编辑模式。

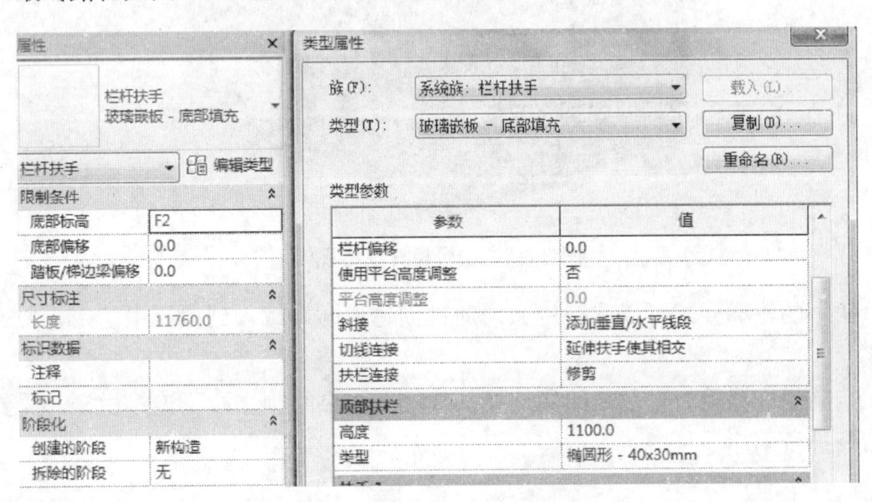

图 2-9-1　栏杆扶手类型属性

（2）切换至 3D 视图，如图 2-9-3 所示。

2.9.3　实训注意事项

（1）使用“放置在主体上”命令时，必须先拾取主体才可以创建栏杆。主体指的是楼梯和坡道两种构件。

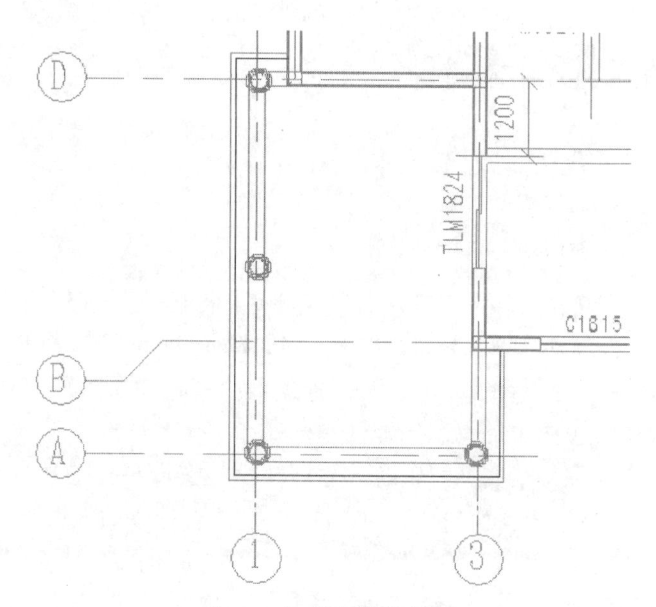

图 2-9-2　绘制栏杆扶手

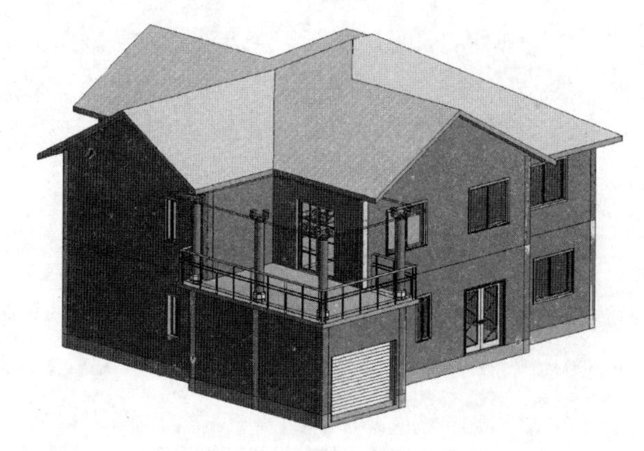

图 2-9-3　阳台栏杆三维视图

（2）扶手的轮廓样式可以自行定义，通过创建轮廓族载入到项目中使用，便可更改扶手的样式。

（3）绘制栏杆路径时，只能绘制连接的线段。如果绘制多段不连接栏杆，需要多次使用栏杆命令进行创建。

思　考　题

（1）创建栏杆扶手的方法有哪几种？

（2）设置栏杆扶手实例属性参数有哪些注意事项？

（3）设置栏杆扶手类型属性有哪些注意事项？

（4）多段不连续栏杆的绘制步骤有哪些？

（5）任意形式扶手的绘制有哪些注意事项？

（6）室外护栏的创建步骤有哪些？

任务 2.10　绘制室外台阶和坡道

2.10.1　实训任务说明

室外台阶是连接室内外的重要通道，其主要作用是衔接两端有高差的地面、楼面。在商场、医院、酒店和机场等公共建筑的门口则在台阶附近同时设有坡道，作为斜向交通通道以及门口的垂直交通竖向疏散措施。在建筑设计中常把坡道分为两种，一种是汽车坡道，另一种是残疾人坡道。

通常情况下，室外台阶可以看成是基于楼板边界的构件，因此可以使用楼板边缘命令来创建。在 Revit 中建立坡道的方法与建立楼梯的方法非常类似。不同点在于，Revit 只提供了按草图创建坡道，而不同于楼梯有两种创建方式。

本项任务的主要内容是创建室外台阶。实训目标是能够利用楼板边缘命令创建室外台阶，并绘制栏杆扶手；能够利用坡道命令绘制室外坡道，熟练掌握不同类型坡道的绘制方法。

2.10.2　绘制室外台阶

(1) 简单的台阶可以用“楼板边”工具创建，使用“楼板边”之前要先创建室外楼板和合适的轮廓族。切换至 F1 视图，选中 F1 层楼板（450mm 厚），单击“模式”选项卡中的“编辑边界”，修改大门处的楼板边界如图 2-10-1 所示，单击“完成编辑模式”。

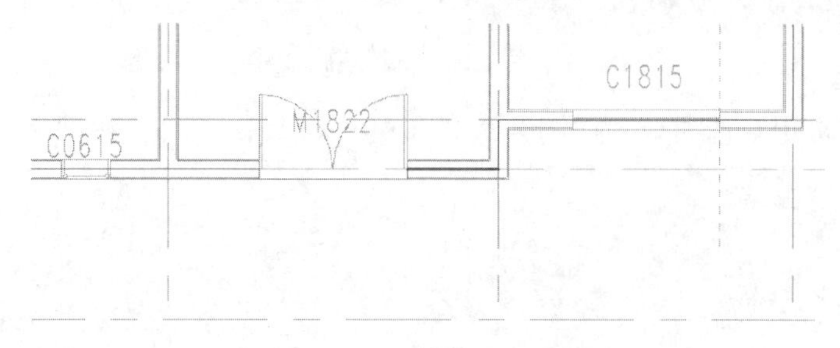

图 2-10-1　楼板边界编辑

(2) 单击“建筑”选项卡-“构建”面板中“楼板”命令。在“属性”面板中，选择“常规-450mm”类型，标高为“F1”，在图 2-10-2 所示门口位置绘制室外楼板。按确认退出编辑模式。

(3) 切换至默认三维视图，如图 2-10-3 所示，单击“应用程序菜单”按钮，选择“新建-族”命令，弹出“新族-选择样板文件”对话框。在对话框中选择“公制轮廓 .rft”族样板文件，单击“打开”按钮进入轮廓族编辑模式。

(4) 如图 2-10-4 所示，在该编辑模式默认视图中，Revit 默认提供了一组正交的参照平面。参照平面的交点位置，可以理解为在使用楼板边缘工具时所要拾取的楼板边线位置。

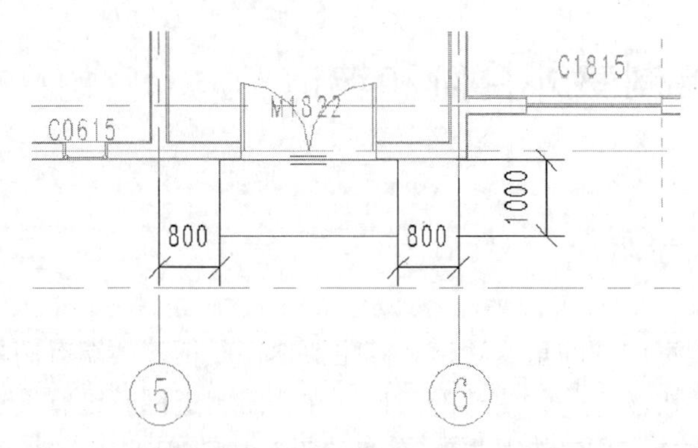

图 2-10-2　室外楼板绘制

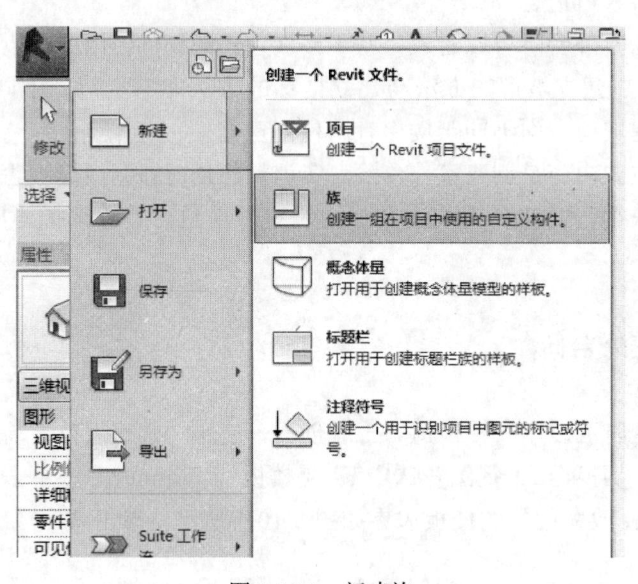

图 2-10-3　新建族

（5）使用“常用”选项卡“详图”面板中的“直线”工具，按图 2-10-5 所示尺寸和位置绘制闭的轮廓草图。

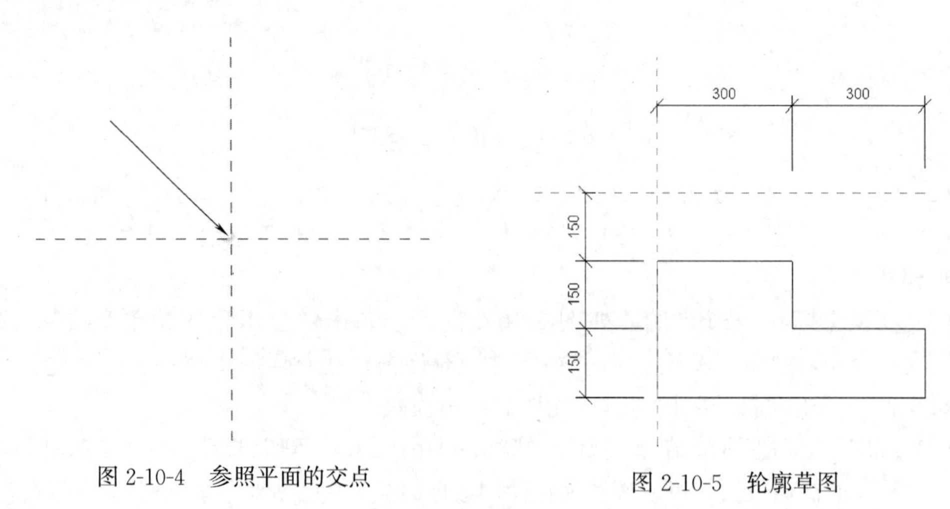

图 2-10-4　参照平面的交点　　图 2-10-5　轮廓草图

(6) 单击快速访问栏中的“保存”按钮，以名称“3 级室外台阶轮廓 . rfa”保存该族文件。单击“族编辑器”面板中的“载入到项目中”按钮，将该族载入至别墅项目中。

(7) 单击“建筑”选项卡 - “构建”面板 - “楼板”下方三角形按钮，选择“楼板边”。打开楼板边缘“类型属性”对话框，复制出名称为“别墅外台阶”的楼板边缘类型。设置类型参数中的“轮廓”为上一步中载入的“3 级室外台阶轮廓”。设置完成后，单击“确定”按钮，退出“类型属性”对话框。

(8) 适当放大主入口处楼板位置。如图 2-10-6 所示，单击拾取 450mm 厚室外楼板前侧上边缘，Revit 将沿楼板边缘生成台阶，按 Esc 键两次完成室外台阶的创建。

(9) 切换至 3D 视图，如图 2-10-7 所示。

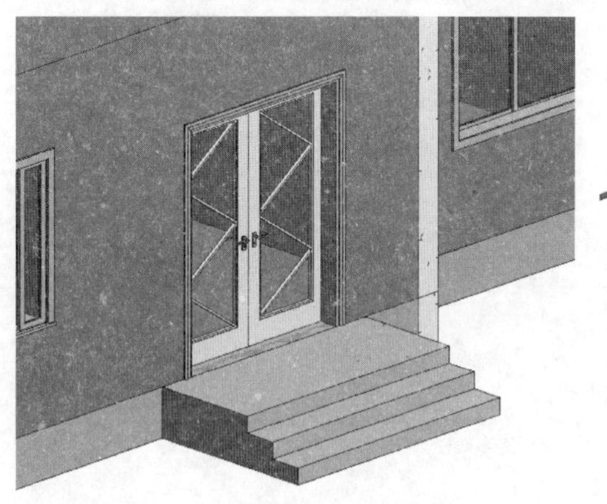

图 2-10-6 室外台阶创建

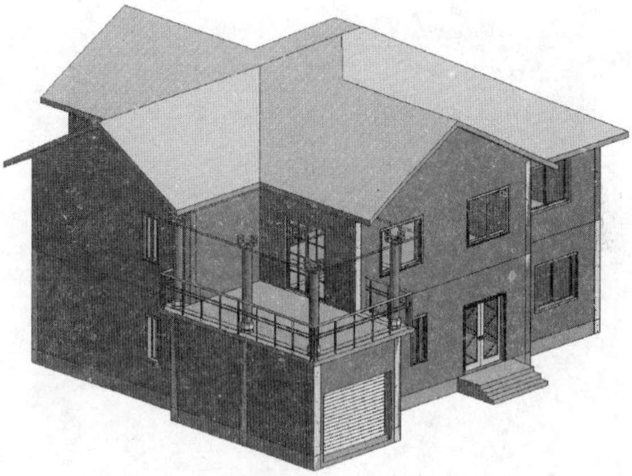

图 2-10-7 室外台阶三维视图

2.10.3 绘制室外坡道

(1) 单击“建筑”选项卡-“工作平面”面板下-“参照平面”命令。按图 2-10-8 所示绘制两条参照平面。

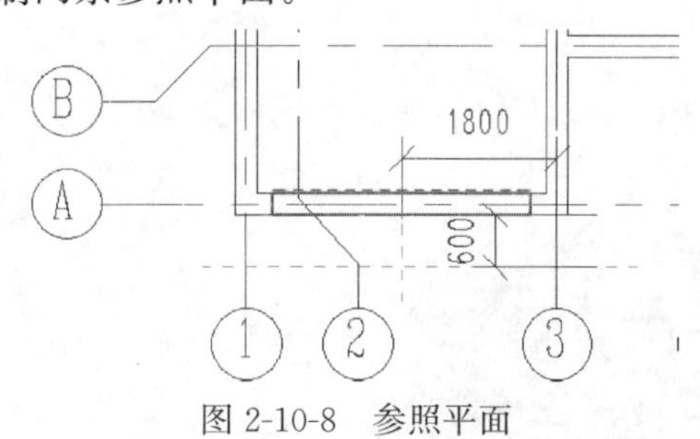

图 2-10-8 参照平面

(2) 切换至室外地坪楼层平面视图，单击“建筑”选项卡-“楼梯坡道”面板-“坡道”按钮，选择“绘制路径”。在属性面板单击编辑类型，复制新建“车库坡道”，修改其功能为外部，坡道最大坡度为 4，造型为实体，如图 2-10-9 所示，单击确定。

(3) 修改属性面板中的底部标高、底部偏移、顶部标高、顶部偏移及宽度，如图 2-10-10 所示。

(4) 确认绘制模式为“梯段”“直线”，在绘图区捕捉两参照平面的交点单击鼠标，往上移动捕捉 A 轴墙体外墙面再次单击鼠标，如图 2-10-11 所示，单击完成编辑模式，完成坡道的创建。

图 2-10-9　坡道“类型属性”修改

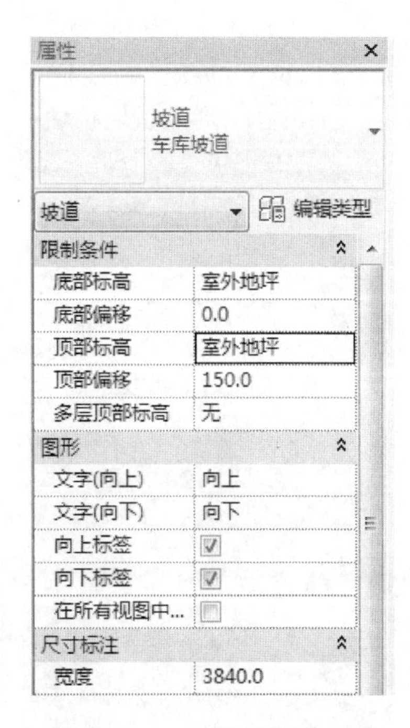

图 2-10-10　坡道“属性”面板

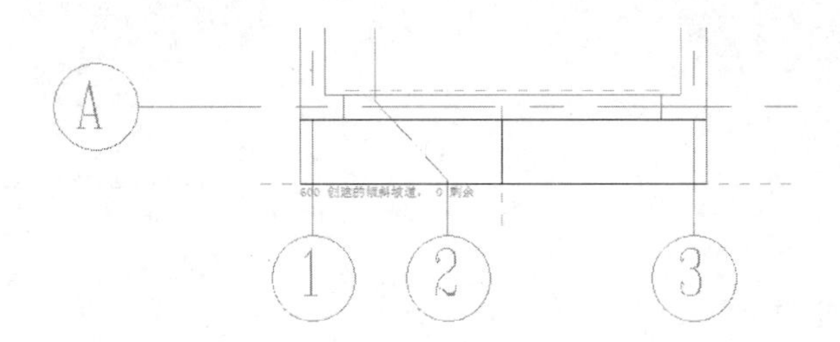

图 2-10-11　绘制坡道

（5）切换至 3D 视图，如图 2-10-12 所示。

图 2-10-12　坡道三维视图

2.10.4 实训注意事项

（1）创建楼板边缘的方式非常简单，可以在三维视图中拾取，也可以在平面或立面视图中拾取楼板边缘，还可以通过更改不同的轮廓样式，来创建不同形式的构件。

（2）当然两者的构造有着本质的不同，使用草图创建坡道同楼梯一样，都有着非常大的自由度，可以随意编辑坡道的形状，而不限于固定的形式。

（3）若要更改实例属性，则选择坡道，然后修改“属性”面板上的参数值。

（4）坡道类型属性造型选项中一般设置为实体，这样绘制出来的坡道是正确的，否则绘制的就是一个斜板。

思 考 题

（1）室外台阶实例属性与类型属性应如何设置？

（2）请简述室外台阶栏杆扶手的创建步骤。

（3）坡道的绘制方式有哪几种？

（4）坡道实例属性与类型属性应如何设置？

（5）坡道中坡度如何设置？

（6）如果需要创建 L 形坡道或折返双坡道，应该怎么操作？

（7）坡道类型属性造型选项中结构与实体之间有何区别？

（8）楼梯与坡道的创建步骤有哪些异同点？

任务 2.11 绘制立面图

2.11.1 实训任务说明

建筑物的美观很大程度上取决于它在主要立面上的艺术处理，包括造型与装修。在设计中，立面图是用来帮助研究这种艺术处理效果的。在与房屋立面平行的投影面上所作房屋的正投影图称为建筑立面图，简称立面图。在施工图中，立面图主要反映房屋的外貌和立面装修的做法。

在 Revit 中，立面视图是默认样板的一部分。当使用默认样本创建项目时，项目将包括东、西、南、北 4 个立面视图。样板中提供了两种立面视图类型，一种是建筑立面，另外一种是内部立面。建筑立面是指建筑施工图当中的外立面图纸，而内部立面是指装饰图的内墙装饰立面图纸。除了使用样板提供立面以外，用户也可以通过新建的方法自行创建立面。

本项任务的主要内容是创建立面视图。实训目标是掌握立面工具的使用方法和技巧；能够进行立面轮廓的绘制，掌握裁剪框及标高工具的使用方法与技巧；掌握立面图中材质的设置与标记方法，能够完成相应的立面图的标注。

2.11.2 内建模型——拉伸

（1）切换至南立面视图，如图 2-11-1 所示。

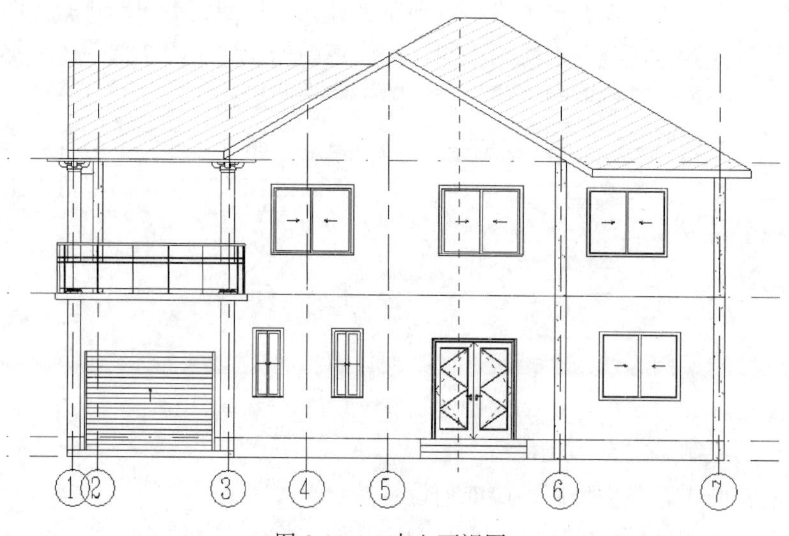

图 2-11-1 南立面视图

（2）单击“建筑”选项卡-“构建”面板-“构件”下方三角形按钮，选择“内建模型”，在弹出的“族类别和族参数”对话框中选择常规模型。确认后，在名称对话框里输入“雨棚装饰东西向”，确定后进入编辑模式。

（3）在编辑模式中的“创建”选项卡-“形状”面板中选择“拉伸”命令。在弹出的“工作平面”对话框中，选择“拾取一个平面”。单击确定后，将鼠标放于①轴上，当轴线高亮显示时单击，进入“转到视图”对话框，选择“立面-西”，单击打开视图，即可开始绘制拉伸面，如图 2-11-2 所示。

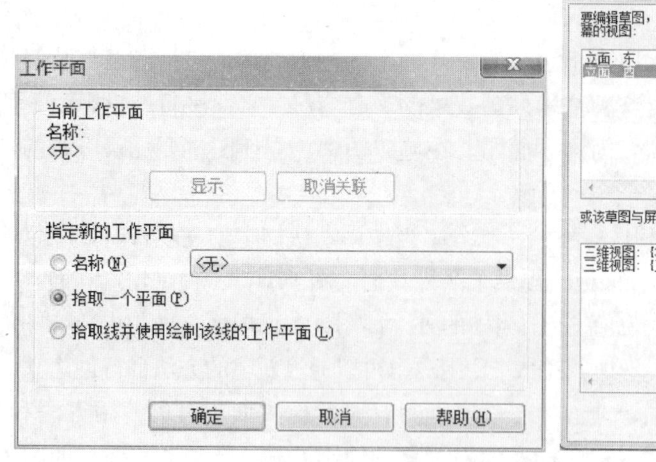

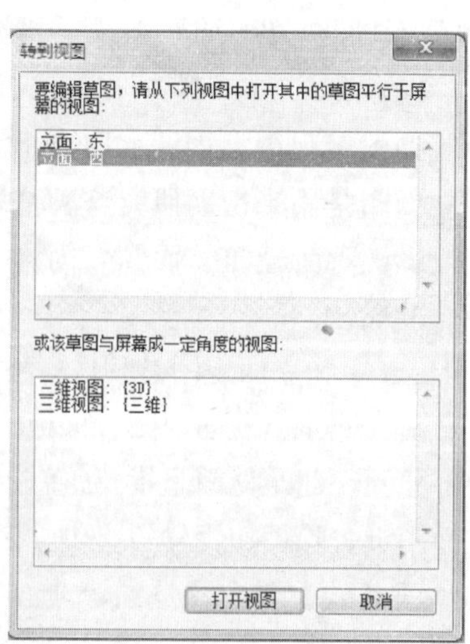

图 2-11-2 “工作平面”与“转到视图”

（4）按图 2-11-3 所示尺寸，绘制拉伸截面。在属性面板中，单击材质后面的小按钮，单击添加参数，名称设为“材质”，单击确定。绘制完成后点击确定退出“修改|创建拉伸”模式。需注意，此时还未完成模型。

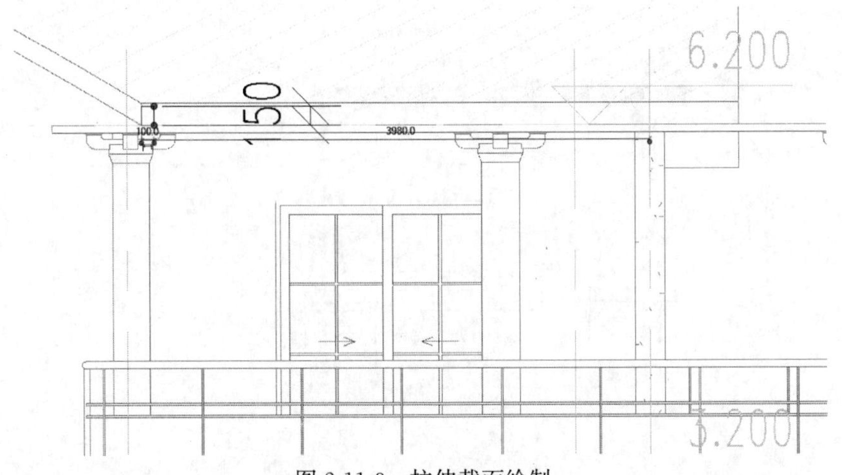

图 2-11-3　拉伸截面绘制

（5）退出“修改|创建拉伸”模式后，切换到南立面视图，选中刚刚创建好的拉伸模型，如图 2-11-4 所示，用鼠标拖动模型左右两侧的箭头操纵柄，将模型的左右两面分别拖动对齐到屋顶的两侧，如图 2-11-5 所示。

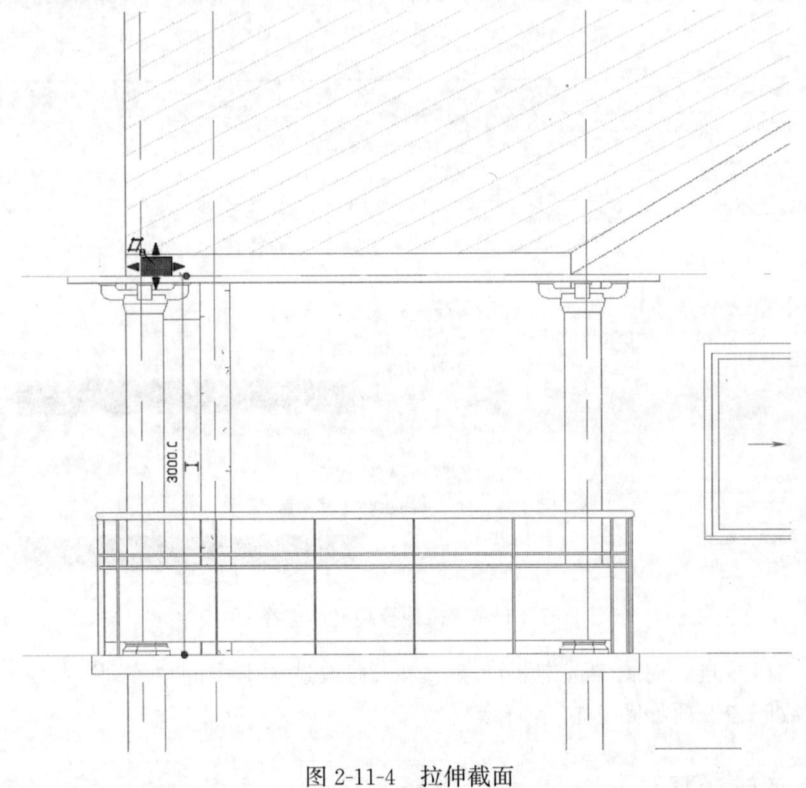

图 2-11-4　拉伸截面

（6）单击“完成模型”按钮，完成单根装饰条的创建。切换至西立面视图，选中该装

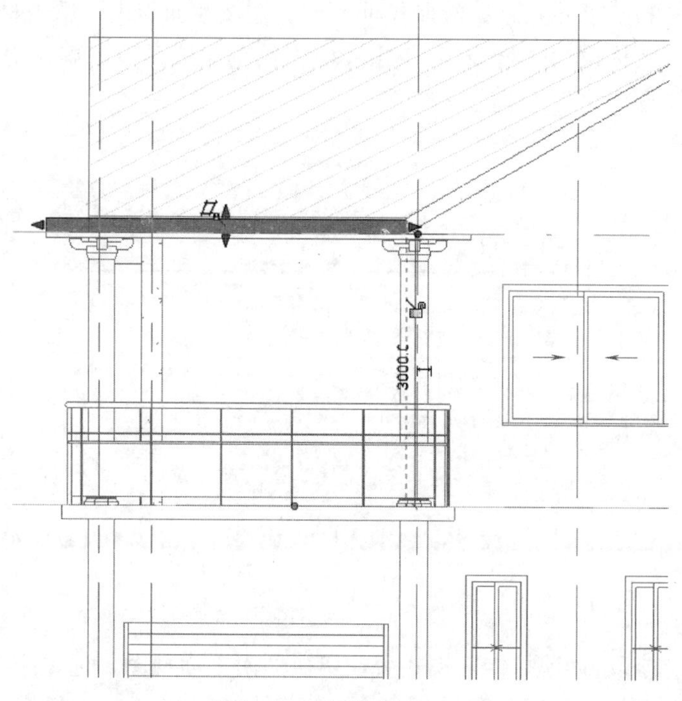

图 2-11-5 拉伸模型

饰条，单击属性面板中的编辑类型，修改其材质为“木材-樱桃木”，如图 2-11-6 所示，单击确定。

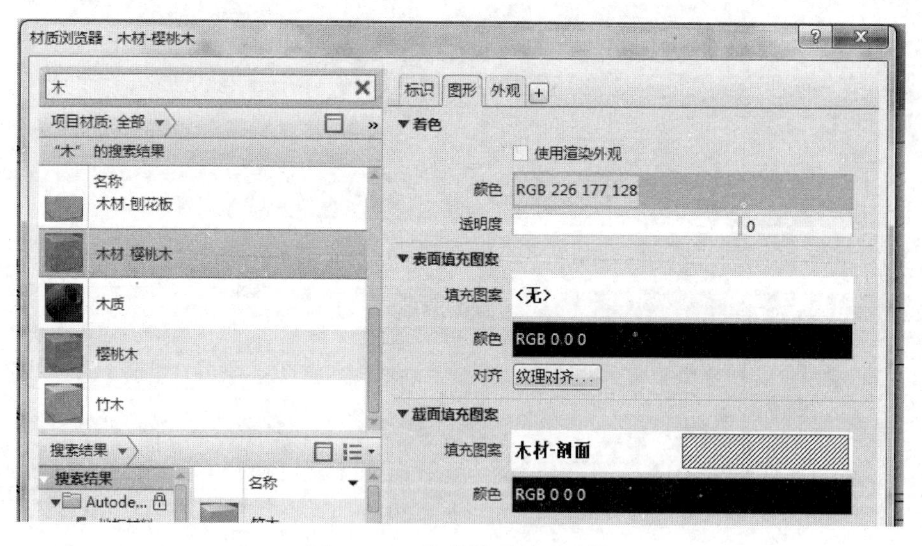

图 2-11-6 拉伸模型材质选择

（7）继续在西立面视图中选中装饰条，单击修改选项卡中的“阵列”按钮，并修改参数面板中的数值和选项如图 2-11-7 所示。

图 2-11-7 “阵列”命令

（8）鼠标移动捕捉到装饰条右下角点时单击鼠标，往右移动捕捉到雨棚板右边缘点再次单击鼠标完成阵列，如图 2-11-8 所示。

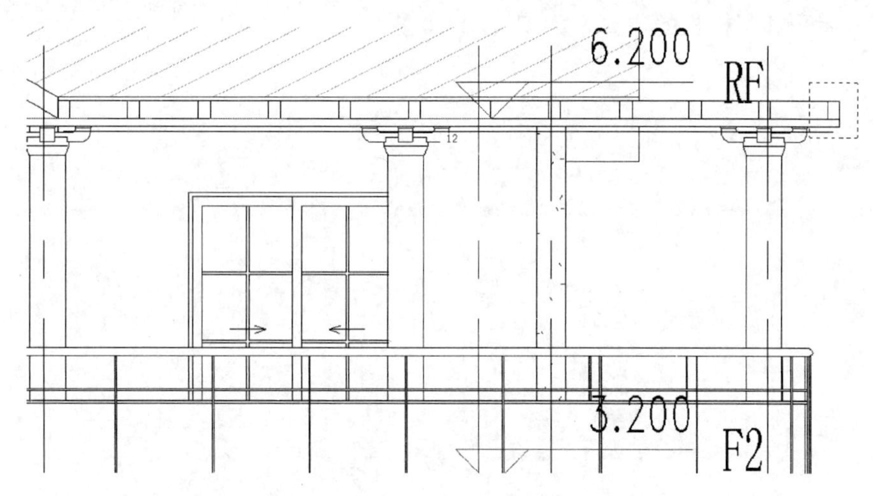

图 2-11-8　阵列拉伸模型

（9）再次单击“建筑”选项卡-“构建”面板-“构件”下方三角形按钮，选择“内建模型”，在弹出的“族类别和族参数”对话框中选择常规模型。确认后，在名称对话框里输入“雨棚装饰南北向”，确定后进入编辑模式。

（10）在编辑模式中的“创建”选项卡-“形状”面板中选择“拉伸”命令。在弹出的工作平面对话框中，选择“拾取一个平面”。单击确定后，将鼠标放于Ⓐ轴上，当高亮显示时单击，进入“转到视图”对话框，选择“立面-南”，单击打开视图，即可开始绘制拉伸面。

（11）如图 2-11-9 所示，绘制拉伸截面，尺寸同“雨棚装饰条东西向”。在属性面板中，单击材质后面的小按钮，单击添加参数，名称设为“材质”，单击确定。绘制完成后点击确定退出“修改|创建拉伸”模式。需要注意的是，此时还未完成模型。

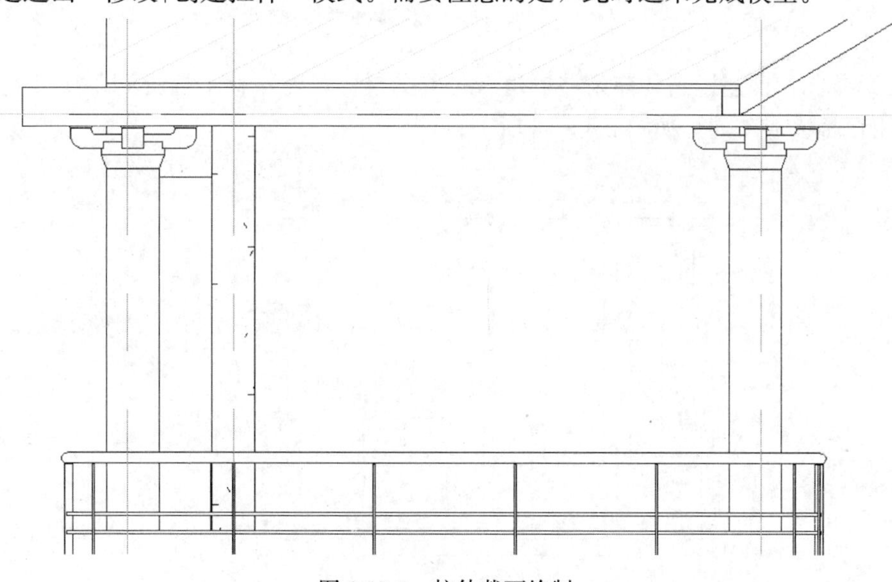

图 2-11-9　拉伸截面绘制

（12）退出“修改|创建拉伸”模式后，切换到西立面视图，选中刚刚创建好的拉伸模型，如图 2 11-10 所示，用鼠标拖动模型左右两侧的箭头操纵柄，将模型的左右两面分别拖动对齐到屋顶和雨棚板的边界，如图 2-11-10 所示。

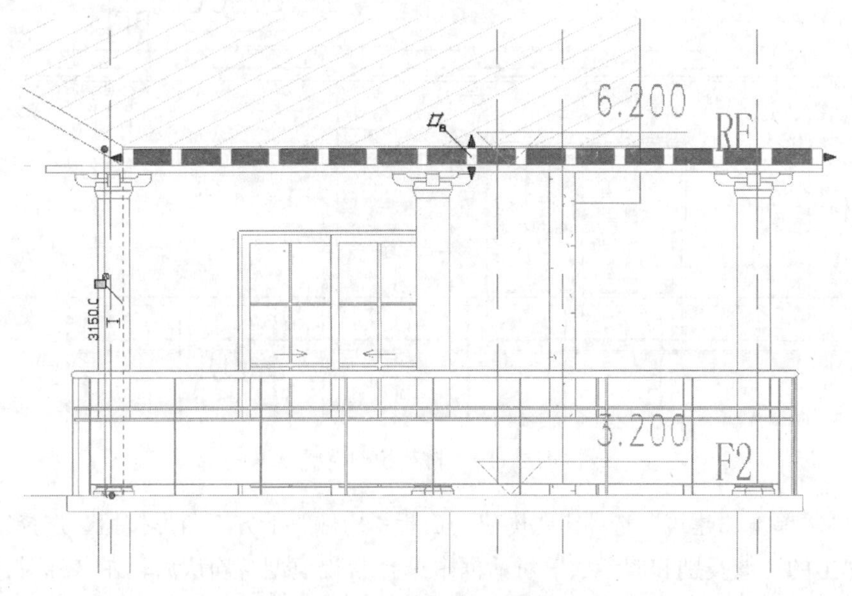

图 2-11-10　拉伸模型编辑

（13）单击“完成模型”按钮，完成单根装饰条的创建。切换至南立面视图，选中该装饰条，单击属性面板中的编辑类型，修改其材质为“木材-樱桃木”。单击确定。

（14）继续在南立面视图中选中装饰条，单击修改选项卡中的“阵列”按钮，并修改参数面板中的数值和选项，如图 2-11-11 所示。

图 2-11-11　“阵列”命令

（15）鼠标移动捕捉到装饰条左下角点时单击鼠标，往左移动捕捉到雨棚板左边缘点再次单击鼠标完成阵列，如图 2-11-12 所示。

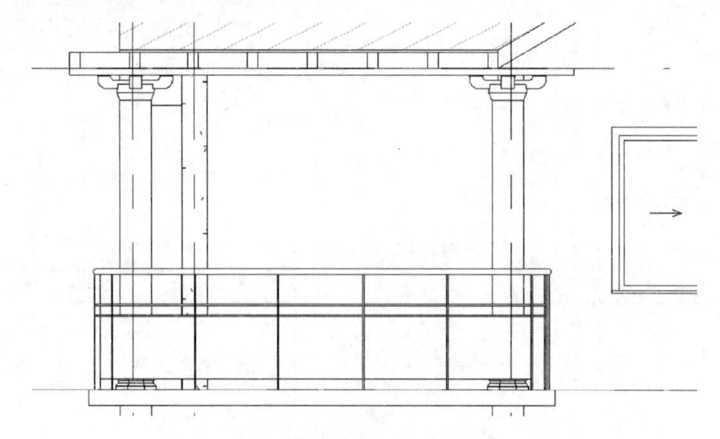

图 2-11-12　完成拉伸模型创建

（16）切换至 3D 视图，查看该模型，如图 2-11-13 所示。

图 2-11-13　三维视图

（17）重复以上命令，补绘图 2-11-14 中红色方框所示的模型。完成后的模型三维视图如图 2-11-15 所示。

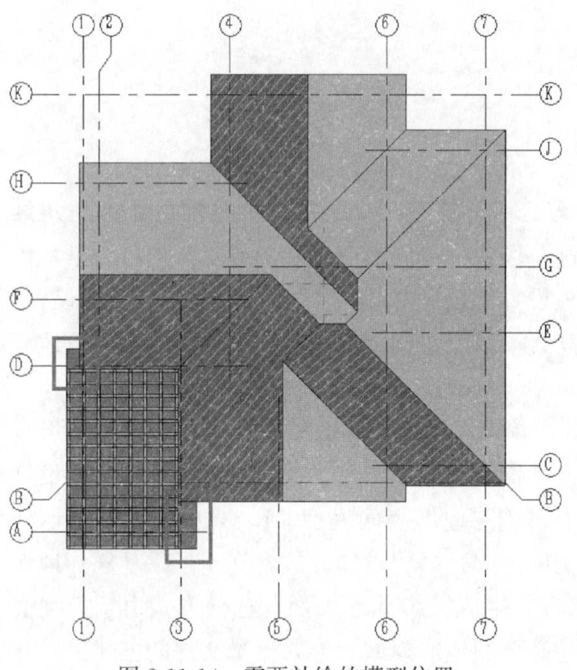

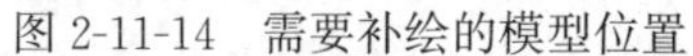

图 2-11-14　需要补绘的模型位置

图 2-11-15　三维视图

2.11.3　实训注意事项

（1）进行立面标注时，只能捕捉到标高线段，而不能捕捉标高标头。当标注不成功时，可以按 Tab 键进行循环选择。

（2）Revit 的立面符号由两部分组成，分别是“立面”（圆圈）与“视图”（箭头）。“立面”负责生成不同方向的立面视图，而“视图”则是控制立面视图的投影深度。

（3）立面符号共有 4 个方向的复选框，当选择任意方向时，将生成对应方向的立面视图。黑色箭头所指方向是线方向，即在平面图南向下方创建立面符号。选择立面符号向北方向的复选框，则是指立面符号所在的位置为看点，向北方向形成看线，从而形成南立面的正投影图。

（4）绘图时应注意将立面图设置成符合建筑设计规范的要求。

思 考 题

（1）为什么项目中同样的标高类型，标头却显示不同颜色呢？

（2）立面符号的组成包括哪些？

（3）立面图尺寸标注如何操作？

（4）立面图如何形成？

（5）立面图类型属性是如何设置的？其中颜色、线型等如何设置？

任务2.12 绘制地形环境（挡土墙）

2.12.1 实训任务说明

地形环境是建筑设计中的重要表现内容之一。绘制一个地形表面，然后添加建筑红线、建筑地坪、停车场和场地构件，并为这一场地设计创建三维视图或对其进行渲染，可以提供逼真的演示效果。也可以在开始场地设计之前，根据需要对场地做一个全局设置，包括定位等高线间隔、添加用户定义的等高线，以及选择剖面填充样式等，以更有效地利用环境空间。

在Revit当中提供了多种建立地形的方式，根据勘测到的数据，可以将场地的地形直观地复原到计算机中，以便为后续的建筑设计提供有效的参考。“地形表面”是场地设计的基础。使用“地形表面”工具，可以为项目创建地形表面模型。Revit提供了两种创建地形表面的方式：放置高程点和导入测量文件。放置高程点的方式允许用户手动添加地形点并指定点高程，Revit将根据已指定的高程点生成三维地形表面。这种方式由于必须手动绘制地形中每一个高程点，适合用于创建简单的地形模型。导入测量文件的方式可以导入DWG文件或测量数据文本，Revit自动根据测量数据生成真实场地地形表面。

本项任务的主要内容是绘制别墅周围的地形环境。实训目标是掌握放置地形表面的方法，并能够进行地形表面的编辑，包括设置等高线、拆分/合并表面、分割子面域、放置建筑地坪等，学会放置植物、人物等场地构件。

2.12.2 绘制挡土墙

切换至室外地坪平面视图，单击“建筑”选项卡-“构建”面板中“墙”命令。在属性面板中，选择类型为“挡土墙-300mm混凝土”，无连接高度设置为4000，如图2-12-1所示，并绘制如图2-12-2所示的挡土墙。

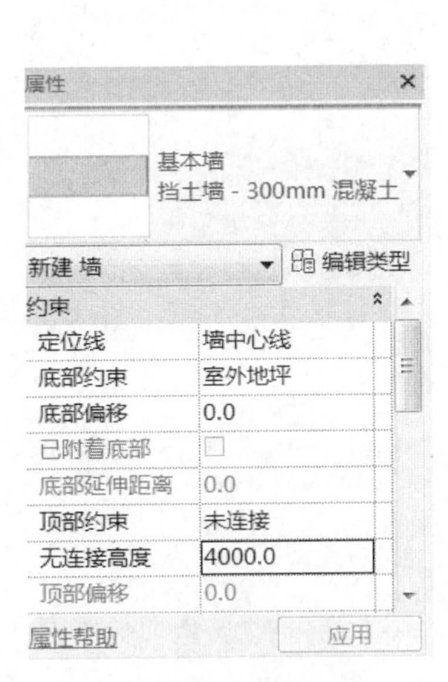

图2-12-1　挡土墙参数

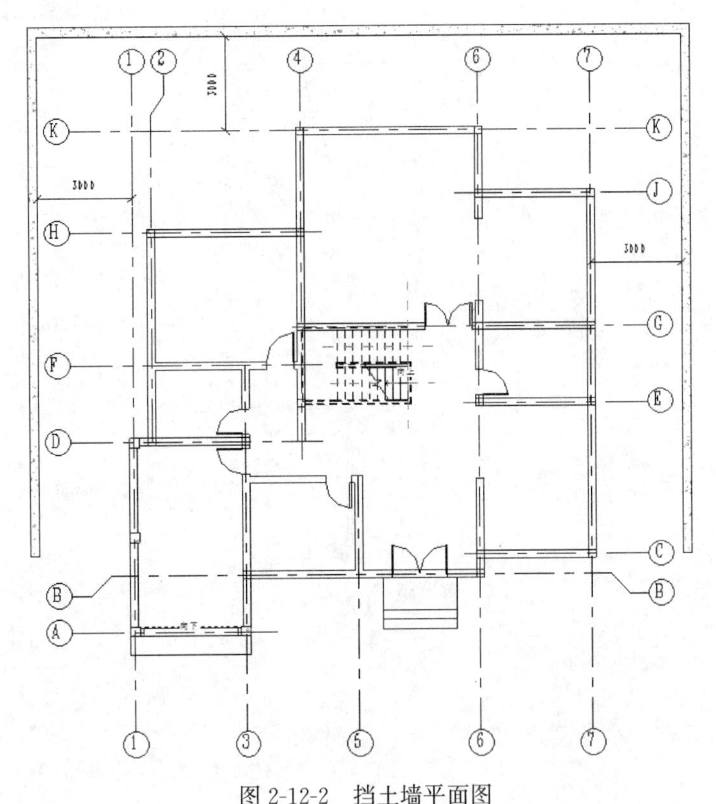

图2-12-2　挡土墙平面图

2.12.3　绘制场地

（1）切换至场地平面视图，选择参照平面工具，在建筑四周绘制参照平面，大致位置可参照图2-12-3，使参照平面包住整个模型。

（2）单击“体量和场地”选项卡-“场地建模”面板-“地形表面”按钮，进入编辑地形表面模式。单击“放置点”命令，选项栏显示“高程”选项，在 高程　绝对高程 输入新的高程“2800”，在参照平面上单击放置四个高程点，如图2-12-4所示的四个黑色方形点。

（3）将选项栏中的高程改为0，在参照平面上单击放置两个高程点，如图2-12-5所示的下部两个黑色方形点。

（4）将选项栏中的高程改为－450，在参照平面上单击放置四个高程点，如图2-12-6所示的下部四个黑色方形点。

（5）单击完成编辑按钮，选中刚刚创建的地形，单击“属性”面板中“材质”后的浏览按钮，打开材质对话框。在搜索栏中输入“草”，将下方的“草”材质添加到上部材质列表，单击确定。切换到三维视图如图2-12-7所示。

（6）切换至室外地坪平面视图，单击“场地建模”面板-“建筑地坪”按钮，进入建筑地坪的草图绘制模式。在属性栏中，设置参数“标高”为“室外地坪”。单击“绘制”面

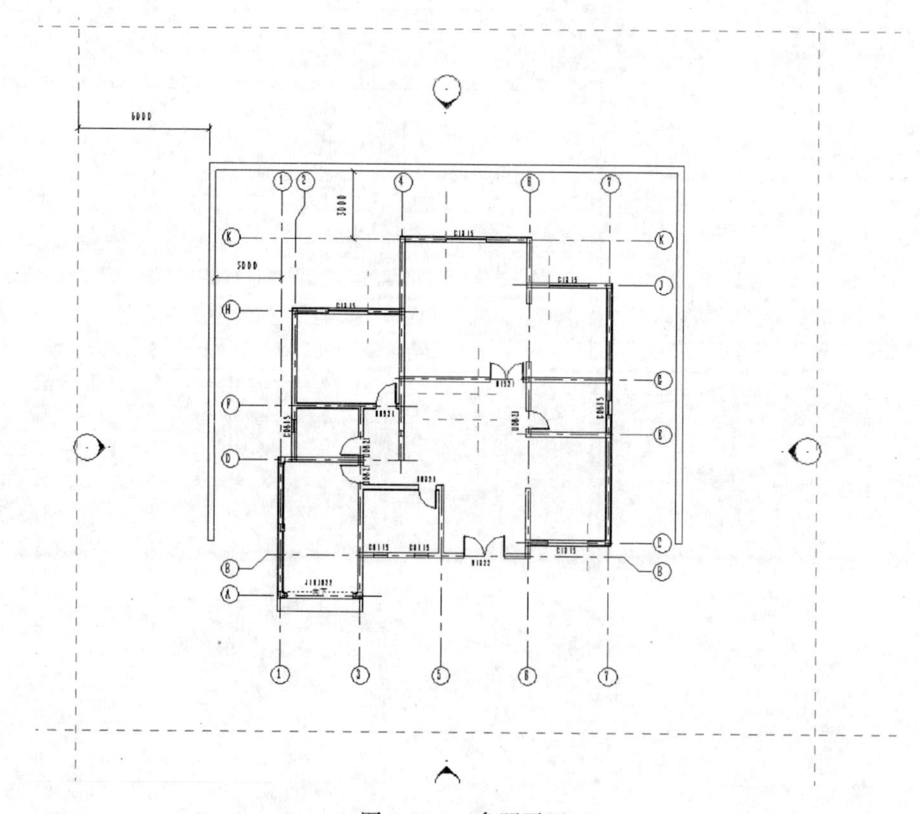

图 2-12-3 参照平面

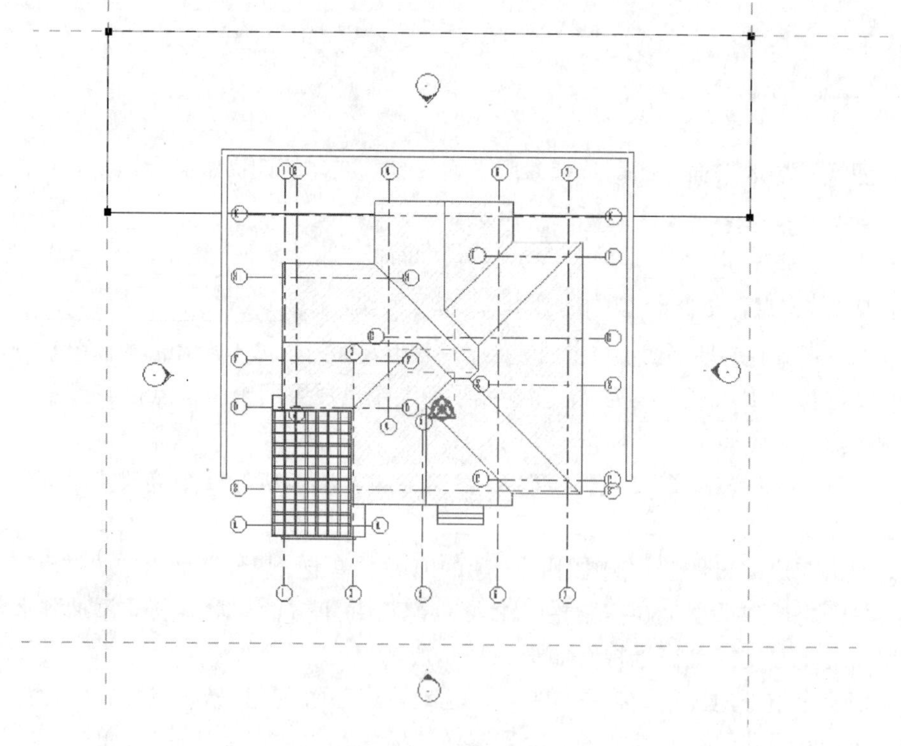

图 2-12-4 放置高程点

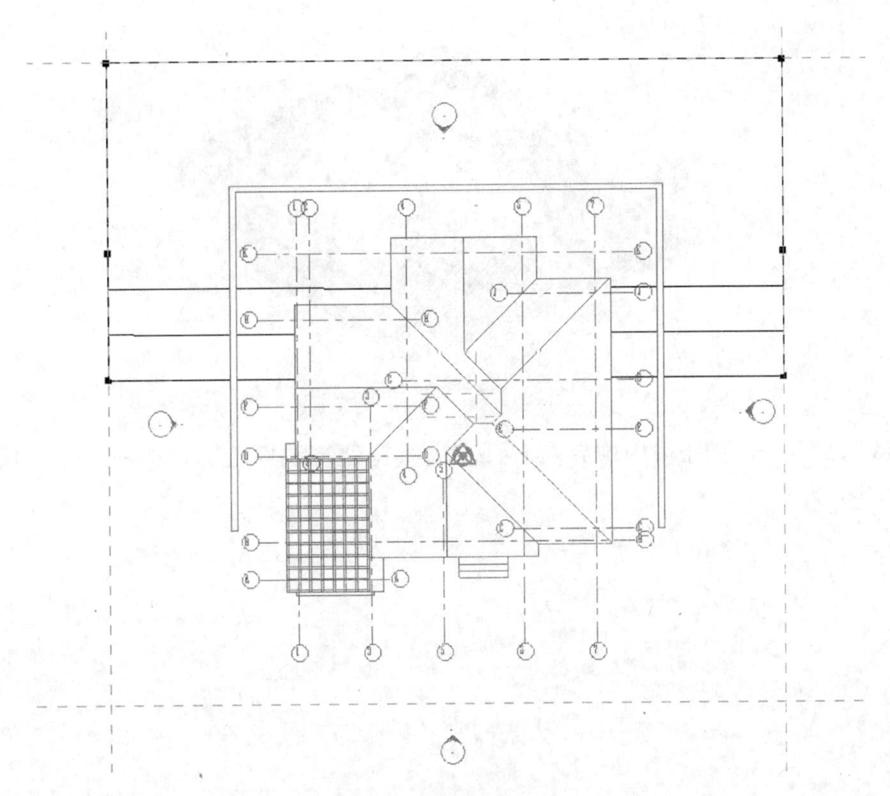

图 2-12-5　放置高程点

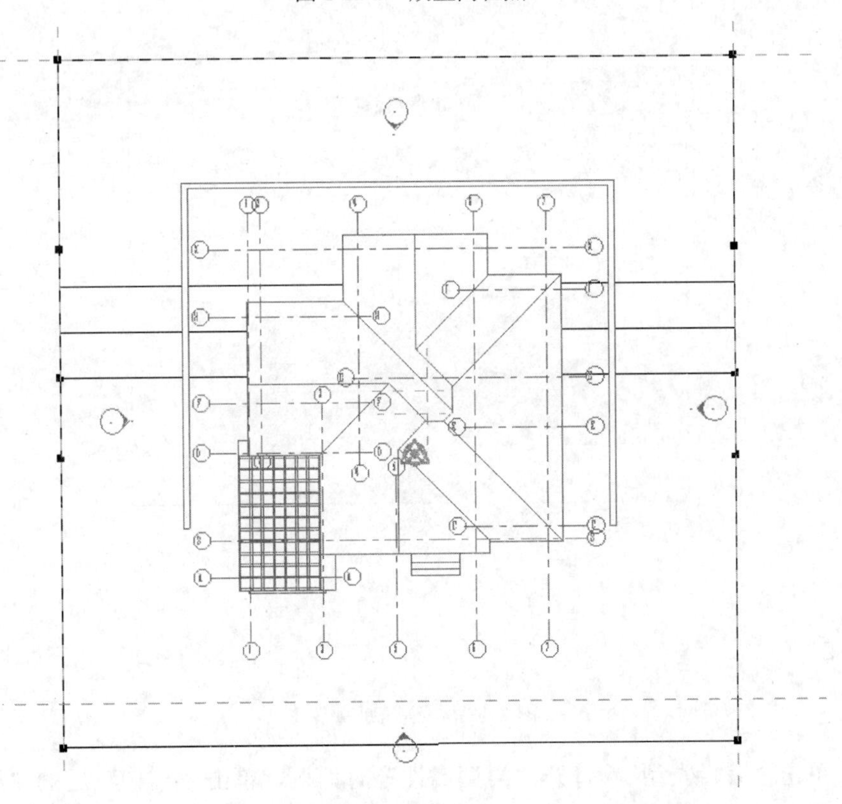

图 2-12-6　放置高程点

图 2-12-7　场地三维视图

板“直线”命令，沿挡土墙内边界顺时针方向绘制建筑地坪轮廓，如图 2-12-8 所示，保证轮廓线闭合。

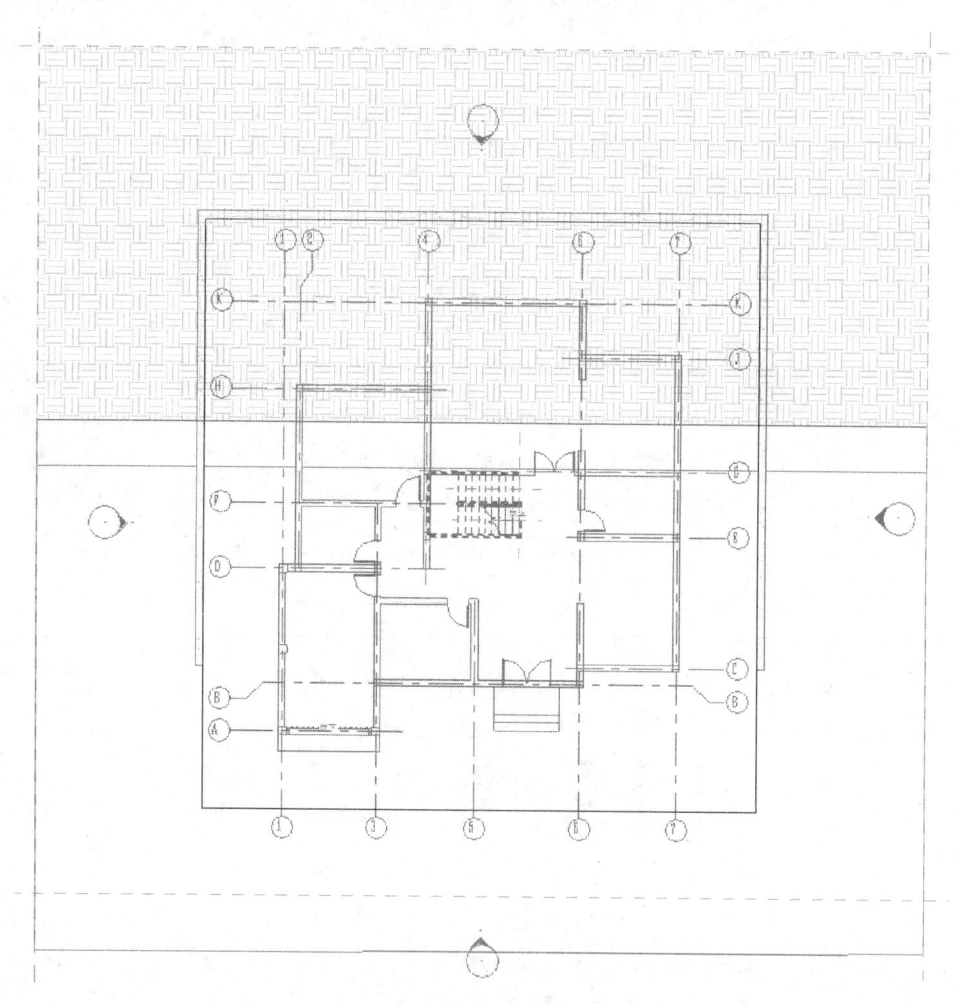

图 2-12-8　建筑地坪轮廓

（7）单击“编辑类型”，打开“类型属性”对话框，单击“结构”后的“编辑材质”按钮，打开“材质浏览器”对话框，在上方的搜索栏输入“大理石”，将下方的大理石添加到上面，选中并按多次确定退出对话框。单击“完成编辑”命令，创建建筑地坪。

（8）切换至场地平面视图，单击“体量和场地”选项卡-“修改场地”面板-“子面域”命令，进入草图绘制模式。利用“绘制”面板的“直线”、“圆形”工具和“修改”面板的“修剪”工具，绘制如图 2-12-9 所示的子面域轮廓，其中圆弧半径为 2500mm。

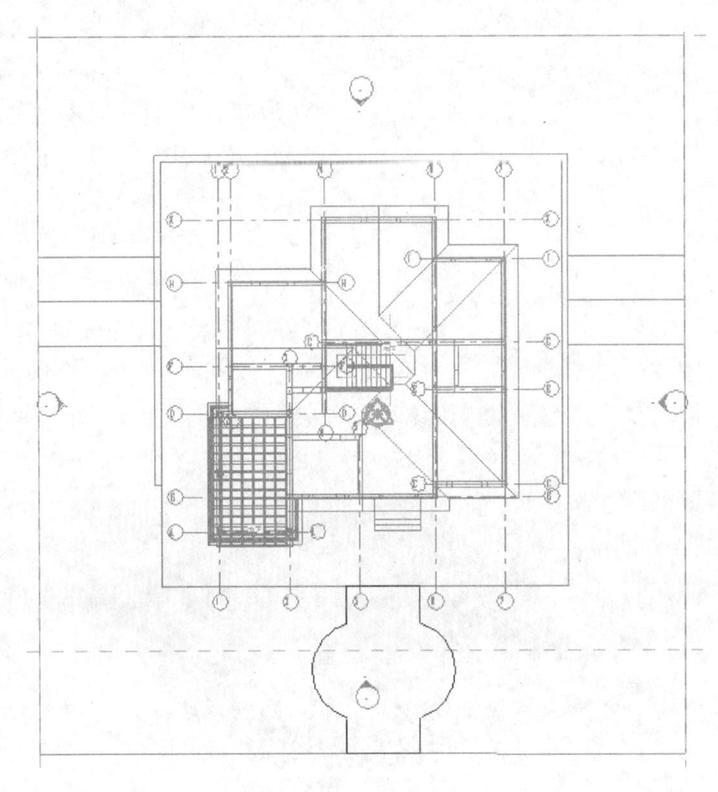

图 2-12-9 子面域轮廓

（9）在属性栏中，单击“材质”后的矩形图标，打开“材质”对话框，在左侧材质中选择“大理石”，确定，单击完成编辑模式，完成地面道路的绘制。切换到三维视图如图 2-12-10 所示。

图 2-12-10 带地面道路的三维视图

（10）有了地形表面和道路，再配上生动的花草、树木、车等场地构件，可以使整个场景更加丰富。场地构件的绘制同样在默认的“场地”视图中完成。

（11）切换至场地平面视图，单击“建筑”选项卡-“构建”面板-“构件”下方三角形按钮，选择“放置构件”，单击“模式”面板中的“载入族”，在默认“China”文件夹中，依次打开“建筑”-“场地”-“附属设施”-“景观小品”文件夹，选中“喷泉2”单击“打开”，为项目载入“喷泉”构件。

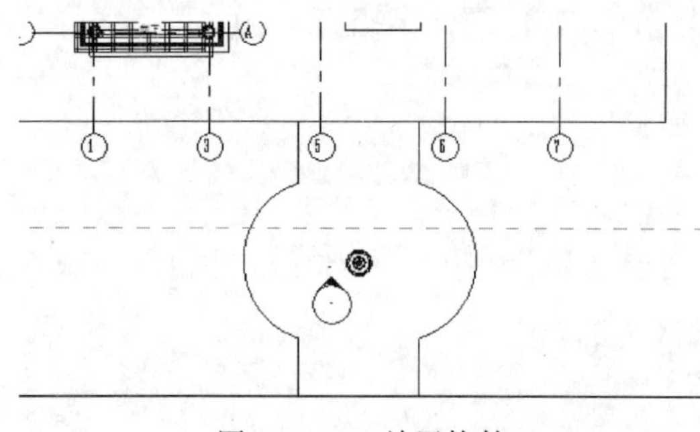

图2-12-11 放置构件

（12）在上述绘制的子面域圆形区域的中心单击放置构件，如图2-12-11所示。

（13）单击“体量和场地”选项卡-“场地建模”面板-“场地构件”命令，在类型选择器中选择需要的构件。也可单击模式面板中的载入族按钮，打开载入族对话框。

（14）打开建筑文件夹，定位到植物文件夹并双击，在植物-3D文件夹中双击乔木文件夹，选中“白杨3D”单击“打开”，为项目载入“白杨3D”构件。在场地平面图中根据自己的需要在道路及别墅周围添加各种类型的场地构件。图2-12-12为模型的效果展示图。

图2-12-12 带景观的三维视图

2.12.4 实训注意事项

（1）点文件通常是由相应的土木工程应用软件生成的。使用高程点的规则网格，点文件提供等高线数据。要提高与带有大量点的表面相关的系统性能，需要简化表面。

（2）如果绘制的是单独拆分线段，必须超过现有地形表面边缘。如在地形内部绘制拆分表面，必须是围合的线段。

（3）通常情况下，“场地”平面视图采用的是“正北”方向，而其余楼层平面视图采用的是“项目北”方向。

（4）要在楼层平面视图中看见建筑地坪，请将建筑地坪偏移设置为比标高1更高的值或调整视图范围。

（5）如需在放置前修改停车位的方向，可以按键盘上的空格键进行方向的切换，默认为沿逆时针方向进行90°旋转。

（6）要为项目绘制地形，应进入软件自带建筑样板内的“场地”楼层平面视图。相比其他楼层平面视图，场地视图的区别在于，其视图可见性中未隐藏地形、场地和植物等类别，剖切面也比普通楼层平面视图要高。如果误删了场地平面视图，可通过修改普通楼层平面视图的“可见性/图形替换”和“视图范围”重新定义一个“场地”视图。

思 考 题

（1）设置场地各项参数会影响哪些视图？

（2）放置完成的高程点，还可以修改吗？

（3）如果导入CAD文件后无法拾取CAD图形生成地形，怎么办？

（4）可以统计子面域的面积吗？

（5）如何修改构件的方向？

单元3　别墅建筑模型后期处理

某别墅建筑，砌体混合结构，部分建筑施工图见附录1。本单元实训的工作内容是在前面实训工作成果的基础上，运用Revit软件进行建筑模型的后期处理及辅助工作。本单元的实训教学目标为：

(1) 能够对房屋的三维模型进行渲染和漫游，渲染结果以“别墅渲染.JPG”为文件名保存，漫游路径为环绕小别墅一周，视频输出以“别墅漫游”为文件名保存。

(2) 能够完成房间的创建，形成房间面积报告，进行房间标识。

(3) 能够创建门和窗的明细表以及墙材料统计表，门明细表包含类型、宽度、高度以及合计字段；窗明细表包含类型、底高度（900mm）、宽度、高度以及合计字段。明细表按照类型进行成组和统计。

(4) 能够布置平面图、立面图的图纸，并导出为CAD格式。

(5) 能够进行图纸的打印输出。

任务3.1　渲染

3.1.1　实训任务说明

渲染是模型进行真实场景展现的重要途径。在完成模型建立之后，通常需要进行渲染工作。以往，渲染工作是由效果图公司完成的。但应用Revit软件，可以直接在Revit中完成渲染的工作。Revit集成了第三方的AccuRender渲染引擎，可以在项目的三维视图中使用各种效果，创建具有照片级效果的图像。

Revit提供了两种渲染方式，分别是本地渲染和云渲染。云渲染可以使用Autodesk 360访问多个版本的渲染，将图像渲染为全景，更改渲染质量以及为渲染的场景应用背景环境。本地渲染相对云渲染的优势在于对计算机硬件要求不高，只要能打开Revit的计算机并连上互联网就可以进行渲染操作。并且只要能顺利完成模型的上传，就可以继续工作，渲染工作都在“云”上完成，一般十几分钟后就可以看到渲染结果。在渲染的过程中，也可以随时在网站上调整设置重新渲染。

本项实训的目标是学会渲染参数的设置，并进行渲染以获得高质量图像。

3.1.2　实训操作步骤

(1) Revit的渲染设置非常容易操作，只需要设置真实的地点、日期、时间和灯光即可渲染三维及相机视图。切换至三维视图 1，单击视图控制栏中的“显示渲染对话框”按钮 ，弹出“渲染”对话框，如图 3-1-1 所示。

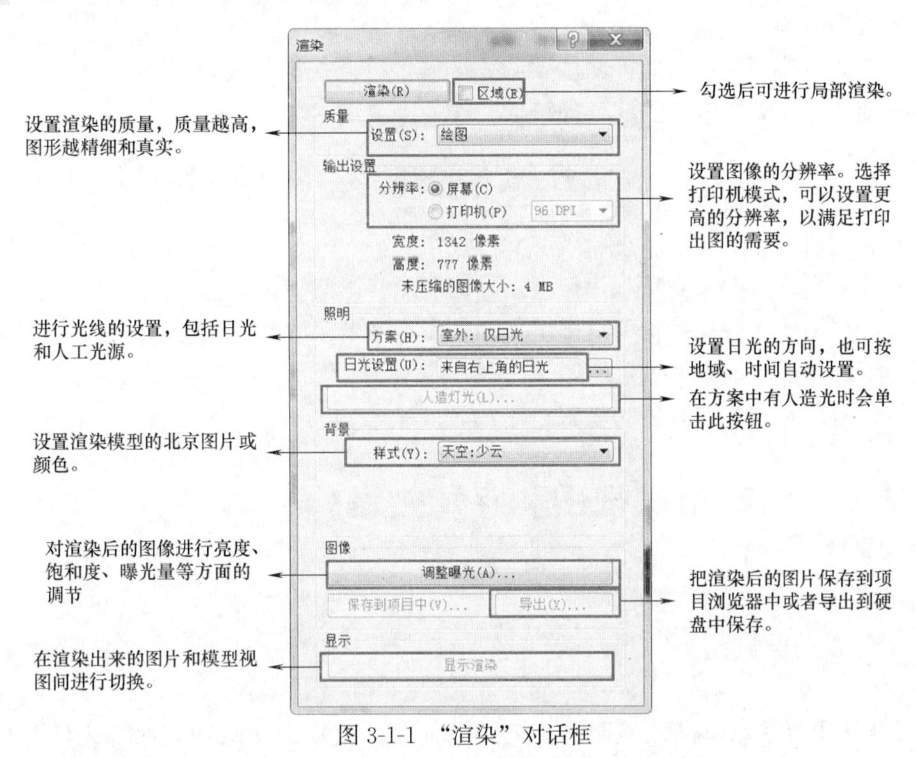

图 3-1-1　“渲染”对话框

（2）按照“渲染”对话框设置渲染样式，单击“渲染”按钮，开始渲染并弹出“渲染进度”工具条，显示渲染进度，如图 3-1-2 所示。在渲染操作过程中，可按“取消”或 Esc 键取消渲染。

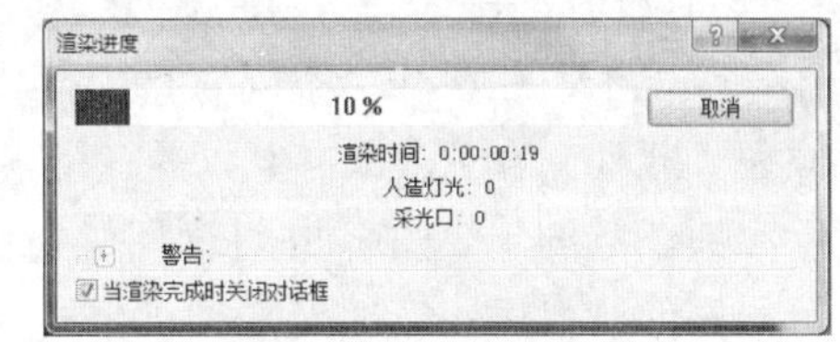

图 3-1-2　“渲染”过程

（3）完成渲染后的图形如图 3-1-3 所示，单击“导出…”将渲染存为图片格式。关闭渲染对话框后，图形恢复到未渲染，如图 3-1-4 所示。

图 3-1-3　“渲染”结果

图 3-1-4　三维视图

3.1.3　实训注意事项

（1）本地渲染的优势在于其自定义的渲染选项更多，渲染尺寸更大，而云渲染相对较少，且目前只支持最大 2000dpi。

（2）如需要更精细的渲染，可以将质量参数设置为“编辑”模式，这样就可以进一步调整渲染效果的相关参数。

（3）如果只需要渲染当前视图的某部分区域，可以选择渲染窗口中的“区域”选项，然后在视图中选择需要渲染的区域即可。

思 考 题

（1）Revit 提供了哪几种渲染方式？

（2）在立面视图中放置贴花，是不是只能在当前视图中显示？

（3）已将图像文件保持到项目中了，但关闭了渲染对话框，还可以编辑曝光参数吗？

（4）渲染参数应该如何设置？

（5）请简述实现本地渲染的步骤。

任务 3.2 创建相机视图和鸟瞰视图

3.2.1 实训任务说明

在 Revit 中可使用不同的效果和内容，如照明、植物、贴画和人物等来渲染三维模型，通过视图展现模型的材质和纹理，还可以创建效果图和漫游动画，全方位展示建筑师的创意和设计成果。因此，在 Revit 软件环境中可完成从施工图设计到可视化设计的所有工作，改善了以往在几个不同软件中操作所带来的重复劳动、数据流失等弊端，提高了设计效率。此外，在 Revit 中生成的三维视图也可导出到 3Ds max 软件中渲染。

本项任务的主要内容是创建相机视图。实训目标是学习设计表现内容，包括材质设置、给构件赋材质；能够设置相机生成透视图，对其进行渲染参数的设置，创建室内外相机视图、室内外渲染场景设置及渲染，以获得高质量图像；为项目创建漫游并进行编辑。

3.2.2 实训操作步骤

（1）在“项目浏览器”双击视图名称“F1”进入 F1 平面视图，单击“视图”选项卡-“创建”面板-“三维视图”下拉菜单，选择“相机”命令，勾选选项栏的“透视图”选项（如果取消勾选则创建的相机视图为没有透视的正交三维视图），偏移量 1750，表示创建的相机视图是从 F1 层高处偏移 1750mm 的相机位置拍摄的，如图 3-2-1 所示。

图 3-2-1 相机参数

（2）移动光标至绘图区域 F1 视图中，在 F1 外部喷泉上方单击放置相机。将光标向上移动，超过建筑最上端，单击放置相机视点，如图 3-2-2 所示。此时一张新建的三维视图自动弹出，在项目浏览器“三维视图”项下，增加了相机视图“三维视图 1”。

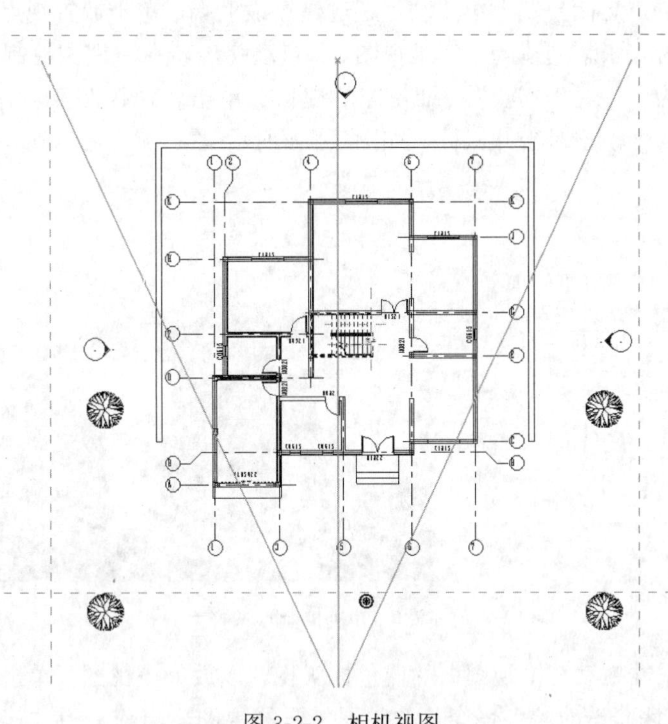

图 3-2-2　相机视图

（3）在“视图控制栏”将“视觉样式”替换显示为“着色”，选中三维视图的视口，视口各边中点出现蓝色控制点，单击上边控制点，单击并按住向上拖曳，直至超过屋顶，松开鼠标。单击拖曳左右两边控制点，向外拖曳，超过建筑后放开鼠标，视口放大，如图 3-2-3 所示，至此就创建了一个正面相机透视图。

图 3-2-3　正面相机透视图

3.2.3　创建鸟瞰视图实训操作步骤

（1）在“项目浏览器”双击视图名称 F1 进入 F1 平面视图。单击“视图”选项卡-“三维视图”下拉菜单-选择“相机”命令，移动光标至绘图区域F1视图中，在F1视图中右下角单击放置相机，光标向左上角移动，超过建筑最上端，单击放置视点，创建的视点从右下到左上，此时一张新创建的“三维视图2”自动弹出，在“视图控制栏”中将“视觉样式”替换显示为“着色”，选中三维视图的视口，单击各边控制点，并按住向外拖曳，使视口足够显示整个模型时松开鼠标，如图3-2-4所示。

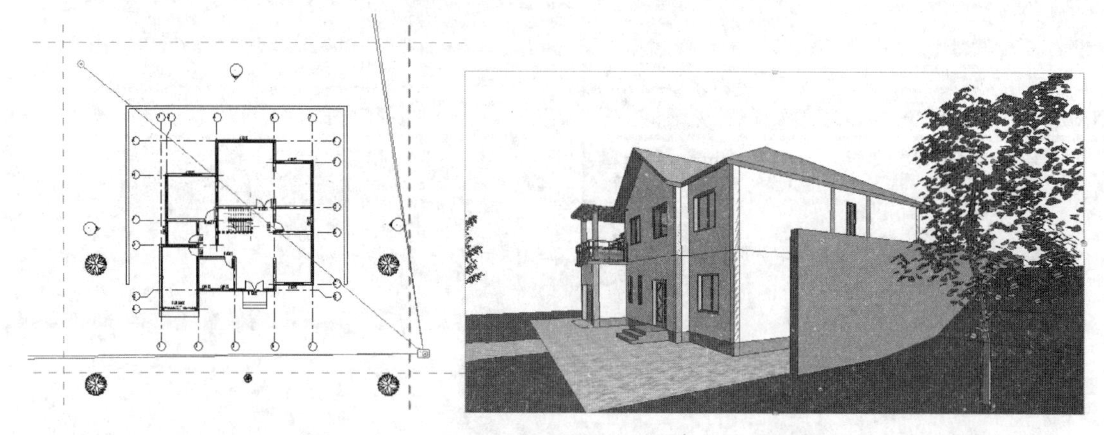

图3-2-4　相机控制点选择

（2）单击选中并拖动三维视图上的蓝色标头栏，以放大该视图。单击“视图”选项卡-“窗口”面板-“关闭隐藏对象”命令，关闭不需要的视图，当前只有“三维视图2”处于打开状态。双击项目浏览器中“立面（建筑立面）”中的“南”，进入南立面视图，如图3-2-5所示。

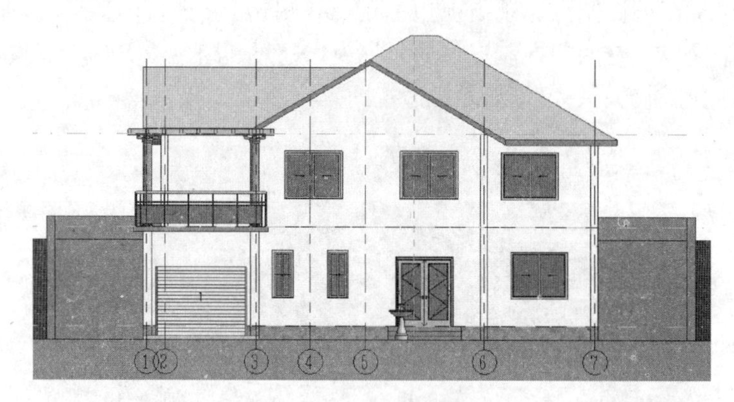

图3-2-5　南立面视图

（3）单击窗口面板平铺（快捷键WT）命令，此时绘图区域同时打开三维视图2和南立面视图，在两个视图中分别在任意位置右键，在快捷菜单中单击缩放匹配，使两视图放大到合适视口的大小。选择三维视图2的矩形视口，观察南立面视图中出现相机、视线和视点，如图3-2-6所示。

（4）单击南立面图中的相机，按住鼠标向上拖曳，观察三维视图2，随着相机的升高，三维视图2变为俯视图，如图3-2-7所示。至此，创建了一个别墅的鸟瞰透视图，保存文件。

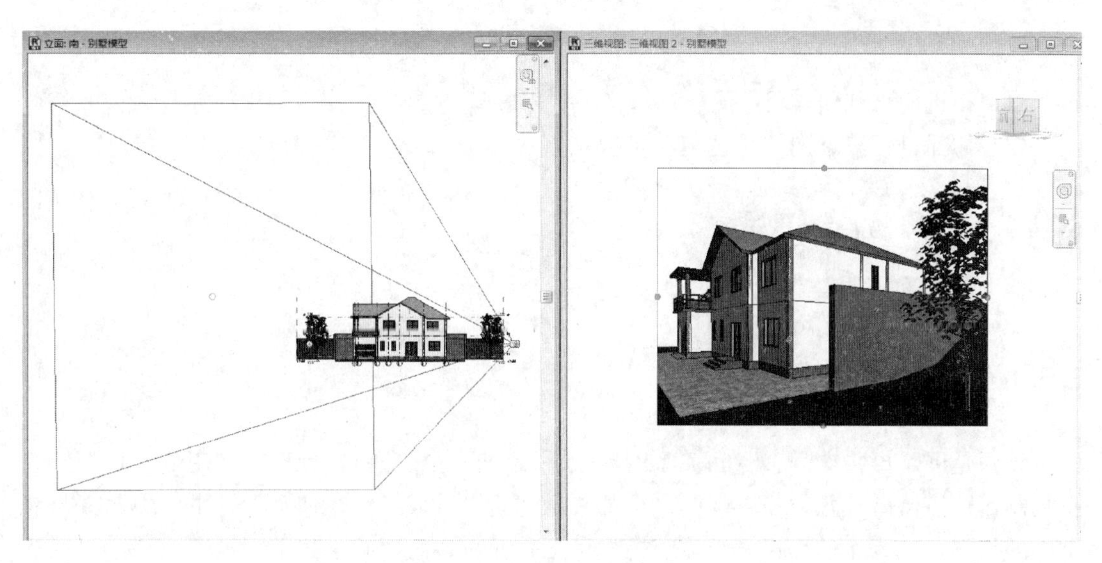

图 3-2-6 相机、视线和视点

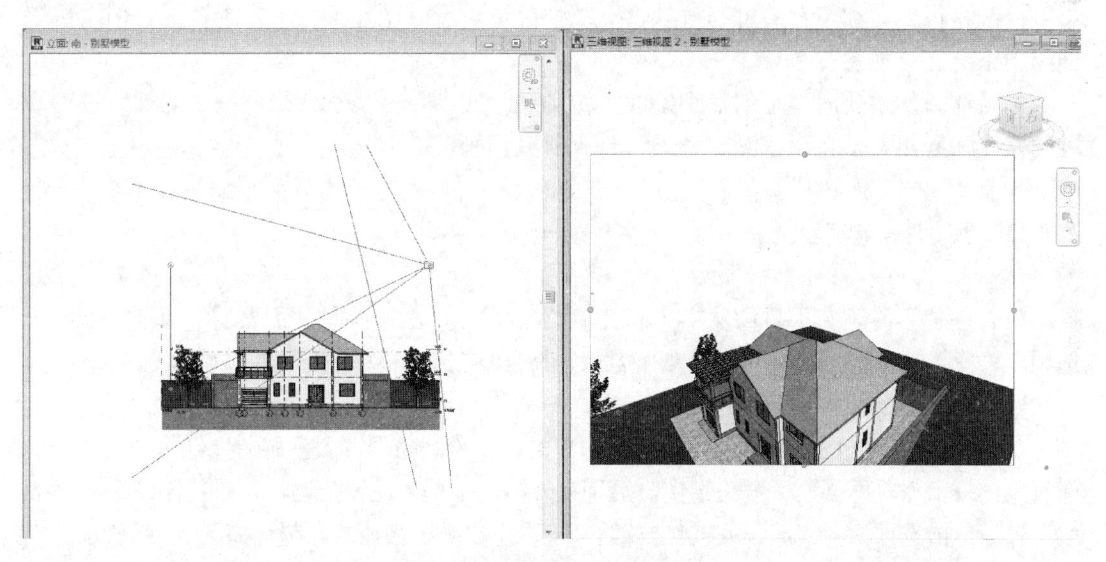

图 3-2-7 别墅的鸟瞰透视图

3.2.4 实训注意事项

(1) Revit 将按照创建的顺序为视图指定名称为“三维视图 1”“三维视图 2”等。在“项目浏览器”中的该视图上，单击鼠标右键并选择“重命名”命令，即可重新命名该视图。

(2) 如果对视图角度不满意，可以按住 Shift 键+鼠标中键转动视图。

(3) 如果只需要渲染当前视图的某部分区域，可以选择渲染窗口中的“区域”选项，然后在视图中选择需要渲染的区域即可。

思　考　题

（1）相机应该如何进行放置？

（2）如何进行渲染图像颜色与明暗度调整？

任务3.3　创建漫游

3.3.1　实训任务说明

动画是展示事物空间、时间关系的有效手段。在完成项目模型后，利用Revit“漫游”工具制作建筑漫游动画，可以帮助设计师展示建筑设计成果，在整个设计工作中发挥非常重要的作用，且制作过程相对于传统的设计工具而言，效率有了大幅度提升。

Revit中的漫游是指沿着定义的路径移动相机，此路径由帧和关键帧组成。关键帧是指可修改相机方向和位置的可修改帧。默认情况下，漫游创建为一系列透视图，但也可以创建为正交三维视图。

本项任务的主要内容是创建别墅的漫游动画。实训目标是学会绘制漫游路径，进行漫游的修改和导出。学会制作漫游动画与日光研究动画。

3.3.2　实训操作步骤

（1）创建漫游，在项目浏览器中双击视图名称F1进入首层平面视图。单击“视图”选项卡-“三维视图”下拉菜单-选择“漫游”命令。在选项栏处相机的默认“偏移量”为1750，也可自行修改。

（2）光标移至绘图区域，在平面视图中单击开始绘制路径，即漫游所要经过的路线。光标每单击一个点，即创建一个关键帧，沿别墅外围逐个单击放置关键帧，路径围绕别墅一周后，鼠标单击选项栏“完成”或按快捷键“Esc”完成漫游路径的绘制，如图3-3-1所示。

（3）完成路径后，项目浏览器中出现“漫游”项，可以看到刚刚创建的漫游名称是“漫游1”，双击“漫游1”打开漫游视图。单击“窗口”面板“关闭隐藏对象”命令，双击项目浏览器中“楼层平面”下的“F1”，打开一层平面图，单击“窗口”面板平铺命令，此时绘图区域同时显示平面图和漫游视图。

（4）在“视图控制栏”中将视觉样式替换显示为着色，选择渲染视口边界，单击视口四边上的控制点，按住向外拖曳，放大视口，如图3-3-2所示。

（5）在完成漫游路径的绘制后，可在“漫游1”视图中选择外边框，从而选中绘制的漫游路径，在弹出的“修改|相机”上下文选项卡中，单击“漫游”面板中的“编辑漫游”命令。在“选项栏”中的“控制”可选择“活动相机”“路径”“添加关键帧”和“删除关键帧”四个选项，如图3-3-3所示。

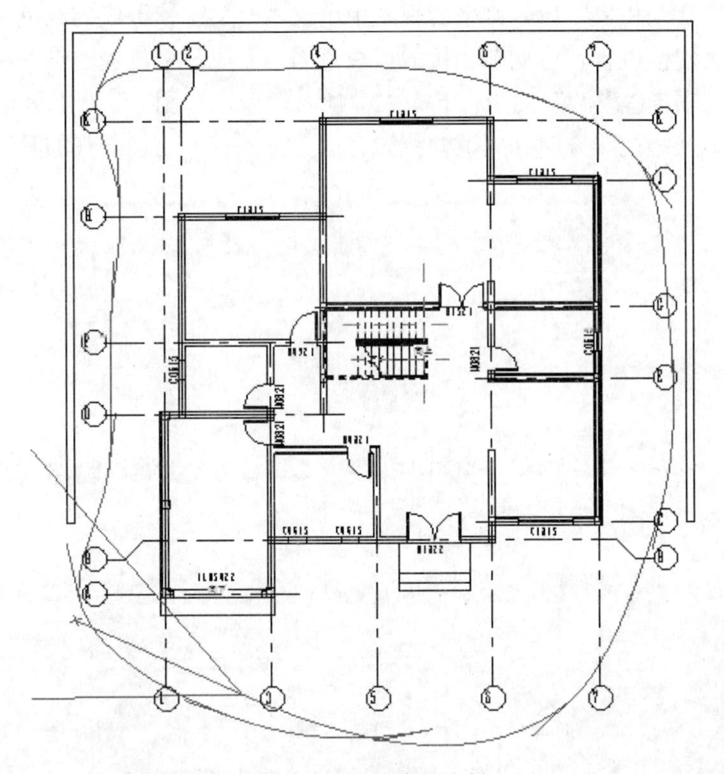

图 3-3-1　漫游路径绘制

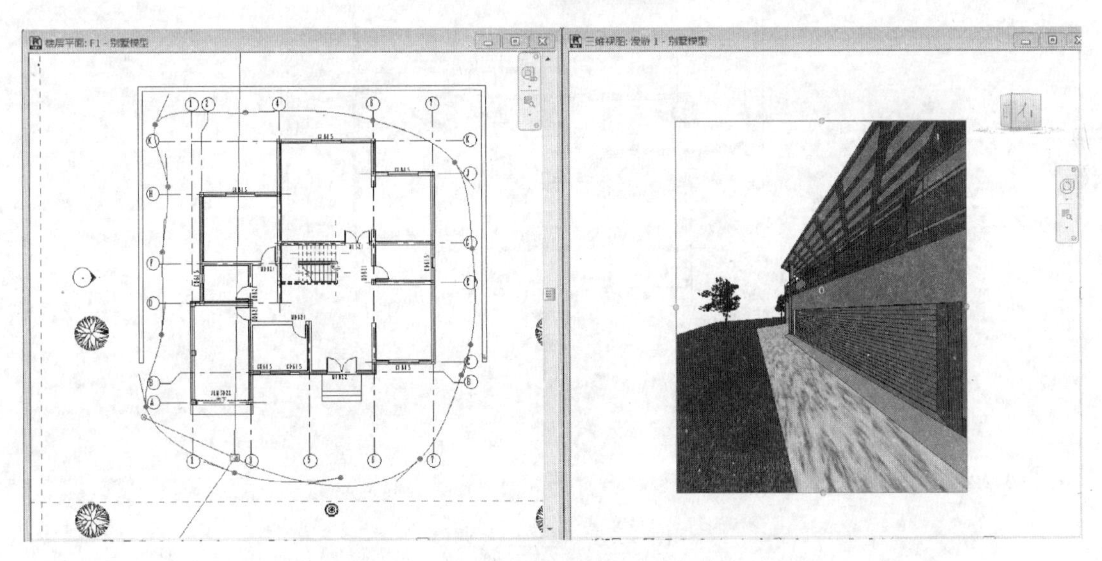

图 3-3-2　漫游视口

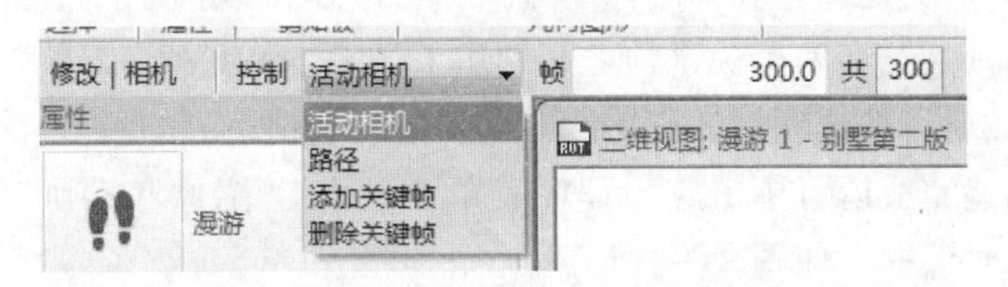

图 3-3-3　“修改|相机”上下文选项卡

（6）选择“活动相机”后，则平面视图中出现多个关键帧围成的红色相机路径，对相机所在的各个关键帧位置，可调节相机的可视范围，完成一个位置的设置后，单击“编辑漫游”上下文选项卡-“漫游”面板-“下一关键帧”命令，如图 3-3-4 所示。设置关键帧的相机视角，使每帧的视线方向和关键帧位置合适，得到一个比较美观的漫游。

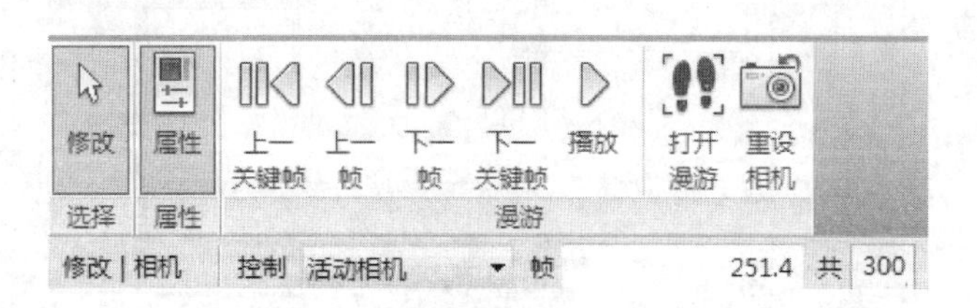

图 3-3-4　“活动相机”设置

（7）选择“路径”后，则平面视图中出现由多个蓝点组成的漫游路径，拖动各个蓝点可调节调节路径，如图 3-3-5 所示。

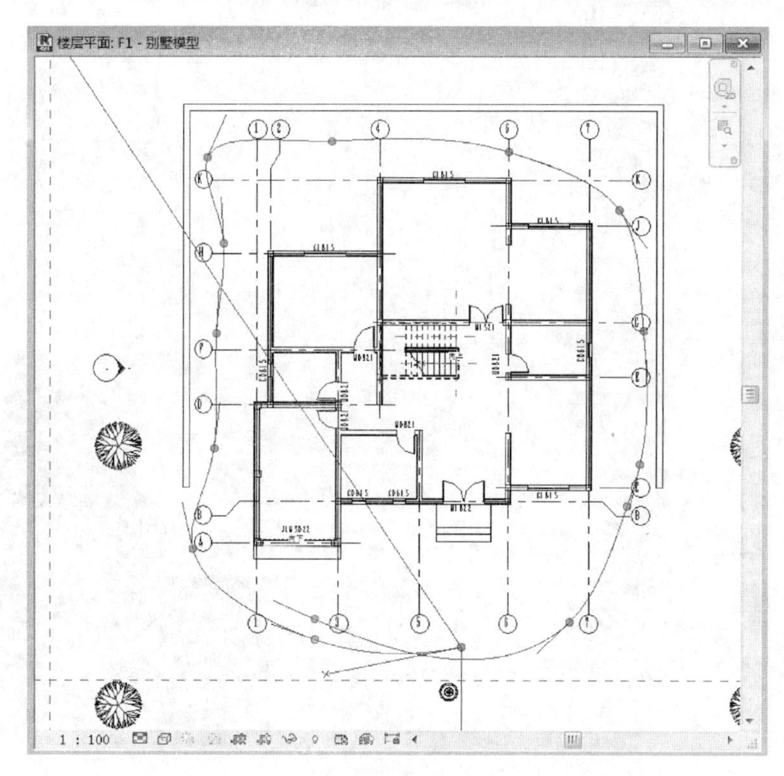

图 3-3-5　漫游路径调整

（8）选择“添加关键帧”和“删除关键帧”后可添加/删除路径上的关键帧。（提示：为使漫游更顺畅，Revit 在两个关键帧之间创建了很多非关键帧。）

（9）编辑完成后可按选项栏的“播放”键，播放刚刚完成的漫游。

（10）漫游创建完成后可单击应用程序菜单“导出”-“图像和动画”-“漫游”命令，弹出“长度/格式”对话框，如图 3-3-6 所示。

（11）其中“帧/秒”项设置导出后漫游的速度为每秒多少帧，默认为 15 帧，播放速度会比较快，将设置改为 6 帧，速度将比较合适，按“确定”后弹出“导出漫游”对话框，输入文件名，选择文件类型与路径，单击保存按钮，弹出视频压缩对话框，默认为“全帧（非压缩的)”，产生的文件会非常大，建议在下拉列表中选择压缩模式为“Microsoft Video 1”，此模式为大部分系统可读取的模式，同时可以减小文件大小，单击“确定”将漫游文件导出为外部 AVI 文件。

至此，完成漫游的创建和导出，保存文件。

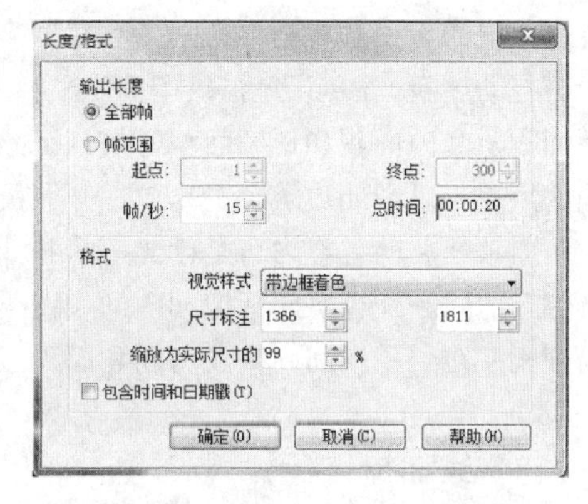

图 3-3-6　“长度/格式”对话框

3.3.3　实训注意事项

（1）如果不选择“透视图”选项，那么通过漫游所创建的项目将成为三维正交图，而不是透视图。

（2）如果对当前相机所调整的角度不满意，可以单击“漫游”选项卡中的“重设相机”按钮，相机角度将恢复到默认状态。

（3）工具选项栏中的控制选项共有四种，分别是“活动相机”“路径”“添加关键帧”和“删除关键帧”。可以根据需要，选择不同选项对不同对象进行编辑。

思　考　题

（1）工具选项栏中的控制选项共有哪几种？

（2）可以只导出整段漫游当前中的一部分吗？

（3）为什么不选择全帧（非压缩的）压缩程序？

（4）漫游如何进行路径修改？

（5）请简述漫游日光设置的步骤。

任务 3.4　划分房间并计算面积

3.4.1　实训任务说明

建筑空间的划分非常重要。不同类型的空间存在于不同的位置，决定了其用途的不同。在住宅项目当中，一般将公用空间简单地划分为楼梯间、电梯间和走廊等。在每个独立的户型内部，又划分为客厅、厨房、卫生间和卧室等区域。各个空间区域的面积既要满足使用功能需求，又要符合经济性原则。因此，面积计算和房间统计是建筑师的一项必要工作。

在 Revit 中的“房间”工具，可以在模型创建完成后对空间进行分割，并自动计算出各个区域的面积及各类型房间的总数。当空间布局发生变化时，相应的房间信息统计结果也会自动更新。Rcvit 还提供了面积平面工具，用于创建专用面积平面视图，统计项目占地面积、套内面积和户型面积等信息。此外，还可以通过添加图例的方式，来表示各个房间的用途，以帮助建筑师更高效地开展设计工作。

本项任务的主要内容是创建房间并计算面积。实训的目标是能够使用 Revit 的房间工具创建房间，配合房间标记和明细表视图统计项目房间信息，根据房间边界、面积边界自动搜索并在封闭空间内生成房间和面积。

3.4.2　实训操作步骤

只有具有封闭边界的区域才能创建房间对象。在 Revit 中，墙、结构柱、建筑柱、楼板、幕墙、建筑地坪、房间分隔线等图元对象均可作为房间边界。Revit 可以自动搜索闭合的房间边界，并在闭合房间边界区域内创建房间。在创建房间时可以同时创建房间标记，以在视图中显示房间的信息，比如房间名称、面积、体积等。下面将为小别墅项目添加房间和房间标记，学习如何使用房间工具创建和修改房间。

房间布置的基本过程：设置房间面积、体积计算规则，放置房间，放置或修改房间标记。

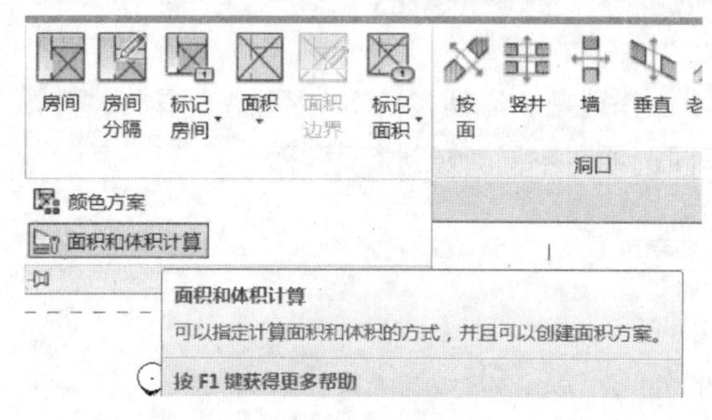

图 3-4-1　面积和体积计算命令

（1）切换至 F1 楼层平面视图，如图 3-4-1 所示，单击“建筑”选项卡，“房间和面积”面板中的黑色三角形，展开“房间和面积”面板，单击“面积和体积计算”工具后，设置房间面积、体积计算规则。

（2）如图 3-4-2 所示，在“计算”选项卡中确认体积计算方式为“仅按面积（更快）”，即仅计算面积而不计算房间体积，设置房间面积计算规则为“在墙核心层”，即按国内规定的墙面位置，作为房间边界线计算面积，完成后单击“确定”按钮，退出“面积和体积”计算对话框。

（3）单击“建筑”选项卡，“房间和面积”面板中的“房间”工具，将切换至“修改|放置房间”选项卡，进入放置房间模式，设置“属性”面板“类型选择器”中的房间标记类型为“标记_房间-有面积-施工-仿宋-3mm-0-67”。

（4）如图 3-4-3 所示，确认激活“在放置时进行标记”选项，设置房间上限为标高 F1，偏移值为 2800mm，即房间净高度到达当前视图标高 F1 之上 2800，其他参数参见图 3-4-3。

（5）如图 3-4-4 所示，移动鼠标指针至小别墅任意房间内，Revit 将以蓝色显示自动搜索到的房间边界，单击鼠标放置房间，同时生成房间标记显示房间名称和该房间面积，按 Esc 键两次退出放置房间模式。

（6）在已创建房间对象的房间内移动鼠标指针，当房间对象亮显时单击选择房间（注意，不要选择房间标记）。在“属性”面板中，设置名称为“卧室”，单击应用按钮后，该房间标记名称被自动修改为“卧室”，如图 3-4-4 所示。

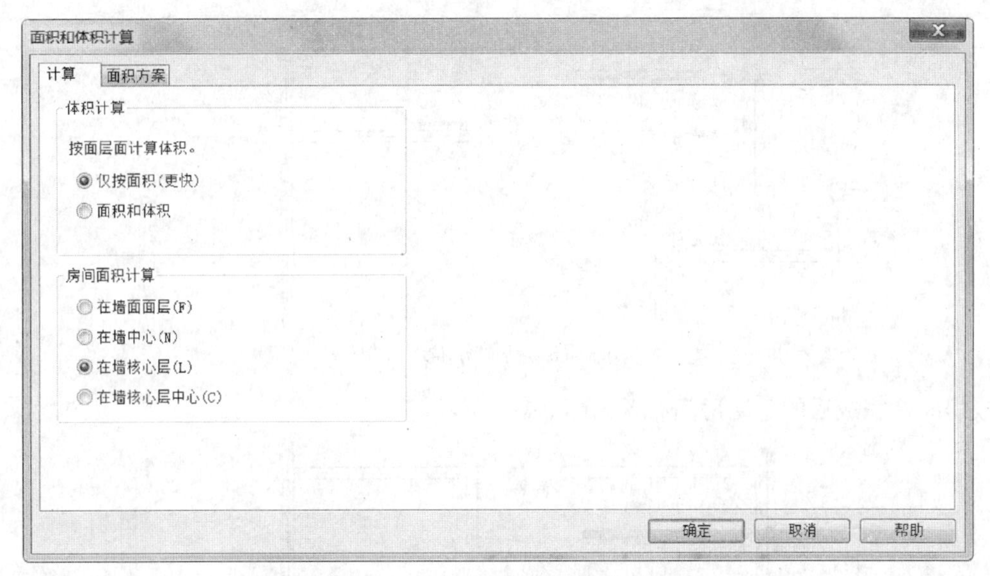

图 3-4-2 “面积和体积”计算对话框

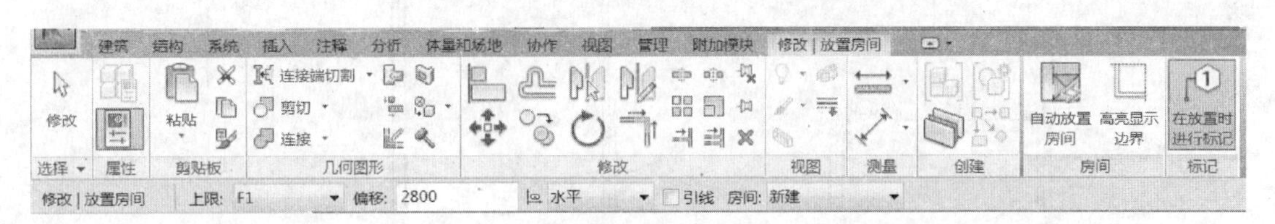

图 3-4-3 “在放置时进行标记”选项

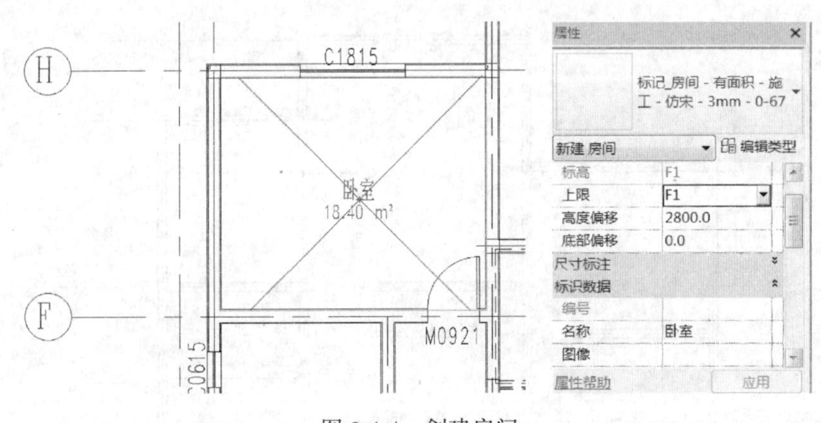

图 3-4-4 创建房间

（7）使用房间工具及相同的设置方式添加其他房间，并依次重新为各房间命名，注意卫生间盥洗室及会客厅部分，如图 3-4-5 所示因只有三面围合，并未形成正确的封闭区域，因此需要采用“房间分隔”工具手动添加正确的房间。

（8）单击“建筑”选项卡，“房间和面积”面板中的“房间分隔”工具，进入放置房间分隔模式，确认绘制模式为“直线”，按图 3-4-6 所示，沿卫生间盥洗室及会客厅墙未封闭部分墙中心线位置绘制房间分隔线，完成后按 Esc 键退出绘制模式，再次使用房间工具移动，鼠标指针至盥洗室及会客厅范围房间，此时 Revit 将沿墙表面及绘制的房间边界

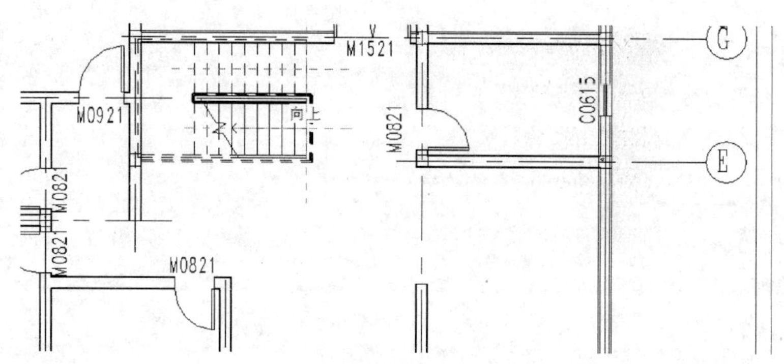

图 3-4-5　房间分隔线绘制

生成房间。完成后的一层房间布置如图 3-4-7 所示。

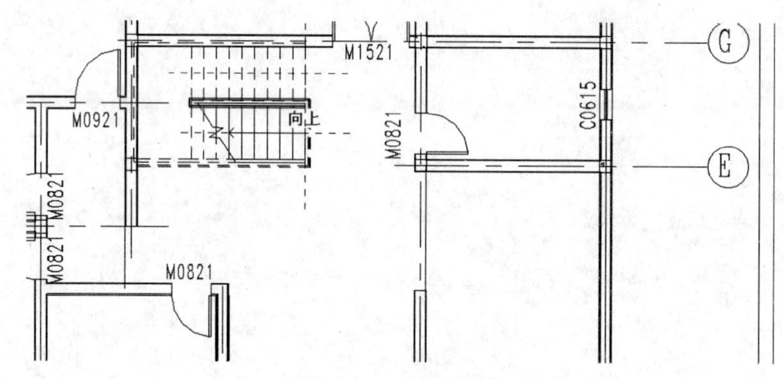

图 3-4-6　房间分隔

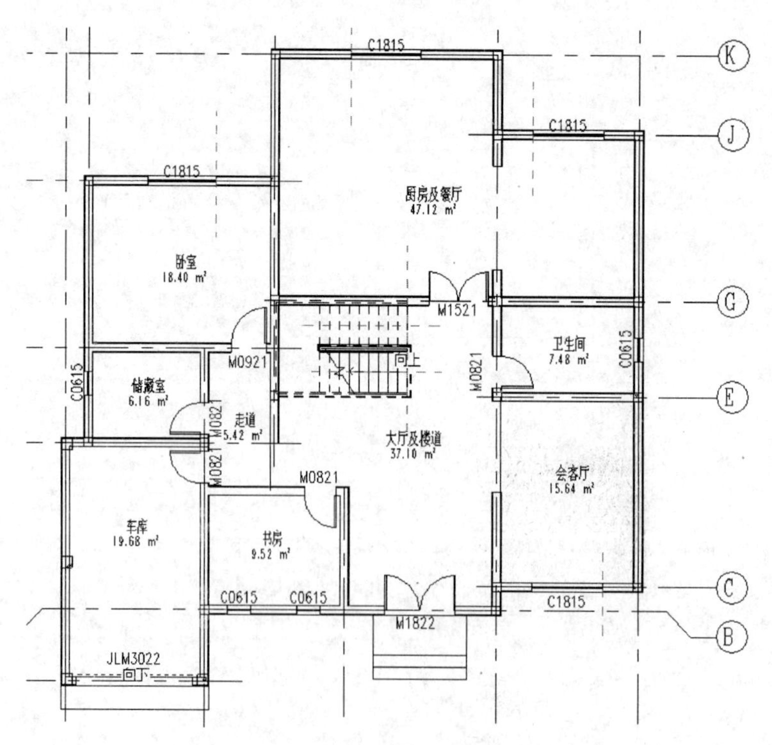

图 3-4-7　一层房间标记

（9）使用同样的方式完成其他层房间布置，对于所有未形成正确封闭区域的房间使用“房间分隔”工具绘制封闭房间边界生成封闭房间区域。完成后的二层房间布置如图 3-4-8 所示，保存文件。

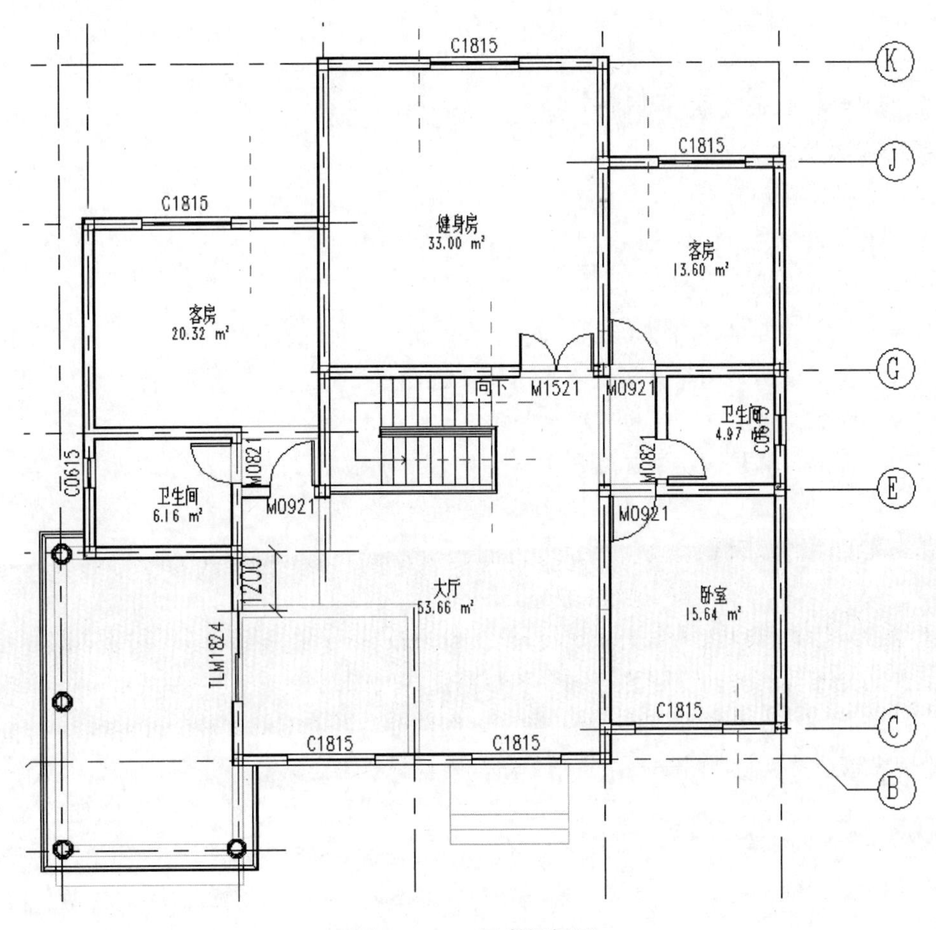

图 3-4-8　二层房间标记

3.4.3　实训注意事项

（1）在 Revit 中放置房间时，还需要设置空间高度。因为在将建筑模型导入其他计算软件当中时，房间必须充满整个空间才算有效。

（2）放置房间后，软件会自动在相应的位置生成房间标记。如果将房间标记误删除，可以通过“房间”按钮重新进行标记。

（3）创建的房间必须是闭合的空间，如果标记餐厅和客厅，需要在合适的位置绘制房间分隔线。

思　考　题

（1）房间边界参数有什么作用？

（2）放置房间一定会显示房间面积吗？

（3）房间分隔线的作用是什么？

（4）一个房间能否进行两次以上房间标记？

（5）Revit 中有哪些房间放置的方式？

任务 3.5　标识房间图例

3.5.1　实训任务说明

前面讲解了房间的创建、标记房间和计算面积，Revit 中还可以通过添加图例的方式，来表示各个房间的用途。颜色方案可用于以图形方式表示空间类别。例如，可以按照房间名称、面积、占用或部门创建颜色方案。

本项实训的目标是学会添加颜色填充图例，对别墅项目进行房间标识。

3.5.2　实训操作步骤

添加房间后，可以在视图中添加房间图例，并采用颜色块等方式，用于更清晰地表现房间范围、分布等。下面讲解为小别墅项目添加房间图例。

（1）接上一小节练习。在项目浏览器中，用鼠标右键单击 F1 楼层平面视图，在弹出的快捷菜单中选择“复制视图——＞复制”命令，复制新建新视图。切换至该视图，重命名该视图为“F1-房间图例”，如图 3-5-1 所示。在非中文输入法的情况下按快捷键 vv，打开“可见性/图形替换”对话框。在“可见性/图形替换”对话框中，切换至“注释类别”选项卡，不勾选当前视图中的剖面、详图索引符号、轴网和参照平面等不必要的对象类别。

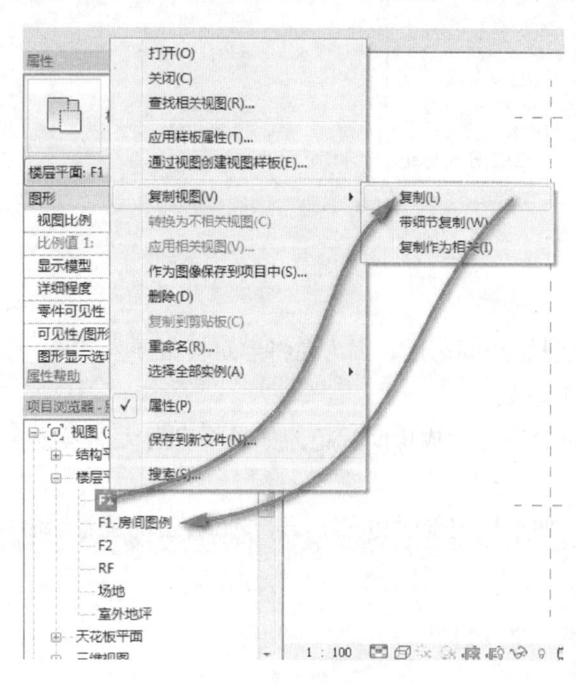

图 3-5-1　视图复制

（2）单击“建筑”选项卡“房间和面积”面板中的“标记房间”工具下拉列表，在列表中选择“标记房间”工具。确认当前房间标记类型为“标记_房间-有面积-施工-仿宋-3mm-0-80”，不勾选选项栏中的“引线”选项；依次取其视图中各房间对象，在视图中添加房间标记。由于在上一节中已经设置了房间属性，因此放置房间标记后会自动显示正确的房间名称。完成后按 Esc 键退出放置房间标记模式，如图 3-5-2 所示。

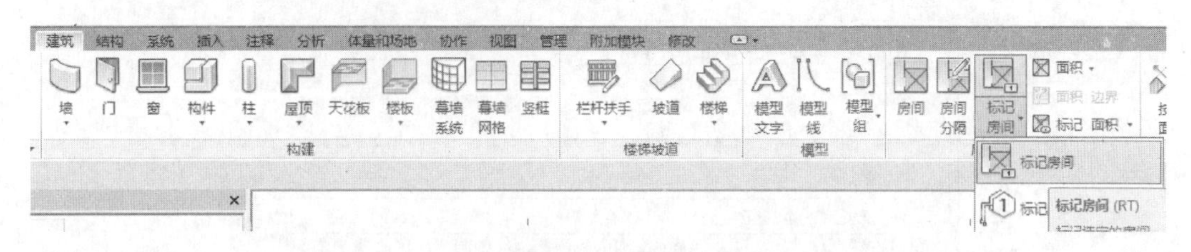

图 3-5-2　标记房间

（3）单击“建筑”选项卡“房间和面积”面板中的黑色三角形，展开“房间和面积”面板，单击“颜色方案”工具后进行房间图例方案设置。在弹出的“编辑颜色方案”对话框的左侧“类别”中选择“房间”，在方案列表中选择“方案 1”；在方案定义中，修改“标题”为“一层房间图例”，选择“颜色”列表为“名称”，即按房间名称定义颜色。弹出“不保留颜色”对话框，提示用户如果修改颜色方案定义将清除当前已定义颜色。单击“确定”按钮确认，在颜色定义列表中自动为项目中所有房间名称生成颜色定义，完成后单击“确定”按钮，完成颜色方案设置，如图 3-5-3 所示。

图 3-5-3　编辑颜色方案

（4）单击“注释”选项卡，“颜色填充”面板中的“颜色填充图例”工具，确认当前图例类型为“1”，单击“编辑类型”按钮打开“类型属性”对话框，如图 3-5-4 所示，修改“显示的值”选项为“按视图”，即在图例中仅显示当前视图中包含的房间图例，其他参数参照图中所示设置。

（5）在视图空白位置单击鼠标，放置图例，弹出图 3-5-5 的“选择空间类型和颜色方案”对话框，选择“空间类型”为“房间”，选择“颜色方案”为之前设定的“方案 1”，单击确定按钮，移动鼠标指针指示图中空白位置，单击鼠标放置图例。

（6）Revit 将按第 3 步操作中设置的颜色方案填充各房间，结果如图 3-5-6 所示。

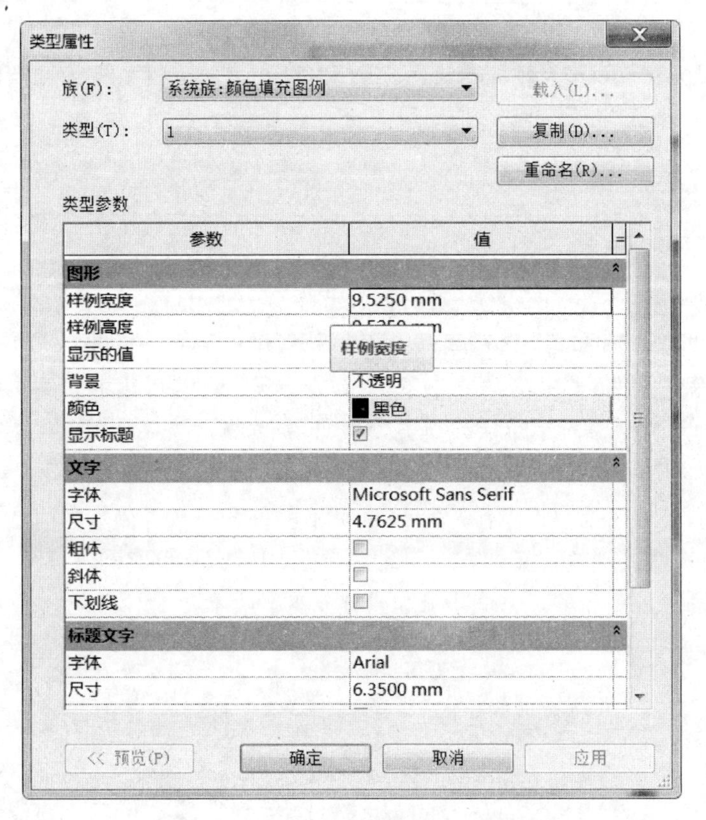

图 3-5-4　颜色“类型属性”对话框

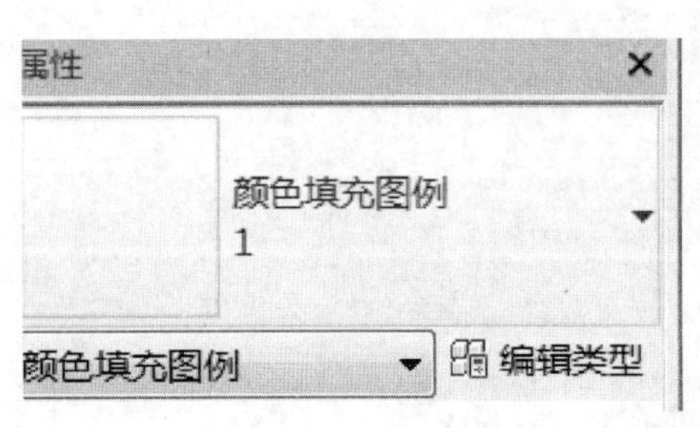

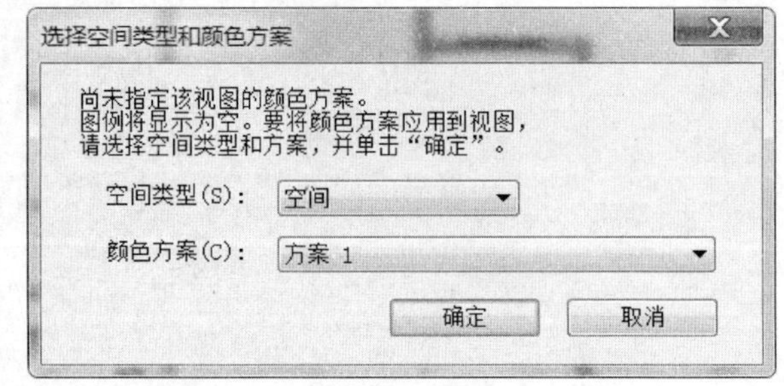

图 3-5-5　“选择空间类型和颜色方案”对话框

（7）使用类似的方式生成 F2 房间图例视图，如图 3-5-7 所示，保存文件。

3.5.3　实训注意事项

（1）如果要在楼层平面中按部门填充房间的颜色，那么可将每个房间的“部门”参数值设置为必需的值，然后根据“部门”参数值创建颜色方案，接着可以添加颜色填充图例，以标识每种颜色所代表的部门。

（2）颜色方案可将指定的房间和区域颜色，应用到楼层平面视图或剖面视图中。可向已填充颜色的视图中添加颜色填充图例，以标识颜色所代表的含义。

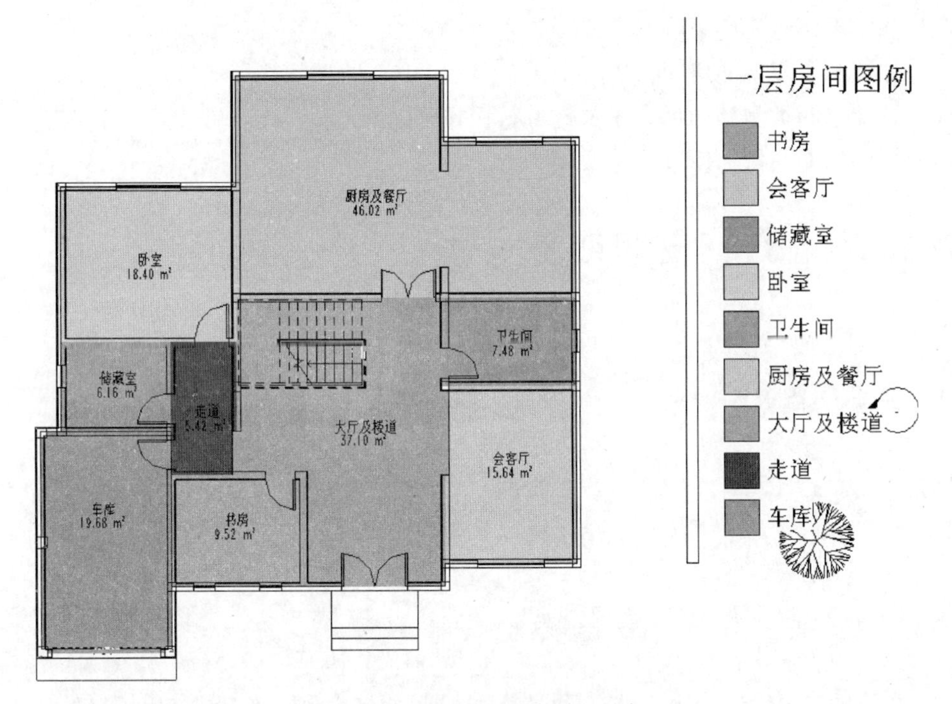

图 3-5-6　一层房间颜色填充图例

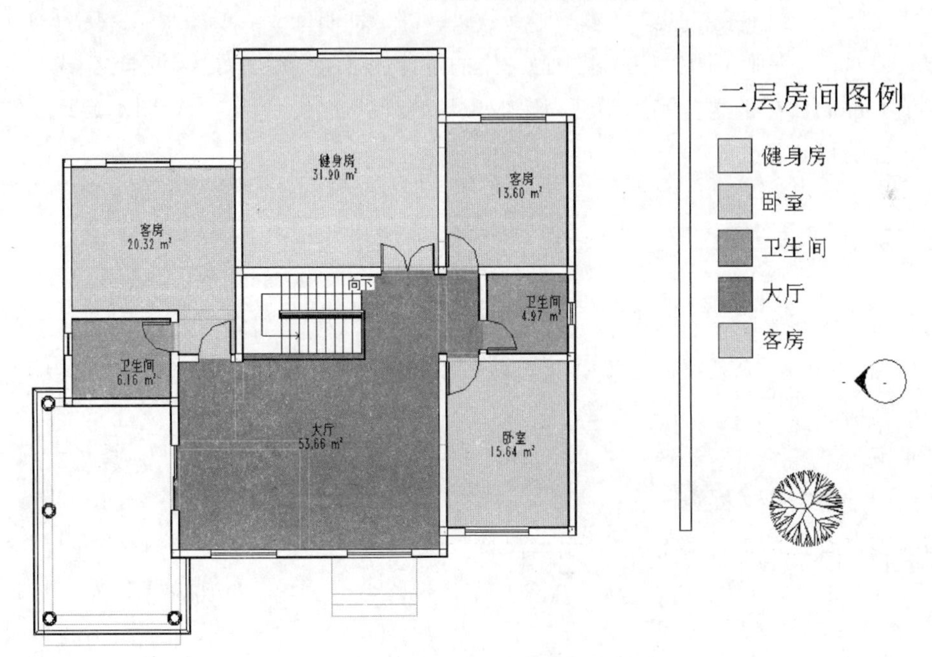

图 3-5-7　二层房间颜色填充图例

(3) 删除图例并不能删除颜色方案。要删除颜色显示应在“属性”面板中选择“颜色方案”为“无”。

思　考　题

(1) 颜色填充图例如何进行设置?

（2）删除图例有哪些影响？

（3）如何删除多余的房间？

（4）选择空间类型和颜色方案如何进行操作？

（5）房间填充图例如何进行修改？

任务3.6 创建门窗明细表

3.6.1 实训任务说明

明细表是进行建筑技术经济分析的基础。建筑设计中需要对建筑构件或部件工程量进行统计，例如：门、窗和墙体，其结果可以作为项目概预算的工程量使用。

Revit中的明细表共分为六种类别，分别是“明细表/数量”“图形柱明细表”“材质提取”“图纸列表”“注释块”和“视图列表”。在创建明细表的时候，选择需要统计的关键字即可。明细表内所统计的内容，由构件本身的参数提供。快速生成明细表作为Revit依靠强大数据库功能的一大优势，被广泛接受并使用。通过明细表视图可以统计出项目的各类图元对象，生成相应的明细表，如统计模型图元数量、图形柱明细表、材质数量、图纸列表、注释块和视图列表。在施工图设计过程中最常用的统计表格是门窗统计表和图纸列表。

本项实训的目标是学会使用明细表完成项目统计的工作，生成门窗明细表，正确进行明细表属性的设置。

3.6.2 实训操作步骤

（1）对于不同的图元可统计出其不同类别的信息，如门、窗图元的高度、宽度、数量、合计和面积等。下面结合小别墅案例来创建所需的门、窗明细表视图，学习明细表统计的一般方法。

（2）单击“视图”选项卡-“创建”面板-“明细表”下拉列表-“明细表/数量”，在弹出的“新建明细表”对话框中，如图3-6-1所示，在“类别”列表中选择“门”对象类型，即本明细表将统计门对象类别的图元信息；默认的明细表名称为“门明细表”，确认为“建筑构件明细表”，其他参数默认，单击“确定”按钮，弹出“明细表属性”对话框，如图3-6-2所示。

通过“过滤器列表”可以选择“建筑”“结构”“机械”“电气”和“管道”五种不同的类别。勾选所需的类别可快速选择不同类别下的构件，如“建筑”类别下的门。

（3）在“明细表属性”对话框的“字段”选项卡中，可用的字段列表中包括门在明细表中统计的实例参数和类型参数，选择“门明细表”所需的字段，单击“添加”按钮到“明细表字段”，如：类型、宽度、高度、注释、合计和框架类型。如需调整字段顺序，则选中所需调整的字段，单击“上移”或“下移”按钮来调整顺序。明细表字段从上至下的

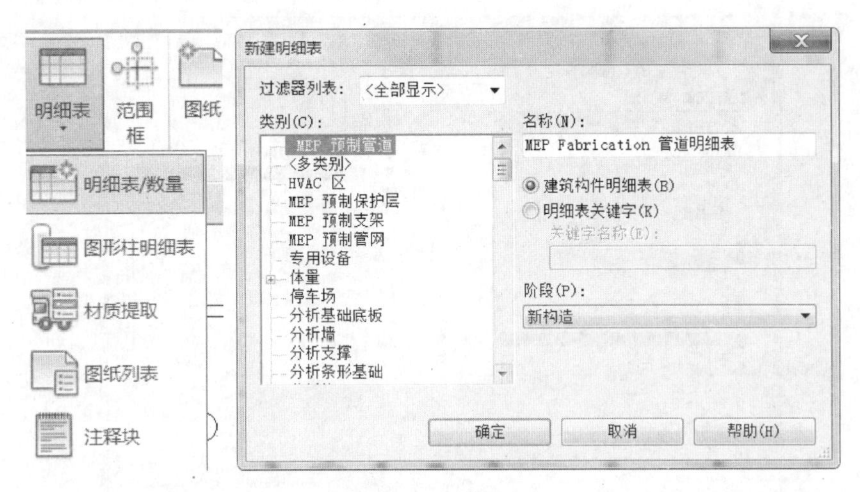

图 3-6-1　新建明细表

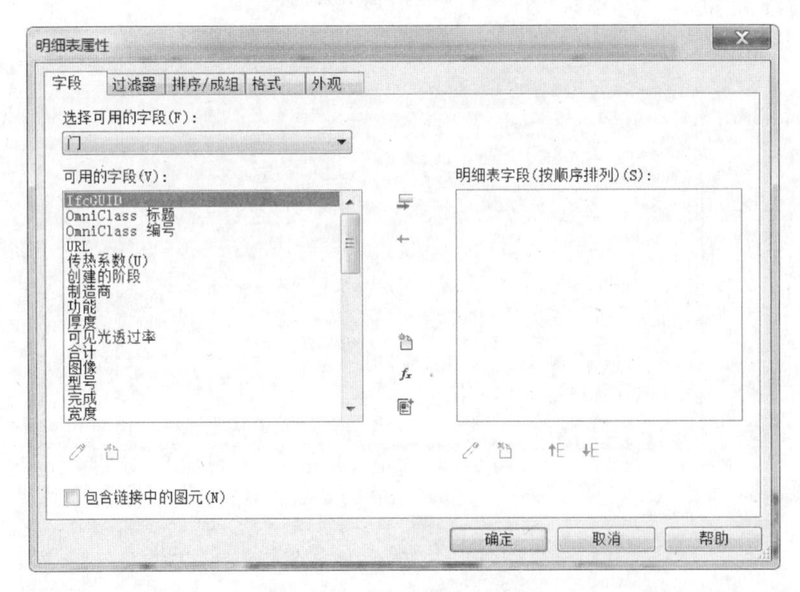

图 3-6-2　明细表字段选择

顺序对应于明细表从左至右各列的显示顺序（图 3-6-3）。

（4）完成“明细表字段”的添加后，如图 3-6-4 所示，切换至“排序/成组”选项卡，设置“排序方式”为“类型”，排序顺序为“升序”；取消勾选“逐项列举每个实例”，否则生成的明细表中的各图元会按照类型逐个列举出来。单击“确定”后，“门明细表”中将按“类型”参数值汇总所选各字段。

（5）切换至“格式”选项卡，可设置生成明细表的标题方向和样式，单击“条件格式”按钮，在弹出的条件格式对话框中，可根据不同条件选择不同字段，对符合字段要求可修改其背景颜色，如图 3-6-5 所示。

（6）切换至“外观”选项卡，确认勾选“网格线”选项，设置网格线为细线；勾选“轮廓”选项，设置“轮廓”样式为“中粗线”，取消勾选“数据前的空行”；其他选项参照图 3-6-6 设置，单击确定按钮，完成明细表属性设置。

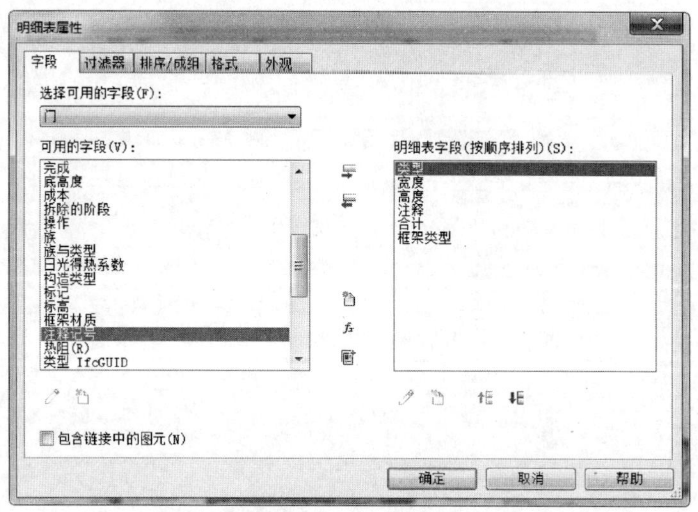

图 3-6-3　字段排序

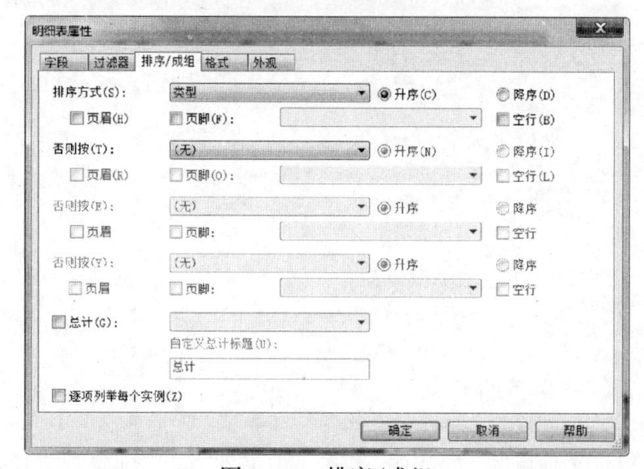

图 3-6-4　排序/成组

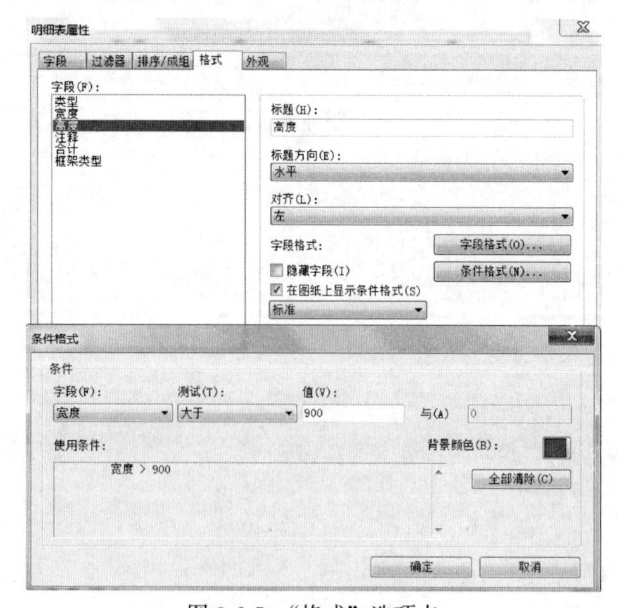

图 3-6-5　“格式”选项卡

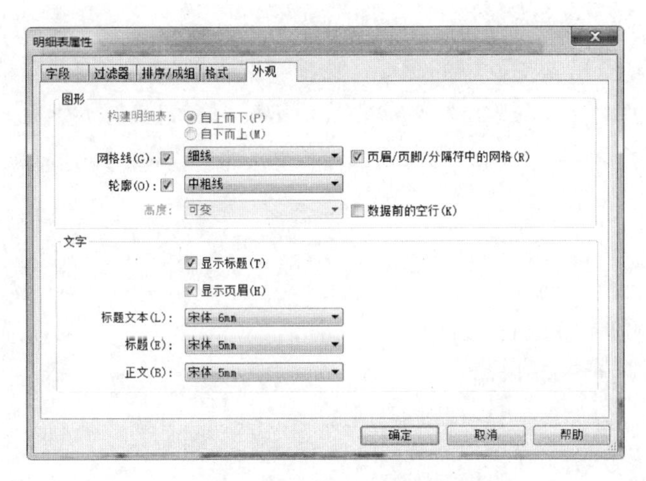

图 3-6-6　“外观”选项卡

（7）Revit 会自动弹出“门明细表”视图，同时弹出“修改明细表/数量”上下文选项卡，以及自动在“项目浏览器”的“明细表/数量”中生成“门明细表”，如图 3-6-7 所示。

<门明细表>

A	B	C	D	E	F
类型	宽度	高度	注释	合计	框架类型
JLM3022	3000	2200		1	
M0821	800	2100		6	
M0921	900	2100		4	
M1521	1500	2100		2	
M1822	1800	2200		1	
TLM1824	1800	2400		1	

图 3-6-7　门明细表

（8）同理，创建窗明细表，如图 3-6-8 所示。

<窗明细表>

A	B	C	D	E	F
类型	宽度	高度	底高度	注释	合计
C0615	600	1500	900		6
C1815	1800	1500	900		10

图 3-6-8　窗明细表

3.6.3　实训注意事项

（1）明细表可以包含多个具有相同特征的项目。例如，房间明细表中可能包含 150 个地板、天花板和基面面层均相同的房间。用户不必在明细表中手动输入这 150 个房间的信息，只需定义关键字，就能自动填充信息。如果房间有已定义的关键字，那么当这个房间添加到明细表中时，明细表中的相关字段将自动更新，以减少生成明细表所需的时间。

（2）可以使用关键字明细表定义关键字，除了按照规范来定义关键字之外，关键字明细表看起来类似于构件明细表。创建关键字时，关键字会作为图元的实例属性列出。当应用关键字的值时，关键字的属性将应用到图元中。

（3）如果需要统计链接文件中的图元，选择“包含链接中的图元”选项即可。

（4）不同类别的图元的参数结构差异很大，因此只有定义好类别后，才能找到对应的参数，如果选择多类别明细表，其后可选的字段将是各类别的通用参数。

思　考　题

（1）明细表的种类有哪些？

（2）明细表是如何生成的？

（3）如何进行明细表属性设置？

（4）明细表是否包含多个具有相同特征的项目？

（5）为什么图像类别只显示文件名称而不能显示图像？

任务 3.7　编辑门窗明细表

3.7.1　实训任务说明

明细表可以帮助用户统计模型中的任意构件，例如门、窗和墙体。明细表内所统计的内容，由构件本身的参数提供。用户在创建明细表的时候，可以选择需要统计的关键字即可。当创建完成的门窗明细表需要进行修改编辑时，可以进行编辑，修改其中的页眉、格式、显示注释等，也可以将修改后的明细表另存为“库”，以便在以后的项目中使用。

本项实训的目标是在完成上一个任务，即创建了门窗明细表之后，能够熟练进行明细表的编辑和修改，并学会将修改后的明细表另存为“库”。

3.7.2　实训操作步骤

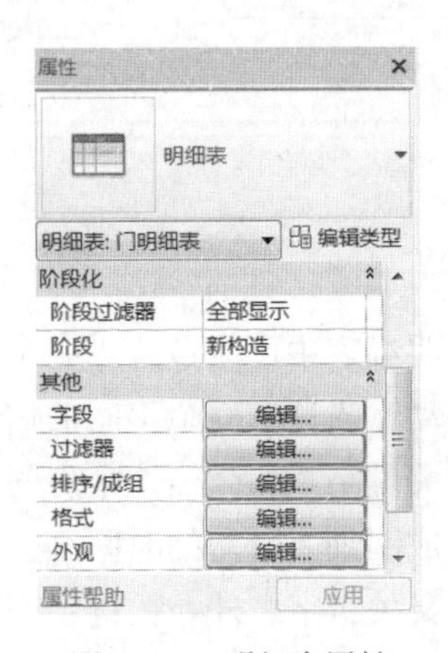

图 3-7-1　明细表属性

（1）明细表生成后，如果要修改明细表各参数的顺序或表格的样式，还可以继续编辑明细表。单击“项目浏览器”中的“门明细表”视图后，在属性框中的“其他”中，如图 3-7-1 所示，单击所需修改的明细表属性，可继续修改定义的属性。

（2）通过修改“修改明细表/数量”上下文选项卡，可进一步编辑明细表外观样式。按住并拖动鼠标左键选择“宽度”和“高度”列页眉，单击“明细表”面板中的“成组”工具，如图 3-7-2 所示，合并生成新表头单元格。

（3）接上一步，进入文字输入状态，输入“尺寸”作为新页眉名称，如图 3-7-3 所示。明细表的表头各单元格名称均可修改，但修改后也不会修改图元参数名称。

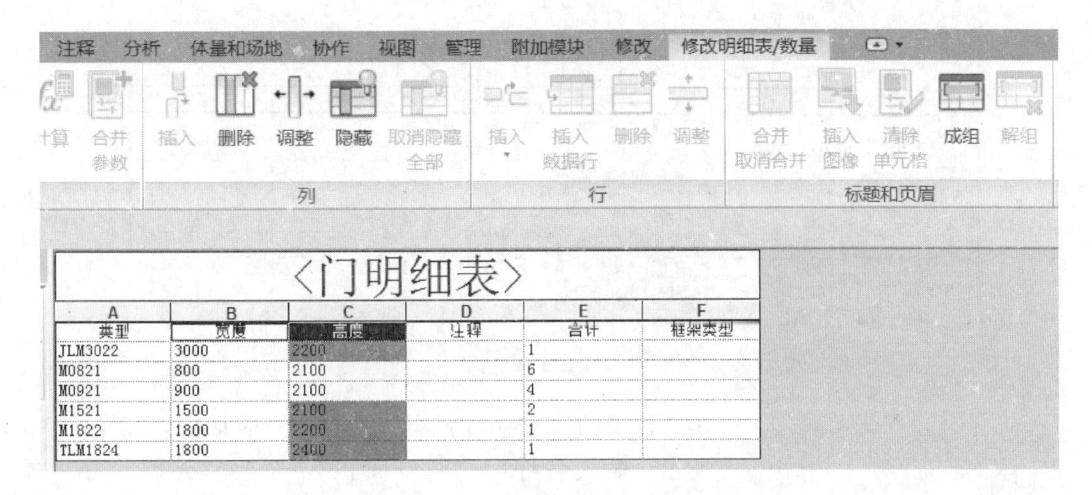

<门明细表>

A	B	C	D	E	F
类型	宽度	高度	注释	合计	框架类型
JLM3022	3000	2200		1	
M0821	800	2100		6	
M0921	900	2100		4	
M1521	1500	2100		2	
M1822	1800	2200		1	
TLM1824	1800	2400		1	

图 3-7-2　“明细表”面板中的“成组”工具

<门明细表>

A	B	C	D	E	F
	尺寸				
类型	宽度	高度	注释	合计	框架类型
JLM3022	3000	2200		1	
M0821	800	2100		6	
M0921	900	2100		4	
M1521	1500	2100		2	
M1822	1800	2200		1	
TLM1824	1800	2400		1	

图 3-7-3　页眉

（4）在明细表视图中，单击“M1521”，在“修改明细表/数量”上下文选项卡中，单击“图元”面板中的“在模型中高亮显示按钮”，如未打开视图，则会弹出“Revit”对话框，如图 3-7-4 所示。单击“确定”后，弹出“显示视图中的图元”对话框，如图 3-7-5 所示。单击“显示”按钮可以在包含该图元的不同视图中切换，切换到某一视图，单击“关闭”则会完成项目中对“M1521”的选择。

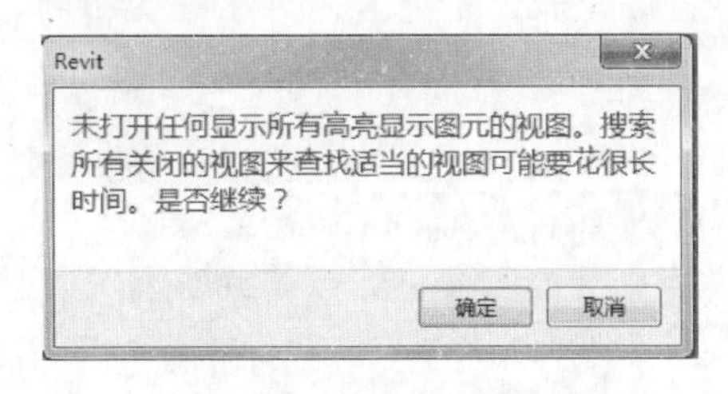

图 3-7-4　“Revit”对话框

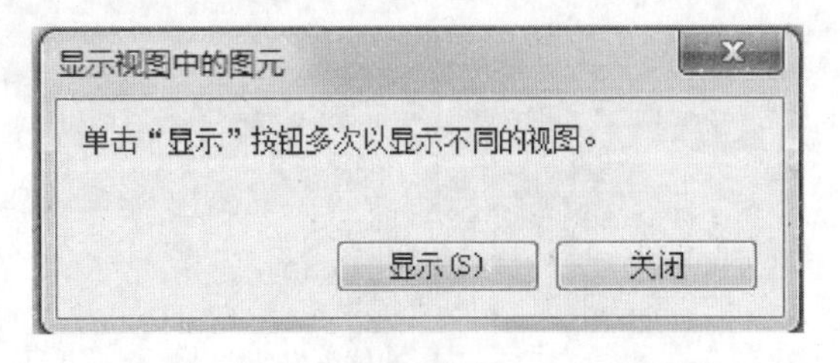

图 3-7-5　“显示视图中的图元”对话框

（5）切换至“门明细表”视图中，将 M1521 的“注释”单元格内容修改为“单扇平开”，如图 3-7-6 所示。修改后对应的 M1521 实例参数中的“注释”也对应修改，如图 3-7-7所示，即明细表和对象参数是关联的。

（6）新增明细表计算字段：打开“明细表属性”对话框并切换至“字段”选项卡，单

〈门明细表〉					
A	B	C	D	E	F
	尺寸				
类型	宽度	高度	注释	合计	框架类型
JLM3022	3000	2200		1	
M0821	800	2100		6	
M0921	900	2100		4	
M1521	1500	2100	单扇平开	2	
M1822	1800	2200		1	
TLM1824	1800	2400		1	

图 3-7-6　门窗注释

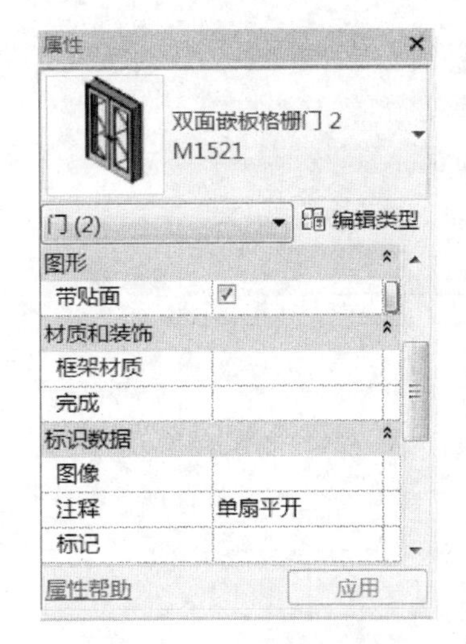

图 3-7-7　门窗属性面板

击“计算值”按钮，弹出“计算值”对话框，如图 3-7-8 所示。输入名称为“洞口面积”，修改“类型”为“面积”，单击“公式”后的“…”按钮，打开“字段”对话框，选择“宽度”及“高度”字段，修改为“宽度 * 高度”公式，单击“确定”按钮，返回明细表视图。

（7）如图 3-7-9 所示，根据当前明细表中的门宽度和高度值计算洞口面积，并按项目设置的面积单位显示洞口面积。

（8）单击“应用程序”按钮-“另存为”按钮-“库”-“视图”，可将任何视图保存为单独的 rvt 文件，用于与其他项目共享视图设置，如图 3-7-10 所示。在弹出的“保存视图”对话框中，将视图修改为“显示所有视图和图纸”，选择“楼层平面 F2”和“明细表：门明细表”，单击“确定”按钮即可将所选视图另存为独立的 rvt 文件，如图3-7-11所示。

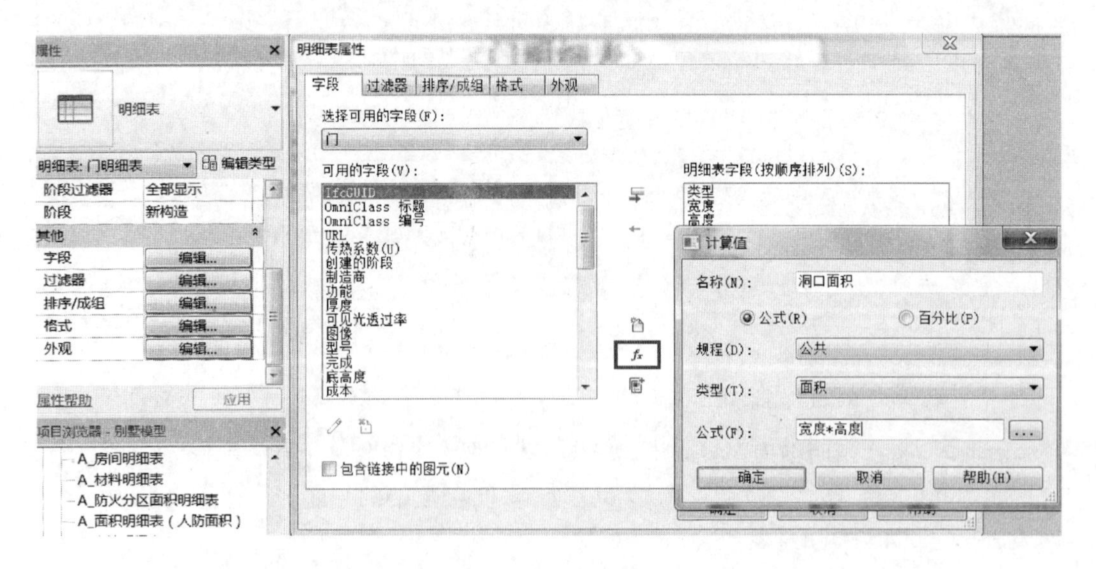

图 3-7-8　“计算值”对话框

〈门明细表〉						
A	B	C	D	E	F	G
	尺寸					
类型	宽度	高度	注释	合计	框架类型	洞口面积
JLM3022	3000	2200		1		6.60
M0821	800	2100		6		1.68
M0921	900	2100		4		1.89
M1521	1500	2100	单扇平开	2		3.15
M1822	1800	2200		1		3.96
TLM1824	1800	2400		1		4.32

图 3-7-9　洞口面积

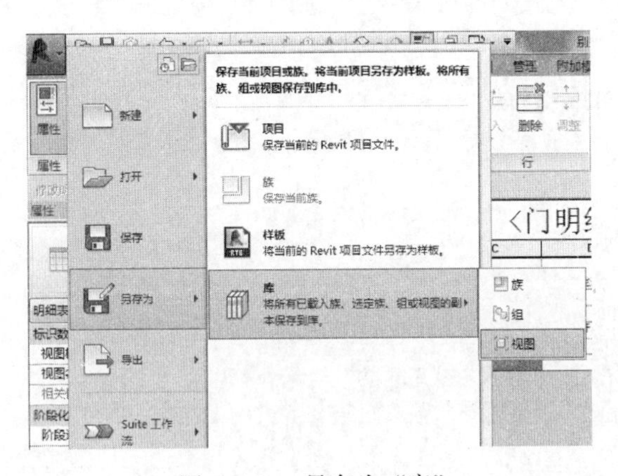

图 3-7-10　另存为“库”

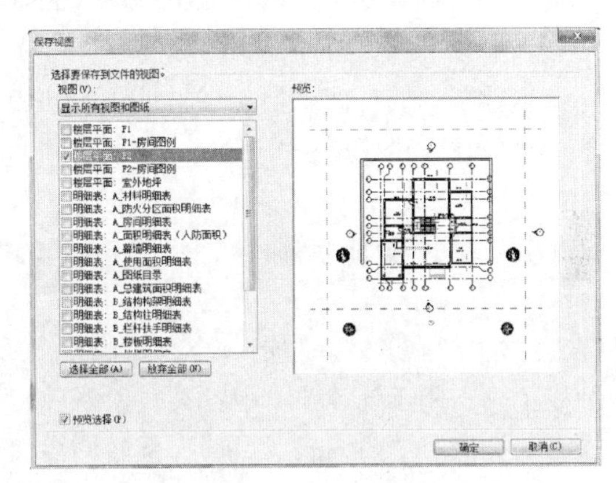

图 3-7-11　保存视图

3.7.3　实训注意事项

（1）明细表可以包含多个具有相同特征的项目。例如：房间明细表中可能包含 150 个地板、天花板和基面面层均相同的房间。用户不必在明细表中手动输入这 150 个房间的信息，只需定义关键字，就可自动填充信息。如果房间有已定义的关键字，那么当这个房间添加到明细表中时，明细表中的相关字段将自动更新，以减少生成明细表所需的时间。

（2）如果需要统计链接文件中的图元，选择“包含链接中的图元”选项即可。

（3）不同类别的图元的参数结构差异很大，因此只有定义好类别后，才能找到对应的参数，如果选择多类别明细表，其后可选的字段将是各类别的通用参数。

思　考　题

（1）明细表包括哪些类型？

（2）明细表公式使用有什么要求？

（3）如何进行明细表样式的编辑？

（4）如何进行明细表属性设置？

（5）明细表是否包含多个具有相同特征的项目？

任务 3.8 导出材料明细表

3.8.1 实训任务说明

材质提取明细表列出所有 Revit 族的子构件或材质，并且具有其他明细表视图的所有功能和特征，可用其更详细地显示构件的部件信息。Revit 构件的任何材质都可以显示在明细表中。明细表能够通过应用程序菜单中的“导出”命令将数据导出成 txt 文本，导出的文本可以直接复制粘贴到 Excel 表格中使用。用户也可以将制作好的明细表格式保存下来，供下一个项目直接使用。

本项实训的目标是学会材料提取明细表的使用方法，学会导出明细表，保存明细表供下一个项目直接使用。

3.8.2 实训操作步骤

（1）材料的数量是项目施工采购或概预算的重要依据，Revit 提供的“材质提取”明细表工具，用于统计项目中各类对象材质，生成材质统计明细表。“材质提取”明细表使用方式类似于“明细表/数量”。下面使用“材质提取”统计小别墅项目中的墙材质。

（2）单击“视图”选项卡-“创建”面板-“明细表”下拉列表-“材质提取”工具，弹出“新建材质提取”对话框，如图 3-8-1 所示。在过滤器列表中仅勾选“建筑”，在“类别”列表中选择“墙”类别，单击“确定”按钮，打开“材质提取属性”对话框。

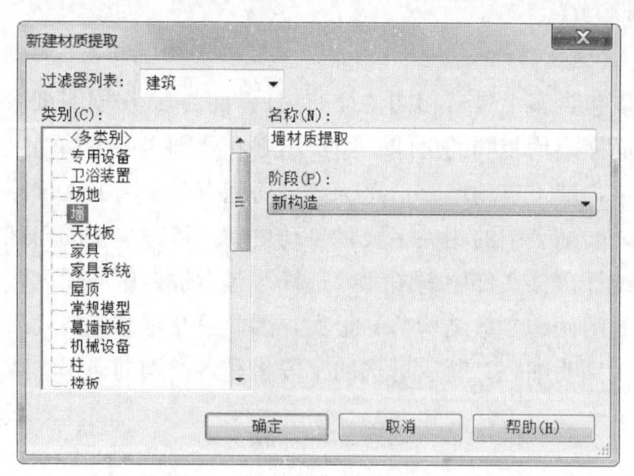

图 3-8-1 “新建材质提取”对话框

（3）依次添加“材质：名称”和“材质：体积”至明细表字段列表中，然后切换至“排序/成组”选项卡，设置排序方式为“材质：名称”，不勾选“逐项列举每个实例”选项，如图 3-8-2 所示。单击“确定”按钮，完成明细表属性设置，生成“墙材质提取”明细表，如图 3-8-3 所示。

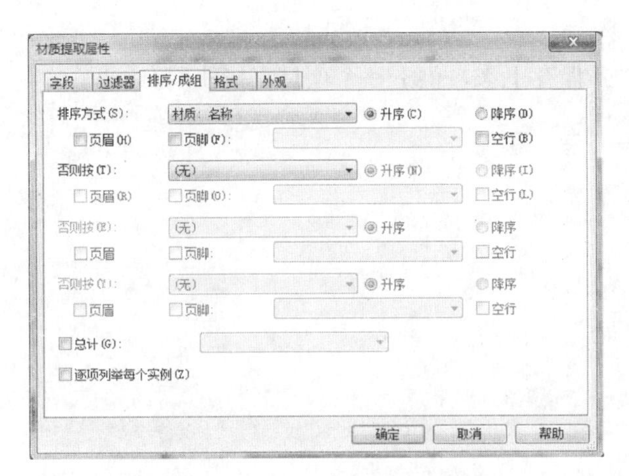

图 3-8-2 “排序/成组”选项卡

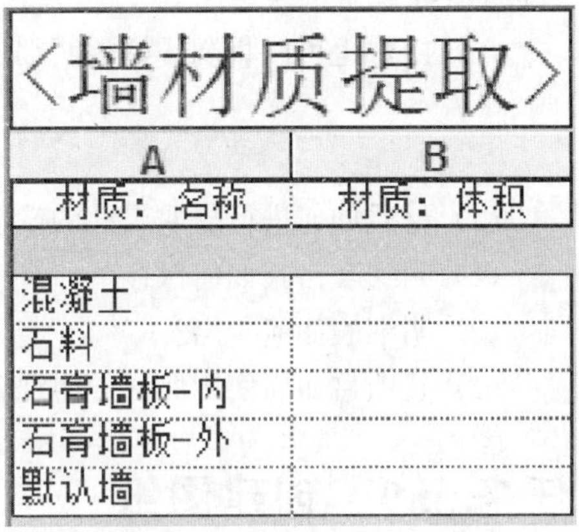

<墙材质提取>

A	B
材质：名称	材质：体积
混凝土	
石料	
石膏墙板-内	
石膏墙板-外	
默认墙	

图 3-8-3 “墙材质提取”明细表

（4）此时的“材质：体积”框单元格内容为 0，需要对“材质：体积”字段进行编辑。打开“材质提取属性”对话框-单击“格式”选项卡-在“字段”列表中选择“材质：体积”字段，勾选“计算总数”选项，如图 3-8-4 所示。单击“确定”按钮后，返回明细表视图，“材质：体积”一栏中显示各类材质的汇总体积，如图 3-8-5 所示。

图 3-8-4 “格式”选项卡

（5）单击“应用程序菜单”-“导出”-“报告”-“明细表”选项，可以将所有类型的明细表导成文本文件，支持 Microsoft Excel、记事本等电子表格应用软件，作为通用的数据源。

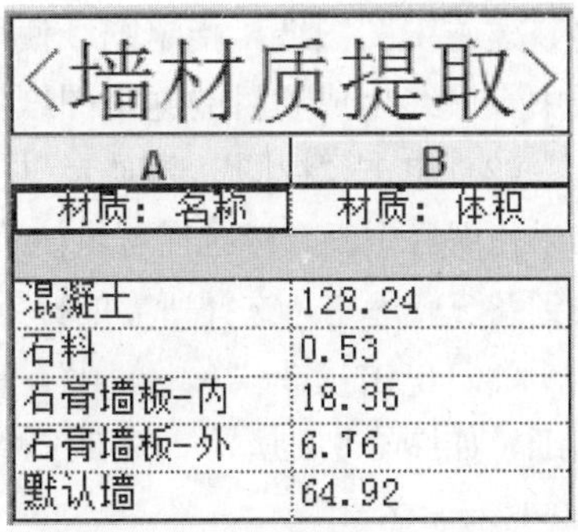

<墙材质提取>

A	B
材质：名称	材质：体积
混凝土	128.24
石料	0.53
石膏墙板-内	18.35
石膏墙板-外	6.76
默认墙	64.92

图 3-8-5 “墙材质提取”明细表

3.8.3　实训注意事项

（1）明细表能够通过应用程序菜单中的“导出”命令将数据导出成 txt 文本，此文本可以直接复制粘贴到 Excel 表格中使用。

（2）用户也可以将制作好的明细表格式保存下来，供下一个项目直接使用。

思 考 题

（1）材质如何进行提取属性的设置？

（2）明细表格式如何保存？

（3）明细表如何导出？

（4）新项目如何使用保存的明细表？

任务 3.9 创建图纸

3.9.1 实训任务说明

在 Revit 软件中，模型是唯一的，因此对模型的修改将影响各个视图。但在每个视图中，模型的显示方式又有很大的调整空间，可以显示/隐藏不同类别的图元，设置视图的比例、精度、显示方式和图元样式等内容，使其满足不同图纸和展示的需要。图纸布置是设计过程中的最后一个阶段。其工作内容是将比例不同的图纸放置到图框内填写必要的信息，为施工图出图做准备。

在 Revit 中，可以快速将不同的视图和明细表放置在同一张图纸中，从而形成施工图，除此之外，Revit 形成的施工图能够导出为 CAD 格式文件，与其他软件实现信息交换。

本项实训的目标是学会在 Revit 项目内创建施工图图纸，能进行图纸修订以及版本控制，能布置视图及视图设置，能将 Revit 视图导出为 DWG 文件，并能在导出 CAD 时进行图层设置等。

3.9.2 实训操作步骤

（1）在完成模型的创建后，如何才能将所有的模型利用，打印出所需的图纸？此时需要新建施工图图纸，指定图纸使用的标题栏族，以及将所需的视图布置在相应标题栏的图纸中，最终生成项目的施工图纸。

（2）单击“视图”选项卡-“图纸组合”面板-“图纸”工具，弹出“新建图纸”对话框。如果此项目中没有标题栏可供使用，单击“载入”按钮，在弹出的“载入族”对话框中，查找到系统族库中，选择所需的标题栏，单击“打开”载入到项目中，如图 3-9-1 所示。

（3）单击选择“A1 公制”，单击“确定”按钮，此时绘图区域打开一张新创建的 A1 图纸，如图 3-9-2 所示，完成图纸创建后，在项目浏览器“图纸”项下自动添加了图纸“J0-1-未命名”。

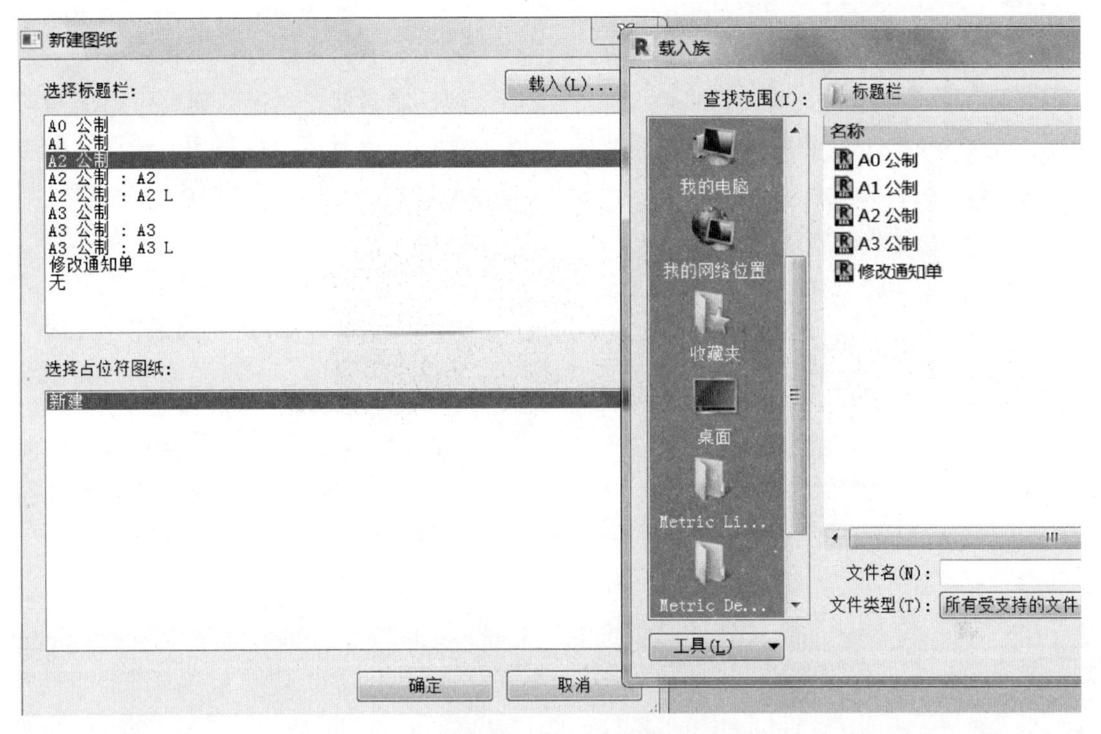

图 3-9-1　新建图纸

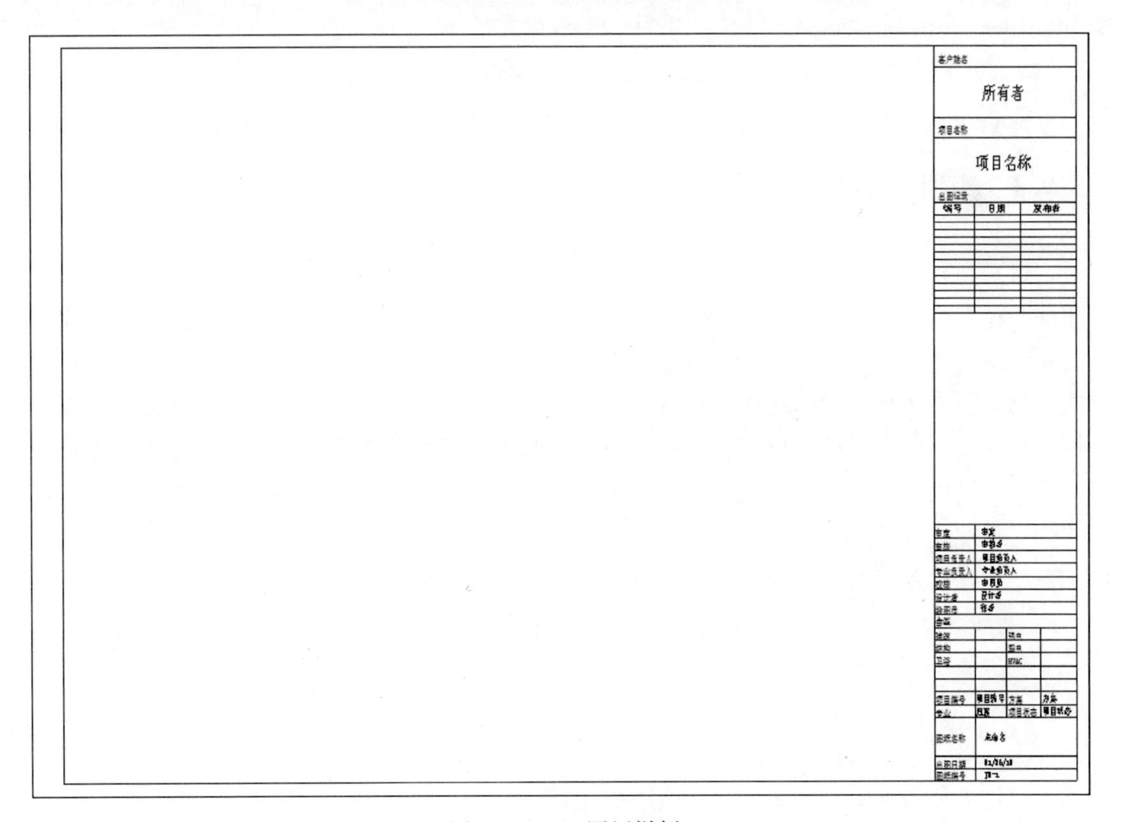

图 3-9-2　A1 图纸样例

图 3-9-3 “视图”对话框

（4）单击“视图”选项卡-“图纸组合”面板-“视图”工具，弹出“视图”对话框，在视图列表中列出当前项目中所有可用的视图，选择“楼层平面 F1”，单击“在图纸中添加视图”按钮，如图 3-9-3 所示。确认选项栏“在图纸上旋转”选项为“无”，当显示视图范围完全位于标题范围内时，放置该视图。

（5）在图纸中放置的视图称为“视口”，Revit 自动在视图底部添加视口标题，默认将以该视图的视图名称来命名该视口，如图 3-9-4 所示。

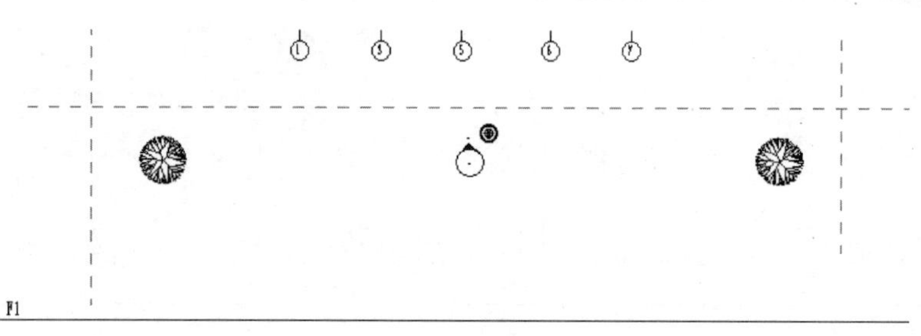

图 3-9-4 “视口”

3.9.3 实训注意事项

（1）布置图的方式大致分为 3 种。第 1 种方式是在打印图纸时，将事先准备好的标准图框，在 CAD 软件模型空间中按照视图需要的比例进行缩放，直至视图的内容可以完全放置到图框当中；第 2 种方式针对视图表达建筑长度方向较长的情况，通常使用加长图框；第 3 种方式是设计师将图框放置在 CAD 布局空间，然后通过视口的方式进行视图比例缩放，最终确定图纸的比例。目前国内设计师常用后两种布置图的方式。

（2）可以在未添加图纸的状态下，事先生成导向轴网。这样方便布置图纸时，能够以共同的基准点准确定位。

（3）在放置视图时，在打开的对话框“是否希望重命名相应标高和视图”中单击“否”按钮，将只更改图纸当中的视图名称，而不会关联修改其他内容。

思 考 题

（1）Revit 中布置图的方式有哪几种？

（2）各种布置图的方式各有什么适用特点？

（3）指定导向轴网如何操作？

（4）如何隐藏或删除导向轴网？

（5）请简述视图实例属性设置步骤。

任务 3.10　编辑图纸

3.10.1　实训任务说明

项目专有信息是在项目的所有图纸上都保持相同的数据。项目特定的数据，包括项目发布日期和状态、客户名称以及项目的地址、名称和编号，通过设置项目信息，可以将这些参数更新到图框中。

绘制完所有的图纸后，通常都会对图纸进行审核，看是否满足客户或规范的要求，同时也需要追踪这些修订以供将来参考。例如：可能要检查修订历史记录以确定进行修改的时间、原因和执行者。也就是说，修订追踪是在发布图纸之后，记录对建筑模型所作的修改的过程。Revit 提供了相应的工具，可用于追踪修订并将这些修订信息反映在施工图文档中。可以使用云线批注、标记和明细表追踪修订，并可以把这些修订信息发布到图纸上。

本项实训的目标是学会添加项目的专有信息，能够对已经放置好的图纸进行修订、批注等。

3.10.2　实训操作步骤

（1）新建了图纸后，图纸上的标签、图号、图名等信息，以及图纸的样式，均需要人工修改，施工图纸需要二次修订等，所以面对这些情况，均需要对图纸进行编辑。但对于一家企业而言，可事先订制好本单位的图纸，方便后期快速添加使用，提高工作效率。

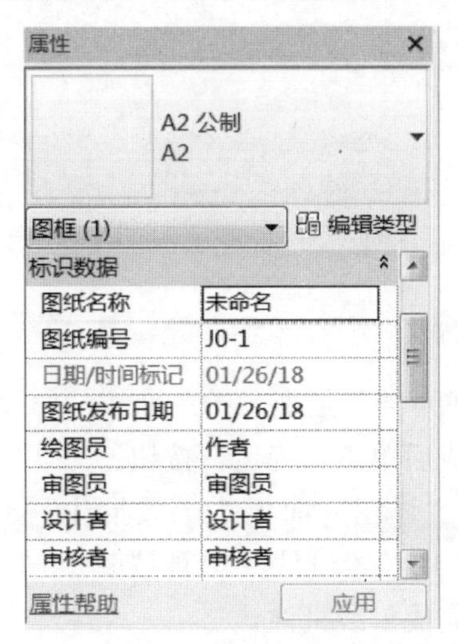

图 3-10-1　图纸“属性”框

（2）在添加完图纸后，如果发现图纸尺寸不合要求，可通过选择该图纸，在“属性”框的下拉列表中修改成其他标题栏。如 A1 可替换为 A2。

（3）在“属性”框中修改“图纸名称”为“一层平面图”，则图纸中的“图纸名称”一栏中自动添加“一层平面图”，如图 3 10 1 所示。其他的参数，如“审核者”“设计者”与“审图员”等，修改了参数后会自动在图纸中修改。

（4）选中放置于图纸中的视图，“属性”框中修改为“视口　有线条的标题”。修改“图纸上的标题”为“一层平面图”，则图纸视图中视口标题名称同时修改为“一层平面图”，如图 3-10-2 所示。

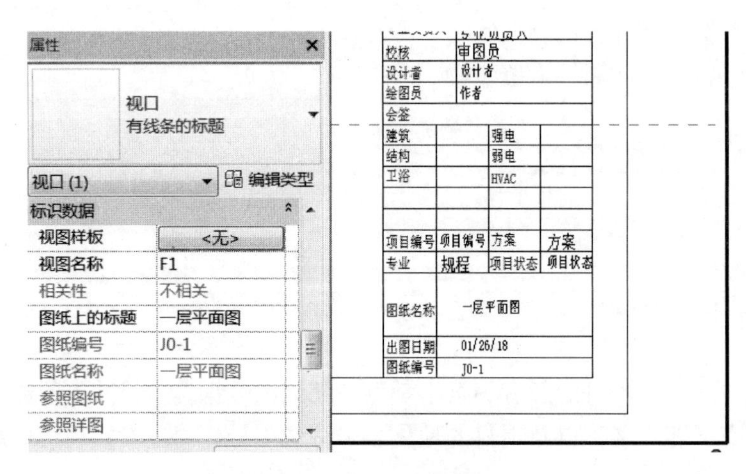

图 3-10-2　图纸标题栏

(5) 在项目设计阶段，难免会出现图纸修订的情况，通过 Revit 可记录和追踪各修订的位置、时间、修订执行者等信息，并将所修订的信息发布到图纸上。

(6) 单击"视图"选项卡-"图纸组合"面板-"修订"工具，在弹出的"图纸发布/修订"对话框中，如图 3-10-3 所示，单击右侧的"添加"按钮，可以添加一个新的修订信息。勾选序号 1 为已发布。

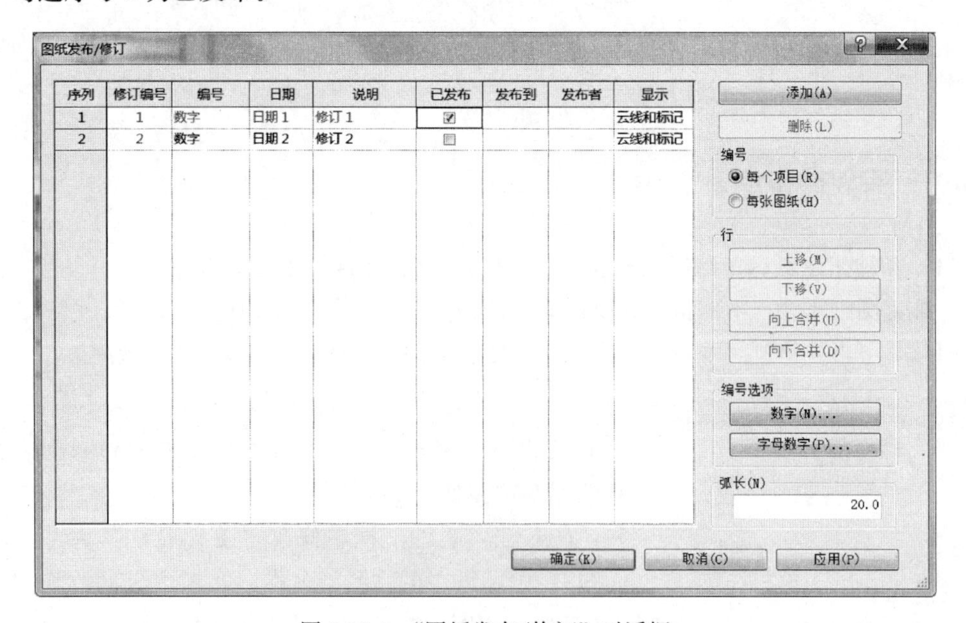

图 3-10-3　"图纸发布/修订"对话框

(7) 编号选择"每个项目"，则在项目中添加的"修订编号"是唯一的。而按"每张图纸"则编号会根据当前图纸上的修订顺序自动编号，完成后单击"确定"按钮。

(8) 打开"F1"楼层平面视图，单击"注释"选项卡-"详图"面板-"云线 批注"工具，切换到"修改|创建云线批注草图"上下文选项卡，使用"绘制线"工具按图 3-10-4 所示绘制云线批注框选问题范围，然后勾选"完成编辑"完成云线批注。

(9) 选中绘制的云线批注，在图 3-10-5 所示的选项栏只能选择"序列 2-修订 2"，因

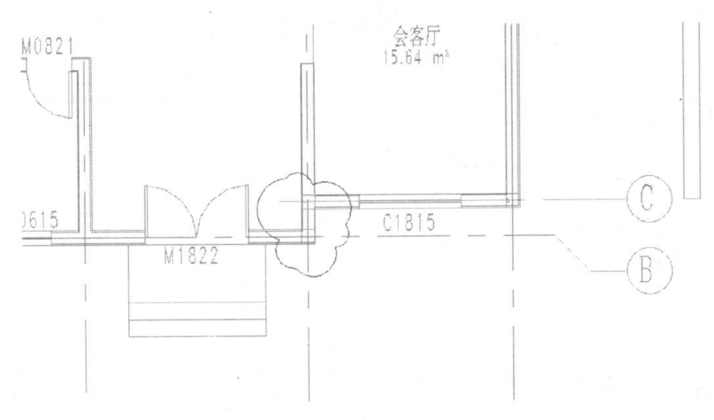

图 3-10-4　云线批注

为“序列 1-修订 1”已勾选已发布，Revit 是不允许用户向已发布的修订中添加或删除云线标注。在“属性”框中，可以查看到“修订编号”为 2。

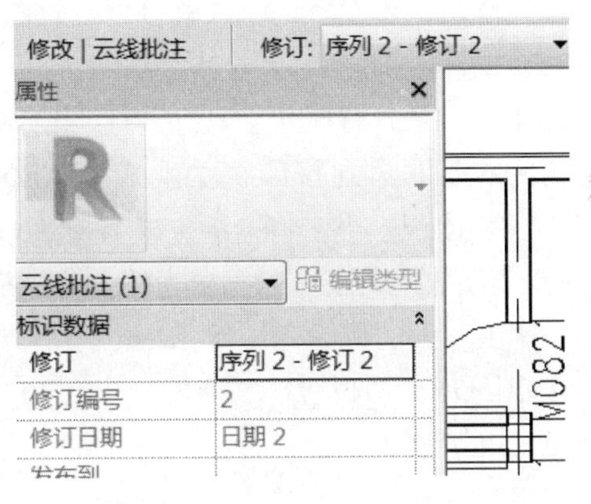

图 3-10-5　选择“序列 2-修订 2”

（10）在“项目浏览器”中打开图纸“J0-1-未命名”，则在一层平面图中绘制的云线标注同样添加在“J0-1-未命名”上。

（11）打开“图纸发布/修订”对话框，通过调整“显示”属性可以指定各阶段修订是否显示云线或者标记等修订痕迹。在“显示”属性中选择“云线和标记”，则绘制了云线后，会在平面图中显示。

3.10.3　实训注意事项

（1）在绘图区域选择标题栏，在类型选择器中也会出现“自定义标题栏 A0”“自定义标题栏 A1”“自定义标题栏 A1/2”“自定义标题栏 A1/4”，可随时在类型选择器中切换图纸大小。

（2）每张图纸可布置多个视图，但每个视图仅可以放置到同一张图纸上。要在项目的多个图纸中添加特定视图，需要在项目浏览器中该视图名称上点右键，“复制视图”-“复制”，创建视图副本，方可将视图副本布置于不同图纸上。

（3）激活视图后，不仅可以重新设置视图比例，且当前视图可以和项目浏览器中“楼层平面”下面的“F1”视图一样进行绘制的操作和修改。修改完成后在视图中点右键，点击“取消激活视图”即可。

思　考　题

（1）项目如何进行专有信息的创建？

（2）项目专有信息属性的设置须注意哪些事项？

（3）“图纸发布/修订”对话框如何设置？

（4）“修订编号”是唯一的吗？

（5）云线标注是否可以进行添加或删除？

任务 3.11 导出与打印图纸

3.11.1 实训任务说明

完成图纸布置后，一般就可以进行图纸打印，或导出 CAD 或其他文件格式，以便各方交换设计成果。

Revit 中的“打印”工具可打印当前窗口的可见部分或所选的视图和图纸，也可以将所需的图形发送到打印机，生成为 PRN 文件、PLT 文件或 PDF 文件。一般情况下，PDF 文件体积较小，将图纸生成为 PDF 文件便于存储与传送。为便于在其他软件中应用 Revit 模型成果，也可以导出为符合建筑规范和标准的 CAD 文件。

本项实训的目标是了解 Revit 打印与导出操作步骤，理解相关注意事项，学会导出 CAD 图纸的参数设置，并能够导出 DWG 格式的文件，同时能够将 Revit 中的图纸导出为 PDF、PLT 文件。

3.11.2 实训操作步骤

（1）图纸布置完成后，目的是用于出图打印，可直接打印图纸视图，或将制定的视图或图纸导出成 CAD 格式，用于成果交换。

（2）单击“应用程序菜单”按钮，在列表中选择“打印”选项，打开“打印”对话框，如图 3-11-1 所示。在“打印机”列表中选择所需的打印机名称。

（3）在“打印范围”栏中可以设置要打印的视口或图纸，如果希望一次性打印多个视图和图纸，选择“所选视图/图纸”选项，单击下方的“选择”按钮，在弹出的“视图/图纸集”中，勾选所需打印的图纸或视图即可，如图 3-11-2 所示。单击“确定”，回到“打印”对话框。

（4）在“选项”栏中进行打印设置后，即可单击“确定”开始打印。

（5）Revit 中所有的平、立、剖面图、三维图和图纸视图等都可导出成 DWG、DXF/DNG 等 CAD 格式图形，方便为使用 CAD 等工具的人员提供数据。虽然 Revit 不支持图层的概念，但可以设置各构件对象导出 DWG 时对应的图层，如图层、线型、颜色等均可自行设置。

（6）单击“应用程序菜单”按钮，在列表中选择“导出”-“CAD”格式-“DWG”。弹出“DWG 导出”对话框，如图 3-11-3 所示。

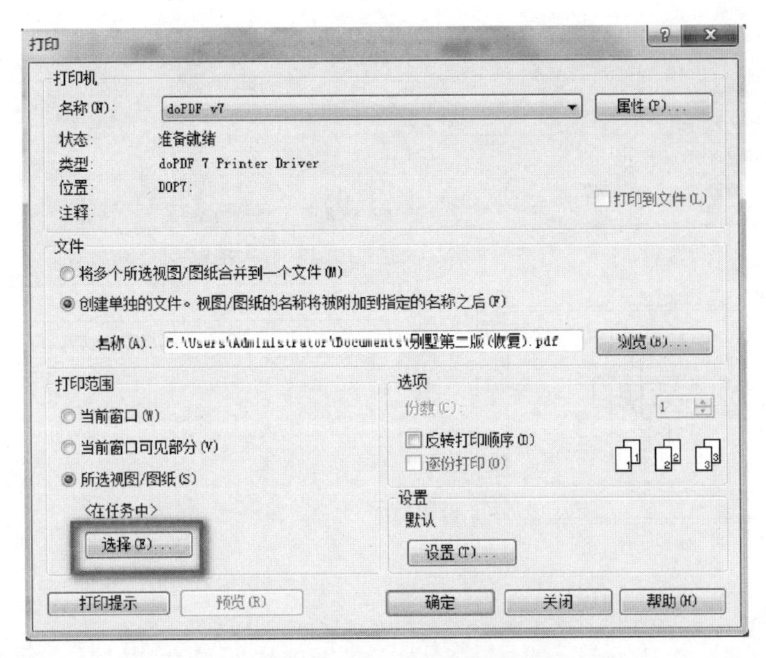

图 3-11-1 “打印”对话框

图 3-11-2 “视图/图纸集”对话框

（7）在“选出导出设置”栏中，单击“…”按钮，弹出“修改 DWG/DXF 导出设置”对话框，如图 3-11-4 所示。在该对话框中可对导出 CAD 时需设置的图层、线型、填充图案、颜色、字体、CAD 版本等进行设置。在“层”选项卡中，可指定各类对象类别以及其子类别的投影、截面图形在 CAD 中显示的图层、颜色 ID。可在“根据标准加载图层”下拉列表中加载图层映射标准文件。Revit 提供了“美国建筑师学会标准（AIA）”“ISO 标准 13567（ISO 13567）”“新加坡标准 83（CP83）”“英国标准 1192（BS 1192）”4 种国际图层映射标准。

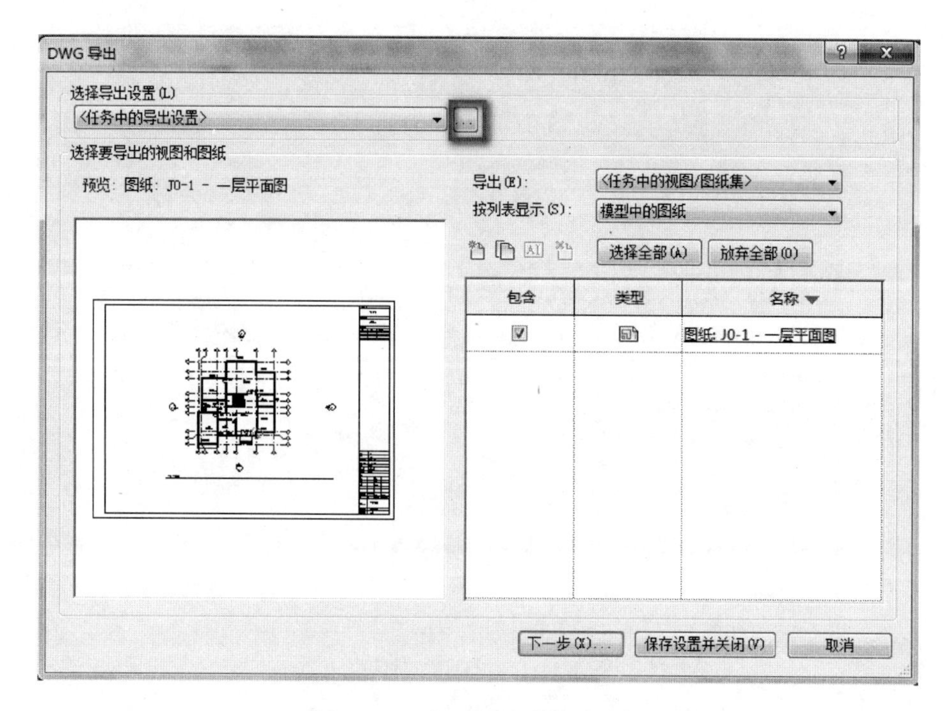

图 3-11-3 “DWG 导出”对话框

图 3-11-4 “修改 DWG/DXF 导出设置”对话框

(8) 设置完除“层”以外的其他选项卡后，单击“确定”完成设置回到“DWG 导出”对话框。单击“下一步”转到“导出 CAD 格式—保存到目标文件夹”中，如图 3-11-5所示。指定文件保存位置、文件格式和命名，单击“确定”按钮，即可将所选择的图纸导出成 DWG 数据格式。如果希望导出的文件采用 AutoCAD 外部参照模式，勾选“将图纸上的视图和连接作为外部参照导出”，此处不勾选。

图 3-11-5　导出位置

（9）外部参照模式，除了将每个图纸视图导出为独立的与图纸视图同名的 DWG 文件外，还可单独导出与图纸视图相关的视口为 DWG 文件，并以外部参照文件的方式链接至图纸视图同名的 DWG 文件中。要打开 DWG 文件，则需打开与图纸视图同名的 DWG 文件即可。（提示：导出 CAD 的过程中，除了 DWG 格式文件，同步会生成与视图同名的 pcp 文件，如图 3-11-6 所示。用于记录 DWG 图纸的状态和图层转换情况，可用记事本打开该文件。）

别墅-图纸-J0-1-一层平面图 - 副本.pcp	2018/1/24 星期...	PCP 文件	103 KB
别墅-图纸-J0-1-一层平面图.dwg	2018/1/24 星期...	AutoCAD 图形	103 KB

图 3-11-6　导出的文件

（10）除导出为 CAD 格式外，还可以将视图和模型分别导出为 2D 和 3D 的 DWF（Drawing Web Format）文件格式。DWF 是由 Autodesk 开发的一种开放、安全的文件格式，可以将丰富的设计数据高效地分给需要查看、评审或打印这些数据的任何人，相对较为安全、高效。其另外一个优点是，DWF 文件高度压缩，文件小，传递方便，不需安装 AutoCAD 或 Revit 软件，只需安装免费的 Design Review 即可查看 2D 或 3D 的 DWF 文件。

3.11.3　实训注意事项

（1）目前 Revit 没有提供直接创建 PDF 文件的工具，需要用户自行安装第三方 PDF 虚拟打印机。

(2) 建筑设计过程中，需要多个专业互相配合完成。所以当建筑专业使用 Revit 完成设计时，将要求其他专业同时也使用 Revit，这样才能进行资料传递共享。

(3) 如果需要生成 PLT 文件进行打印，可以选择“打印到文件”选项，然后选择 PLT 文件。之后选择文件保存路径，即可使用 PLT 文件进行打印了。

(4) 除了图层设置以外，Revit 还提供了许多其他选项的设定。如线段、填充图案等。可以根据实际情况，切换到不同选项卡进行设置。

思 考 题

(1) Revit 中如何导出为 PDF 格式文件？

(2) 请简述 DWG/DXF 导出设置步骤。

(3) 导出 CAD 图纸参数设置需要注意哪些事项？

(4) 为什么导出 CAD 文件后的线型图案与 Revit 中显示的不一致？例如，轴网应该为点画线，而导出后变成了直线？

(5) 如何使用 PLT 文件进行打印？

任务 3.12 拓展内容：使用组

3.12.1 实训任务说明

将项目或族中的图元分组，可多次将组放置在项目或族中。需要创建代表重复布局的实体或建筑项目中通用的实体（例如，宾馆房间、公寓或重复楼板）时，对图元分组非常有用。

放置在组中的每个实例之间都存在相关性。例如创建一个具有床、墙和窗的组，然后将该组的多个实例放置在项目中，如果修改一个组中的墙，则该组所有实例中的墙都会随之改变。

Revit 中的组分为两类，一类是模型组，另外一类是详图组。模型组是指将三维模型图元结合创建组，例如，墙体、门窗等图元。而详图组则是将二维图元结合创建组，例如，详图线、填充区域等图元。当所选择的图元为三维模型时，软件将会创建模型组。而如果选择的是二维图元，则将会创建详图组。在创建过程中，系统会自动判断创建哪种组类型，用户无法干预。

本项任务是拓展内容。实训目标是学会创建模型组和详图组，并能够对组进行修改。

3.12.2 实训操作步骤

(1) 在绘制住宅或者酒店的通用房间时，可以使用“组”进行建模。比如：框选图 3-12-1 中的所有图元，接着单击“创建组”按钮。

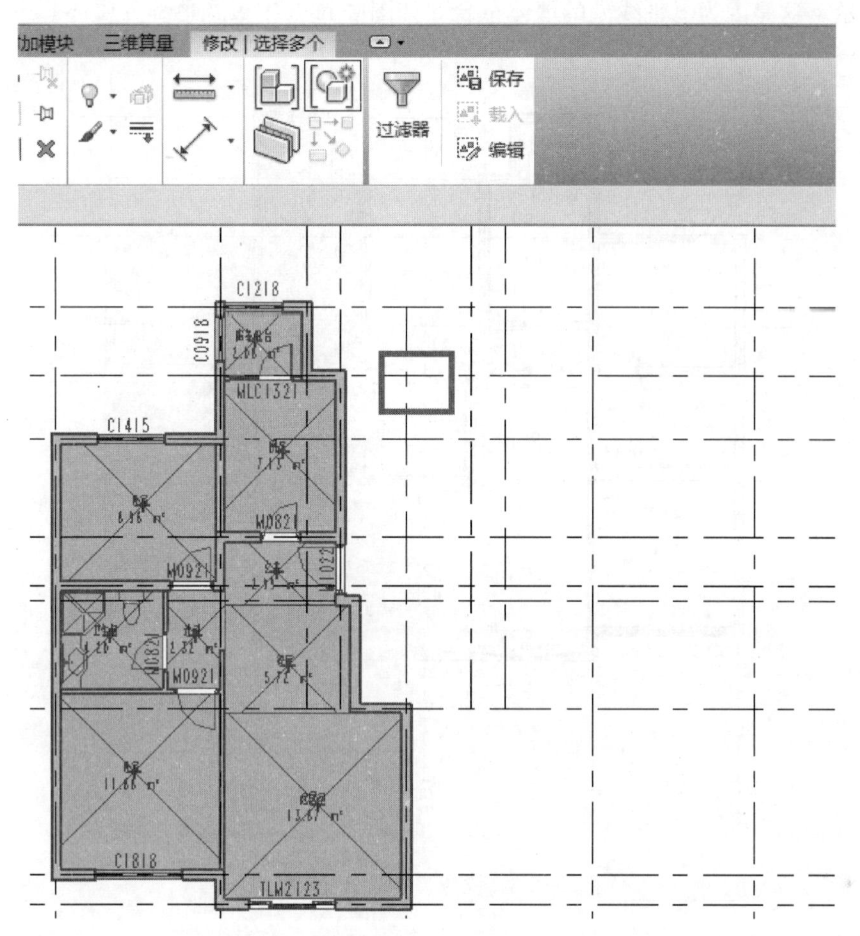

图 3-12-1　框选图元

(2) 在打开的“创建模型组和附着的详图组”对话框中，在“模型组”中输入“名称”为“户型-A”，在“附着的详图组”中输入“名称”为“X-户型-A”然后单击“确定”按钮，如图 3-12-2 所示。

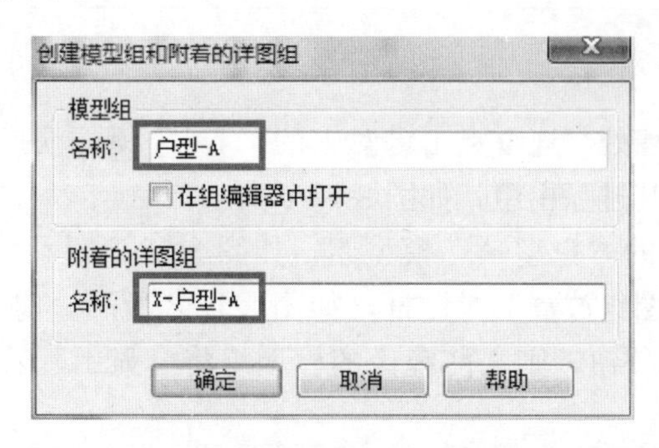

图 3-12-2　“创建模型组和附着的详图组”对话框

(3) 保持模型组的选择状态，单击“修改”选项卡中的“镜像-拾取轴”，然后单击⑤轴线，得到如图 3-12-3 所示的图形，同时软件右下角弹出“警告”对话框，如图

3-12-4所示。这是因为⑤轴线处的墙体重合，如图 3-12-3 中黄颜色部分墙体。

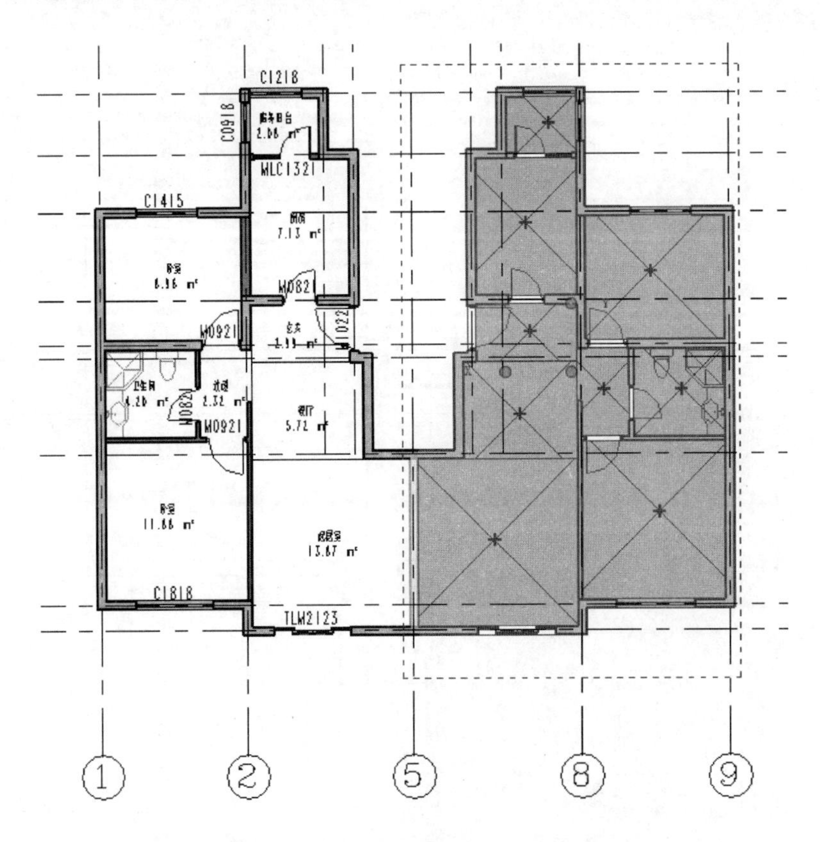

图 3-12-3　镜像“户型-A”模型组

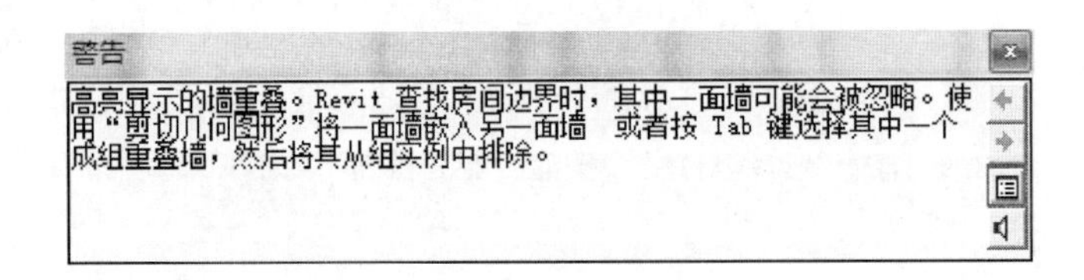

图 3-12-4　“警告”对话框

（4）将鼠标放在该墙处，连续点击键盘上的“Tab”键，切换到该墙体，如图 3-12-5 所示。选择该墙体，将其排除出组，如图 3-12-6 所示。

（5）选中之前镜像的“户型-A”模型组，如图 3-12-7 所示。单击“附着的详图组”按钮，弹出“附着的详图组放置”对话框，如图 3-12-8 所示。勾选“楼层平面：X-户型-A”，然后点击“确定”按钮，则之前镜像的模型组将会显示附着的详图组，如图 3-12-9 所示。

（6）创建的模型组不但可以在本层中使用，也可复制到其他楼层。选择所有的图元，然后在“剪贴板”面板中单击“复制到剪贴板”按钮，如图 3-12-10 所示。

（7）切换到“修改”选项卡，然后在“剪贴板”面板中，单击“粘贴”菜单中的“与选定的标高对齐”按钮，如图 3-12-11 所示。

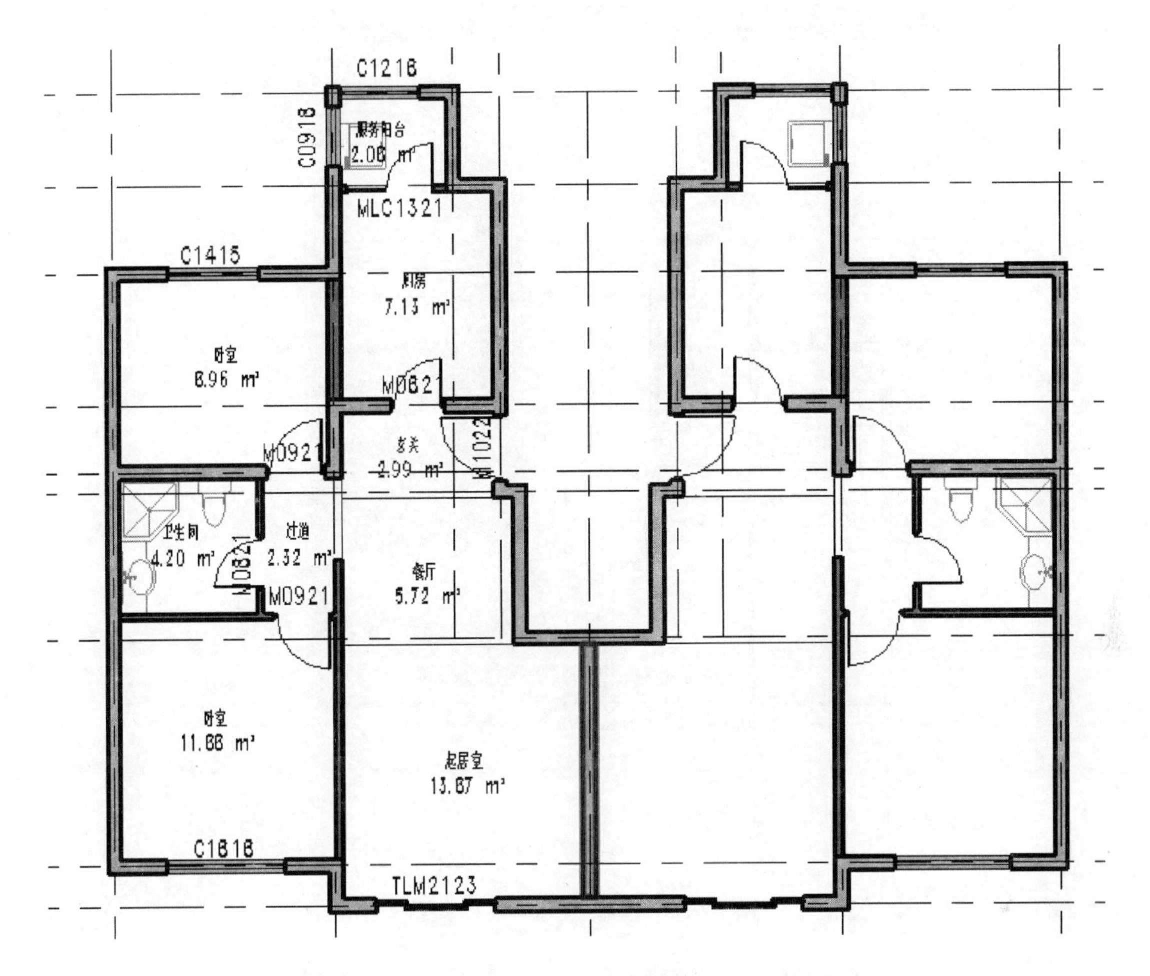

图 3-12-5　重合的墙体

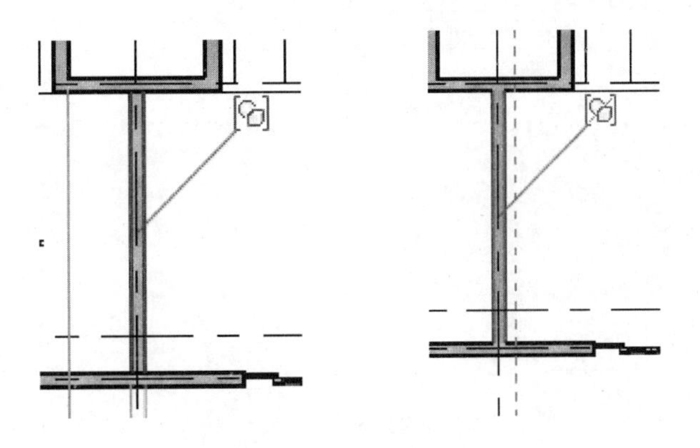

图 3-12-6　排除出组

（8）在打开的“选择标高”对话框，选择 F2 标高，然后单击“确定”按钮，如图 3-12-12 所示。如果需要将图元同时复制到多个标高，可以按 Ctrl 键加选多个标高。复制完成后，最终效果如图 3-12-13 所示。

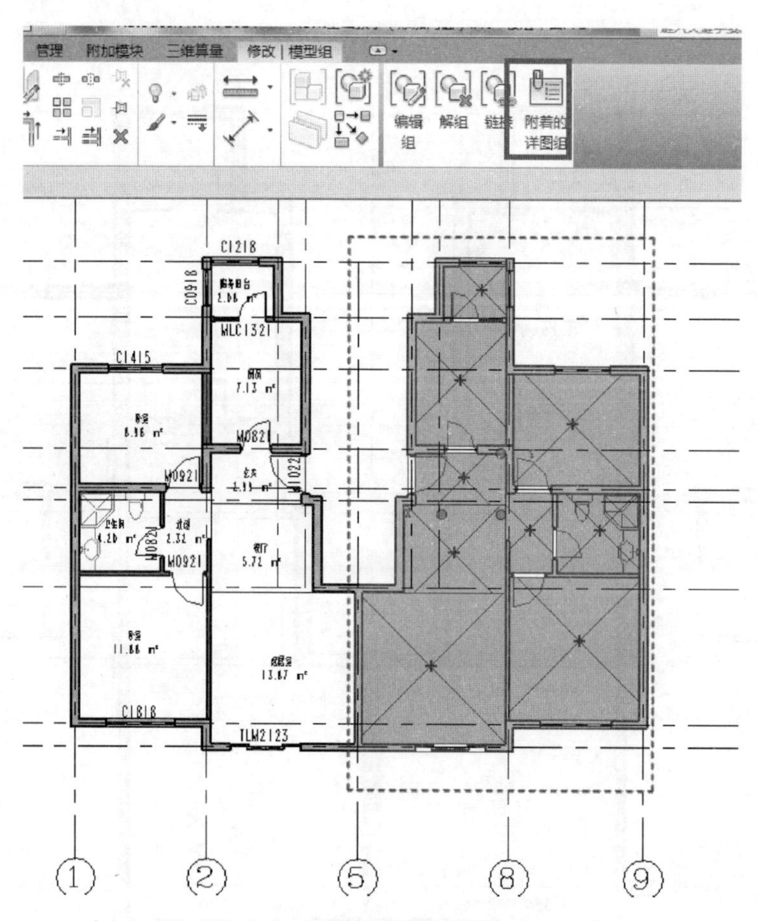

图 3-12-7　选择“户型-A”模型组

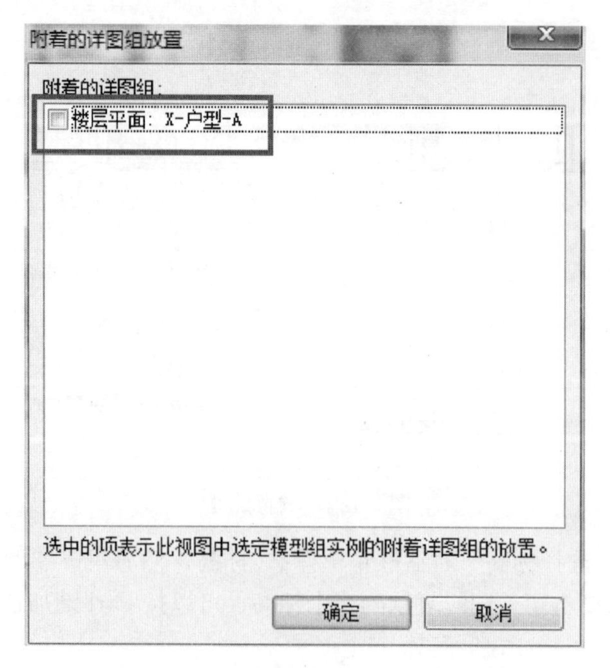

图 3-12-8　“附着的详图组放置”对话框

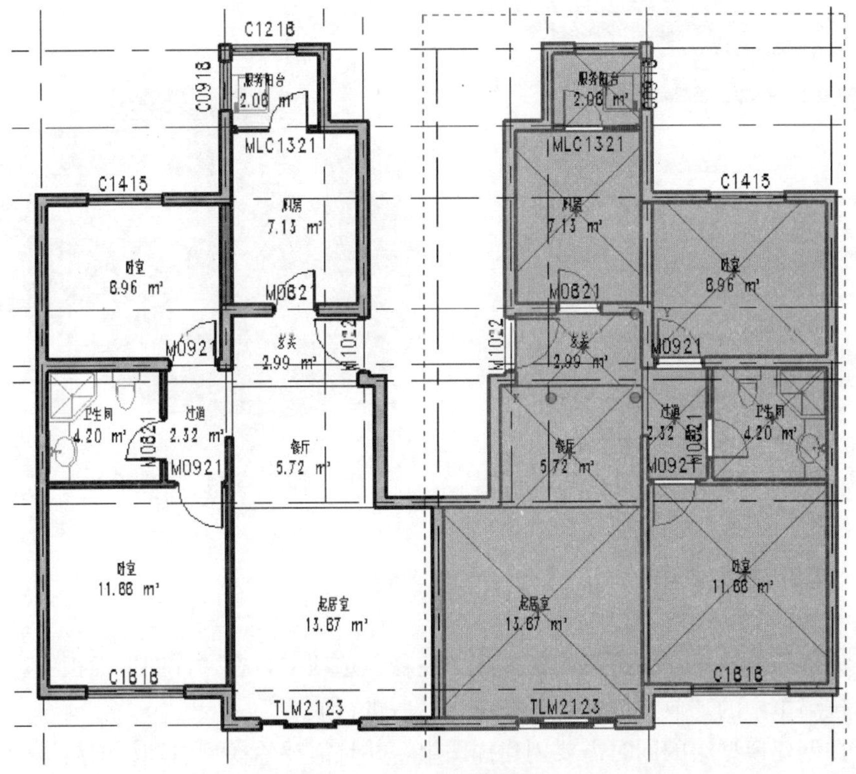

图 3-12-9　显示详图组

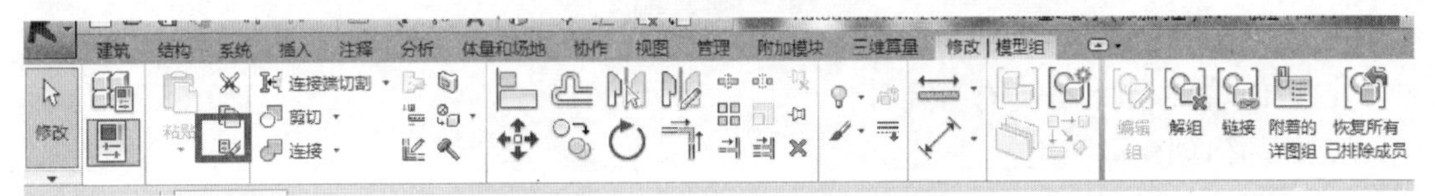

图 3-12-10　“复制到剪贴板”按钮

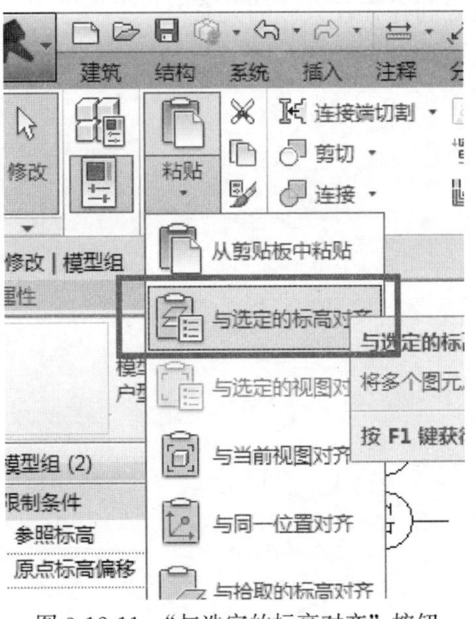

图 3-12-11　“与选定的标高对齐”按钮

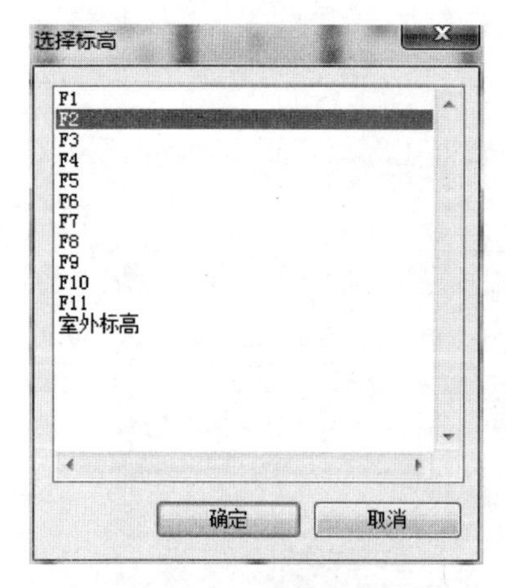

图 3-12-12　“选择标高”对话框

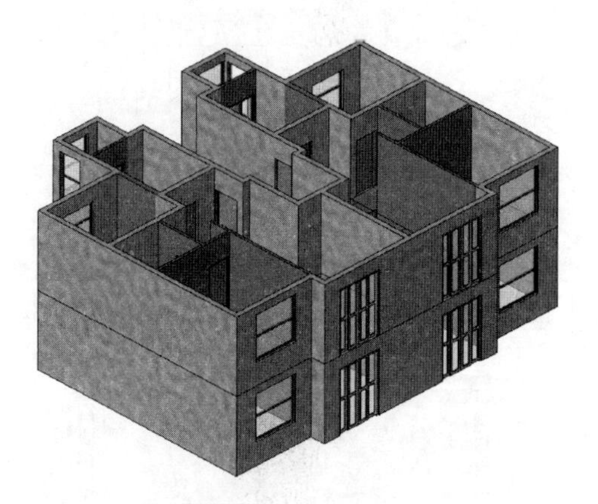

图 3-12-13　三维视图

3.12.3　实训注意事项

（1）如果需要放置详图组，则切换到“注释”选项卡，在“详图”面板中，单击“详图组”下拉菜单中的“放置详图组”按钮，然后进行放置。

（2）在创建模型组的同时需要创建详图组，并且需要给模型组和详图组进行命名。

思　考　题

（1）Revit 中组的分类有哪几种？

（2）如何创建详图组？

（3）附着的详图组如何创建？

（4）详图组与模型组之间存在什么样的关系？

（5）如何将模型组复制到多个标高？

单元 4　公寓建筑建模综合实训

某高校 6 层学生公寓，砌体混合结构，建筑施工图设计说明及部分建筑施工图见附录 2。其他建模条件由学生自定。

本单元实训的成果要求如下：

（1）根据附录 2 给出的建筑施工图构建房屋模型，建立的项目文件以“公寓＋学号”为文件名保存。

（2）按照平面、立面、剖面图纸建立房屋模型，设置门窗、楼梯、阳台、台阶、场地环境。

（3）对房屋的三维模型进行渲染和漫游，渲染结果以“公寓渲染＋学号 .JPG”为文件名保存，漫游路径为环绕小别墅一周，视频输出以“公寓漫游＋学号”为文件名保存。

（4）分别创建门和窗的明细表以及墙材料统计表，门明细表包含类型、宽度、高度以及合计字段；窗明细表包含类型、底高度（900mm）、宽度、高度以及合计字段。明细表按照类型进行成组和统计。

（5）布置一层、标准层平面图、东西南北立面图的图纸，并导出为 CAD 格式。导出文件保存在以“公寓文件＋学号”命名的文件夹内。

任务 4.1　标高与轴网

（1）新建项目文件，以“学生公寓＋学号”为文件名。根据附录 2 施工图尺寸建立标高，如图 4-1-1、图 4-1-2 所示。

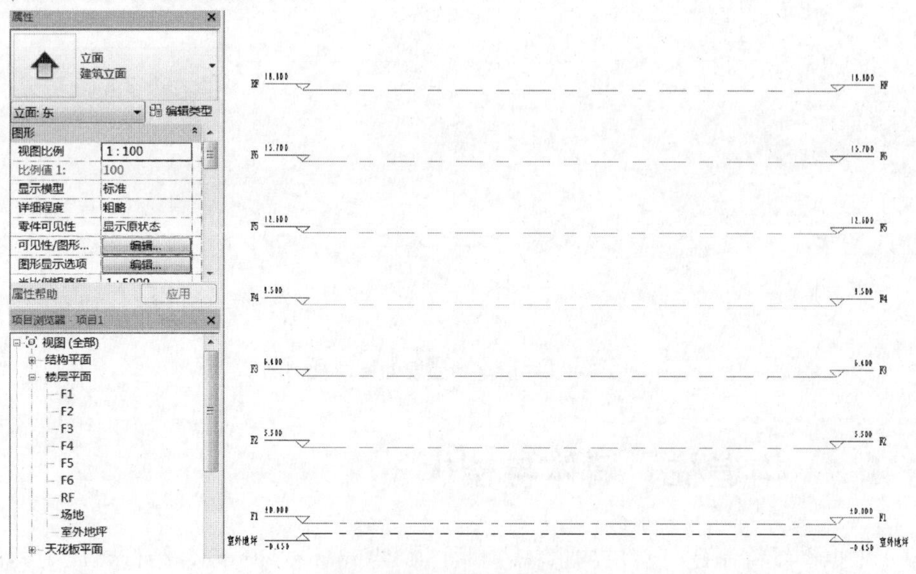

图 4-1-1　东立面标高图

图 4-1-2 北立面标高图

（2）根据附录 2 施工图尺寸建立轴网。本项目一层至屋面层的轴网图均相同，如图 4-1-3 所示。

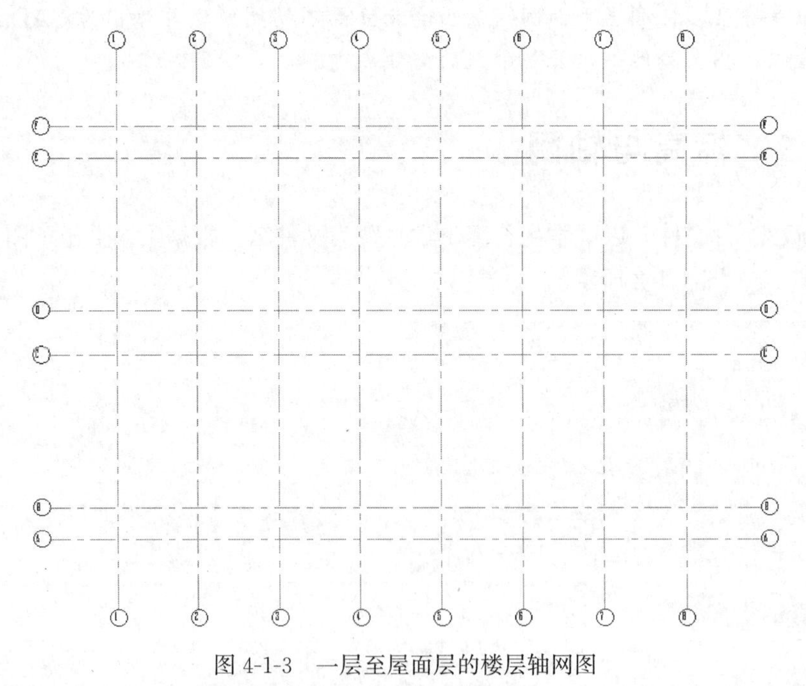

图 4-1-3 一层至屋面层的楼层轴网图

任务 4.2 构造柱、墙体与楼板

（1）根据图纸绘制建筑首层构造柱，尺寸为 240mm×240mm，结构材质为钢筋混凝土，如图 4-2-1 所示。以此为基础绘制其他层构造柱，三维视图如图 4-2-2 所示。

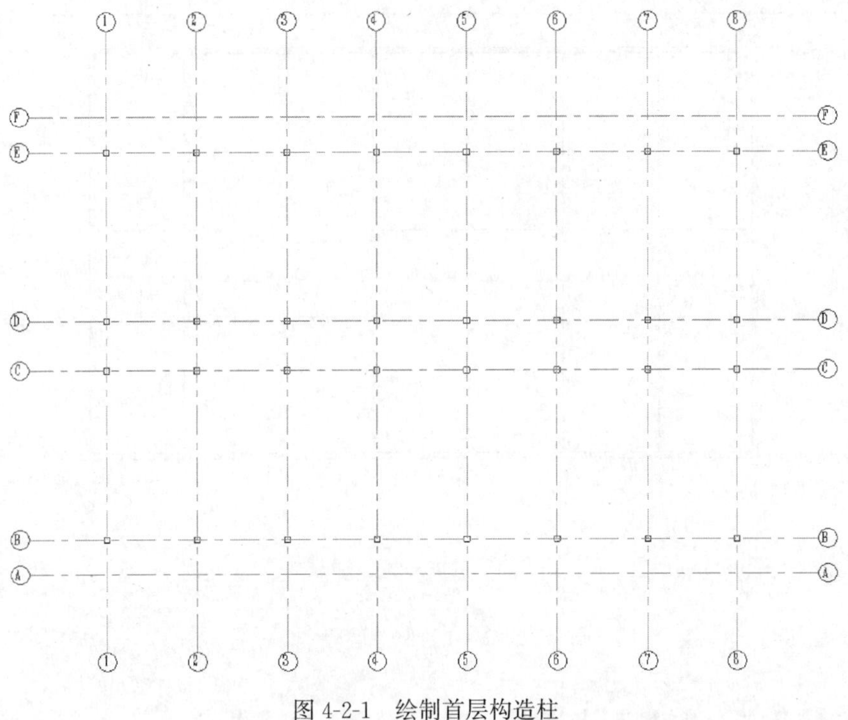

图 4-2-1　绘制首层构造柱

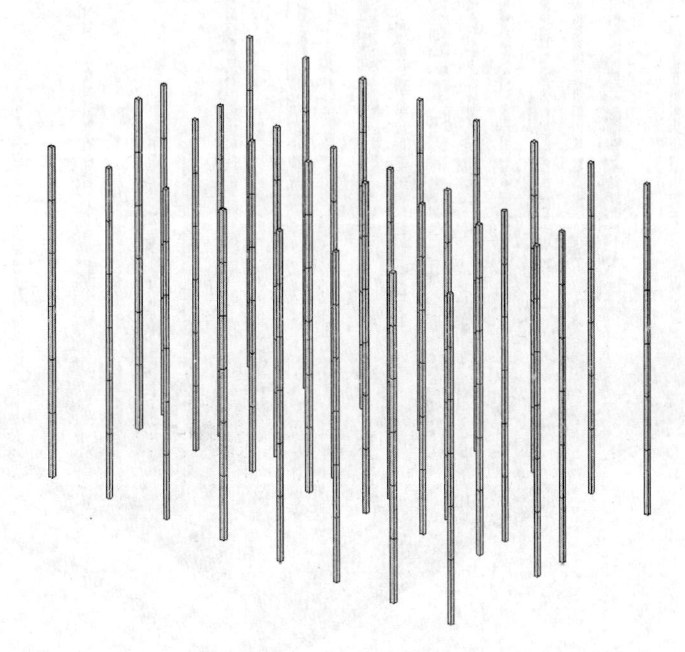

图 4-2-2　构造柱三维视图

（2）根据图纸绘制建筑首层外墙、内墙、分隔墙，如图 4-2-3 所示。墙体的材质自己定义。

（3）根据图纸绘制建筑首层楼板，楼板的材质自己定义，如图 4-2-4 所示。

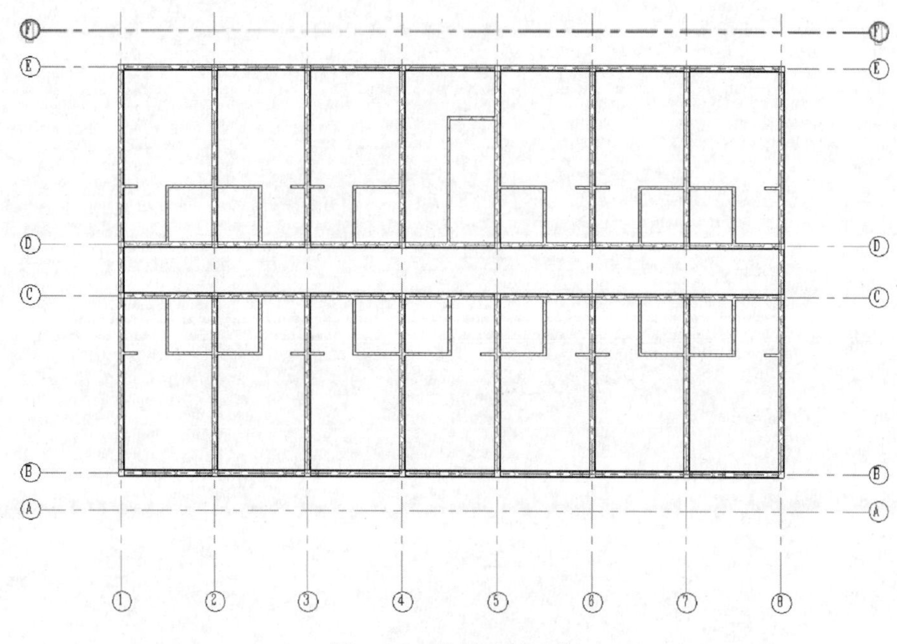

图 4-2-3　绘制首层墙体

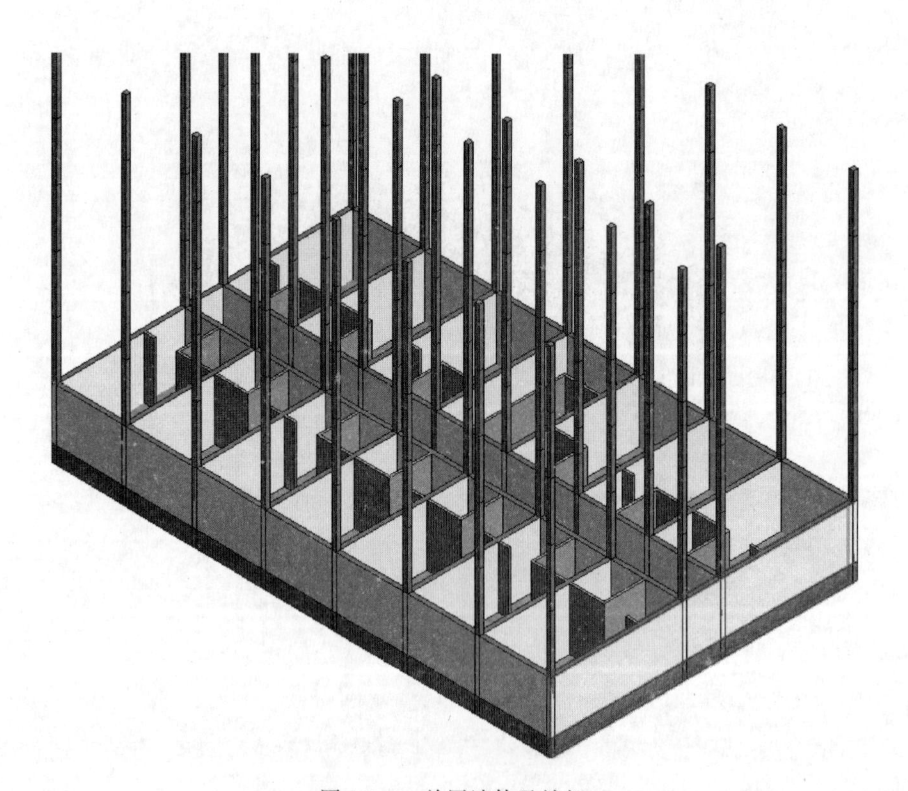

图 4-2-4　首层墙体及楼板

（4）将首层的墙体复制到二层，修改后形成标准层墙体，创建标准层楼板。将标准层墙体及楼板逐层复制到上部楼层，完成所有楼层墙体和楼板的创建，如图 4-2-5 所示。

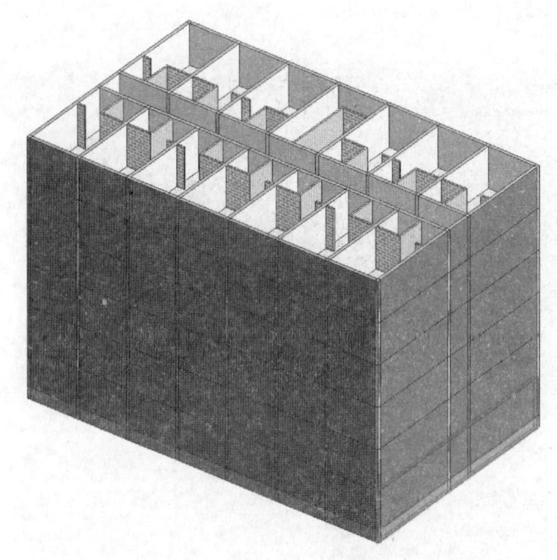

图 4-2-5　首层和标准层墙体及楼板

任务 4.3　屋顶

根据附录 2 图纸完成屋顶的创建，使用迹线屋顶，然后使用拉伸屋顶绘制老虎窗，如图 4-3-1～图 4-3-3 所示。

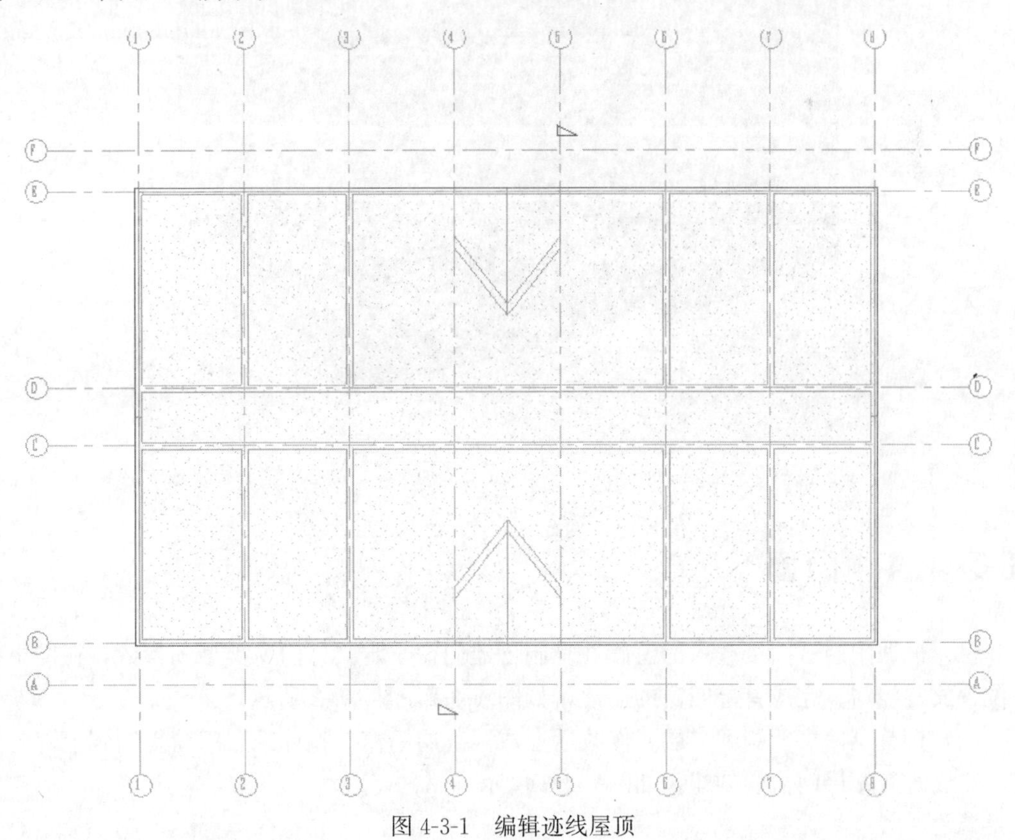

图 4-3-1　编辑迹线屋顶

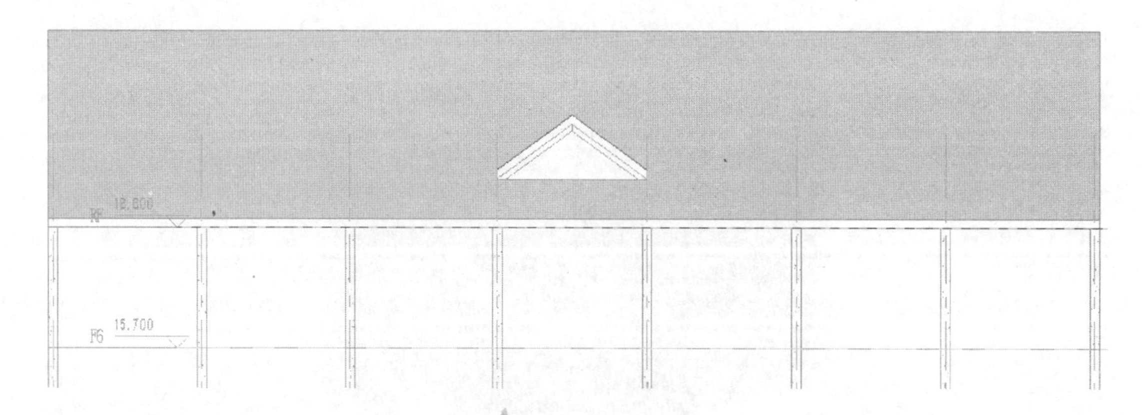

图 4-3-2　编辑拉伸屋顶

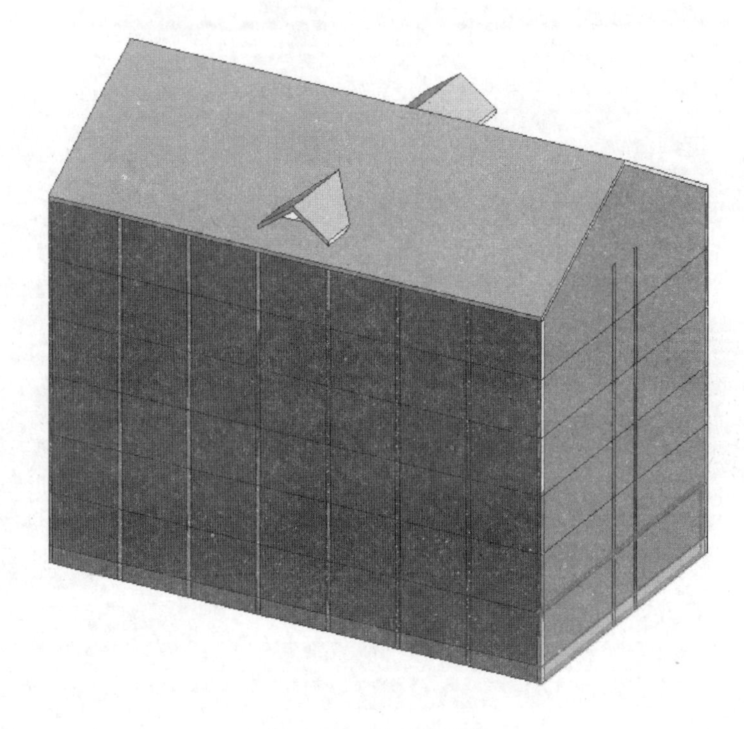

图 4-3-3　屋顶的创建

任务 4.4　门窗

（1）根据附录 2 图纸载入门窗族并复制创建门窗，定义好门窗类型和参数，在图中指定位置放置门窗。完成首层门窗的创建，如图 4-4-1、图 4-4-2 所示。

（2）将首层门窗复制到二层，修改后形成标准层门窗。将标准层门窗复制到上部各楼层，完成所有楼层门窗的创建，如图 4-4-3 所示。

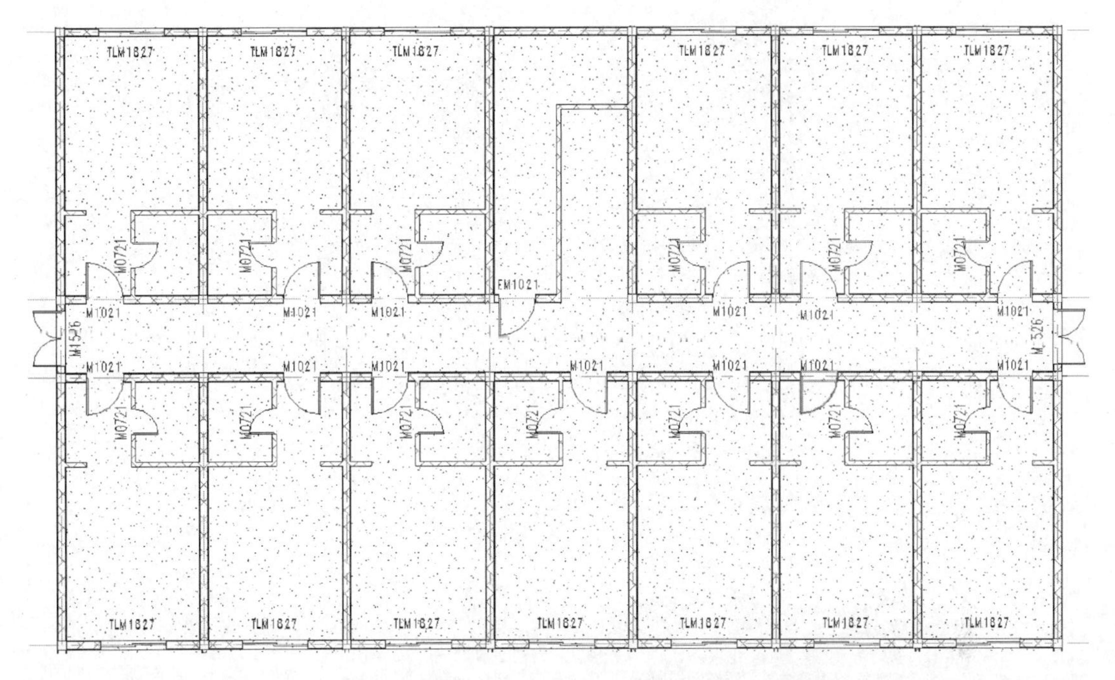

图 4-4-1　首层门窗平面图

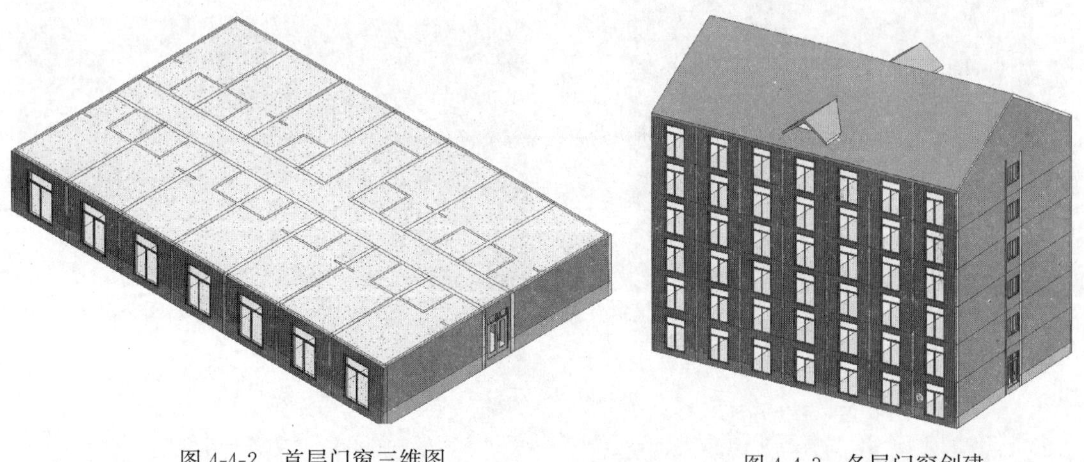

图 4-4-2　首层门窗三维图　　　　图 4-4-3　各层门窗创建

任务 4.5　楼梯、扶手、栏杆和台阶

（1）根据图纸创建首层楼梯和标准层楼梯，先用参照平面定位，然后使用“楼梯（按草图）”方法创建楼梯，删除多余的栏杆扶手，如图 4-5-1、图 4-5-2 所示。

（2）将顶层添加一段扶手栏杆，并利用竖井命令添加楼梯板洞，如图 4-5-3 所示。

（3）根据图纸创建室外台阶。先创建一块室外楼板，然后利用“楼板：楼板边”命令创建室外台阶，如图 4-5-4 所示。

（4）创建阳台。先创建室外楼板，然后添加隔墙和阳台栏杆，南立面如图 4-5-5 所示，北立面如图 4-5-6 所示。

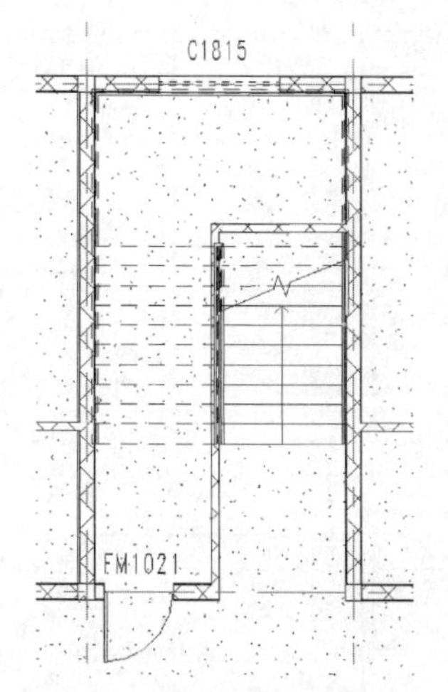

图 4-5-1 首层楼梯平面图

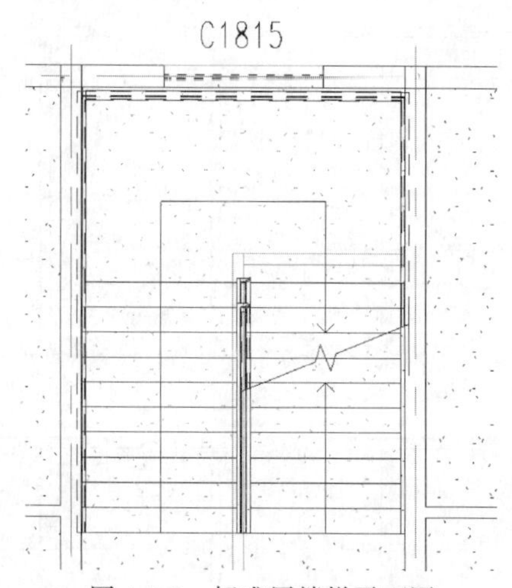

图 4-5-2 标准层楼梯平面图

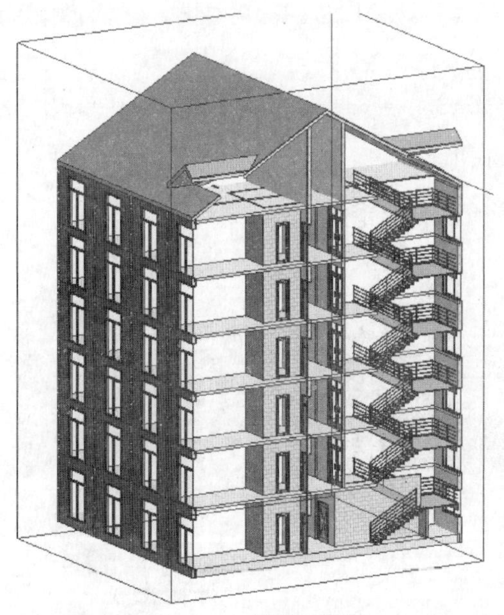

图 4-5-3 楼梯三维图

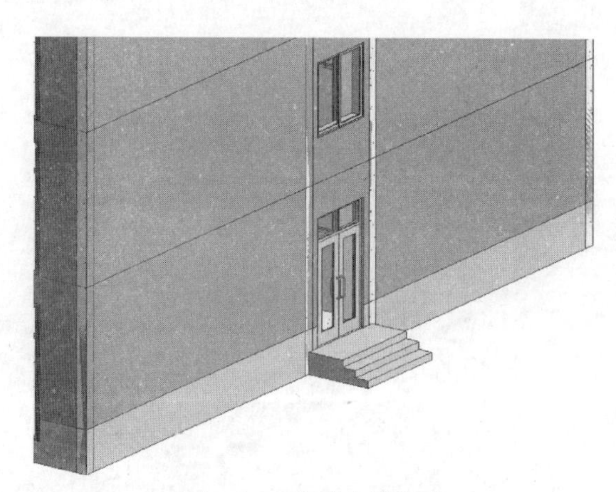

图 4-5-4 室外台阶创建

图 4-5-5 阳台创建

图 4-5-6 三维视图

任务 4.6　场地

本项目实训条件及图纸中没有给出总平面图等建筑场地环境资料，建议可以为建筑添加自己设想的地形表面和室外环境。具体操作步骤为：先建立参照平面，然后用地形表面命令添加相应高程点，并赋予地形表面相应材质。然后利用建筑地坪表面创建室外地坪。最后可载入相应植物及装饰。图 4-6-1 可供参考。

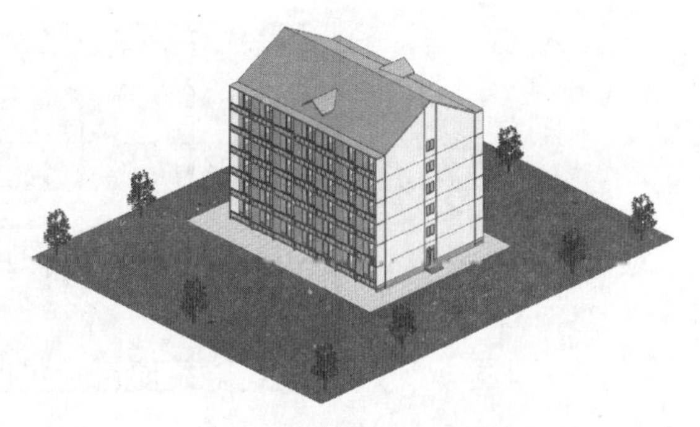

图 4-6-1　场地环境创建

任务 4.7　渲染与漫游

（1）创建相机视图，如图 4-7-1 所示。

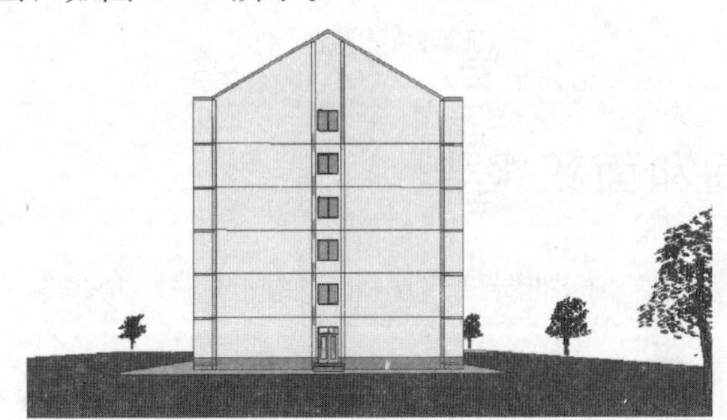

图 4-7-1　相机视图

（2）创建鸟瞰视图，如图 4-7-2 所示。

（3）渲染视图，如图 4-7-3 所示。

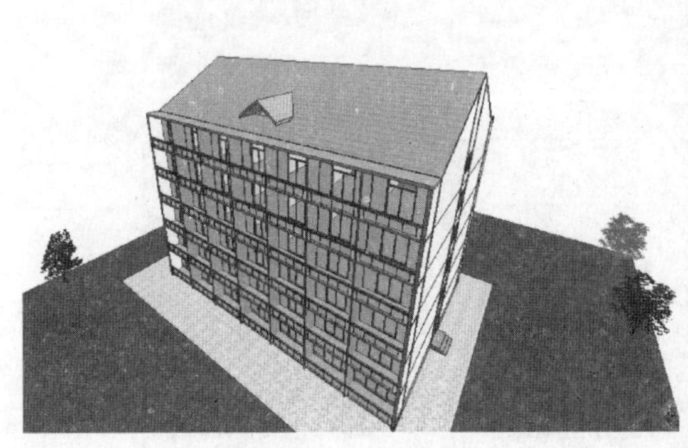

图 4-7-2　鸟瞰视图

图 4-7-3　渲染后的视图

（4）创建漫游。创建环绕建筑一周的漫游并导出视频，漫游路径如图 4-7-4 所示。

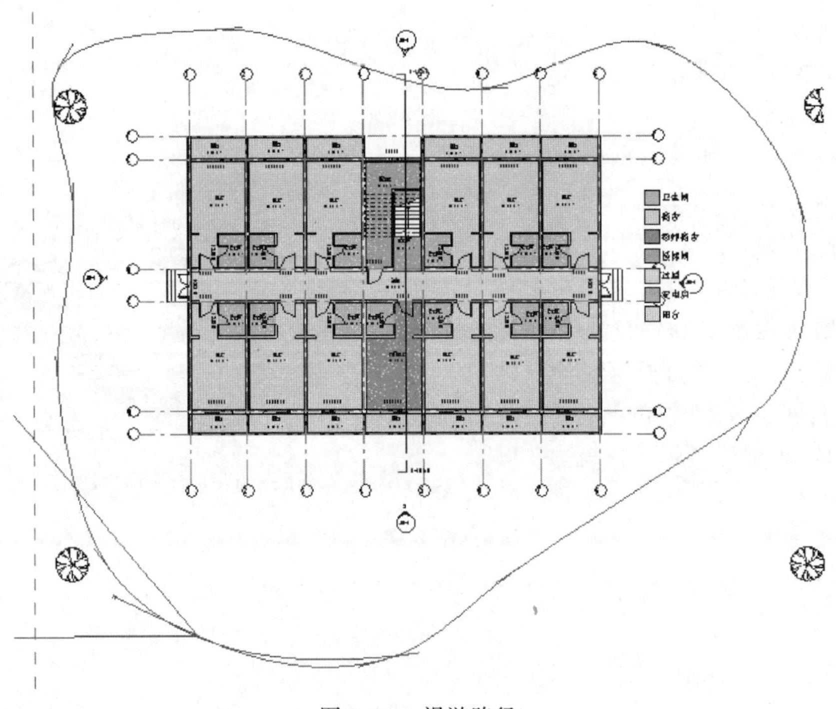

图 4-7-4　漫游路径

任务 4.8　房间和面积报告

（1）创建房间。为一层和标准层创建房间，如图 4-8-1 和图 4-8-2 所示。

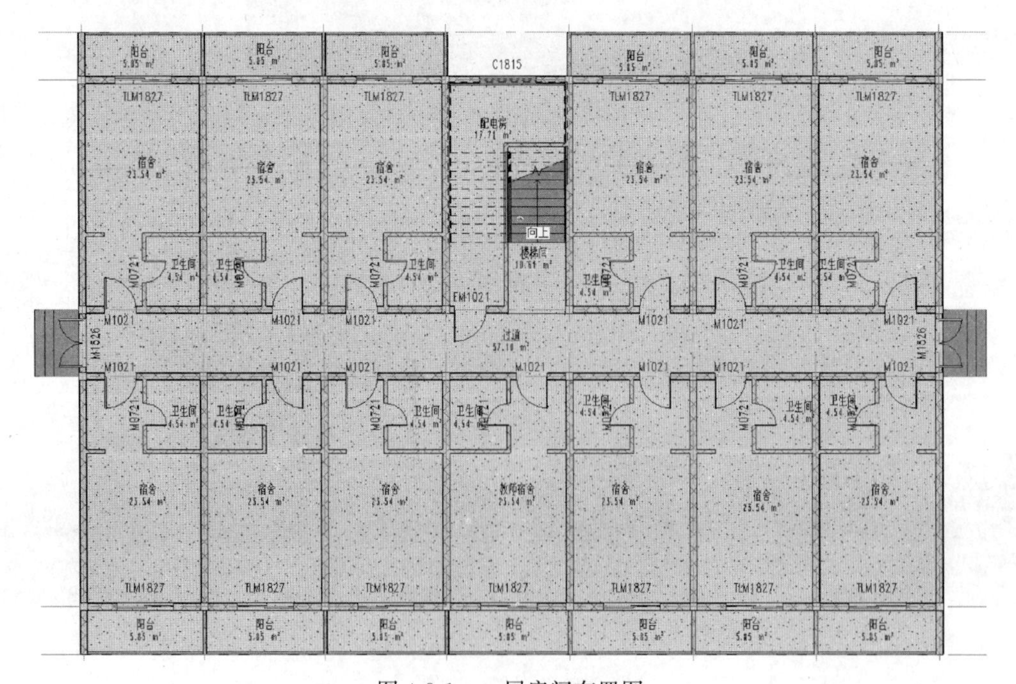

图 4-8-1　一层房间布置图

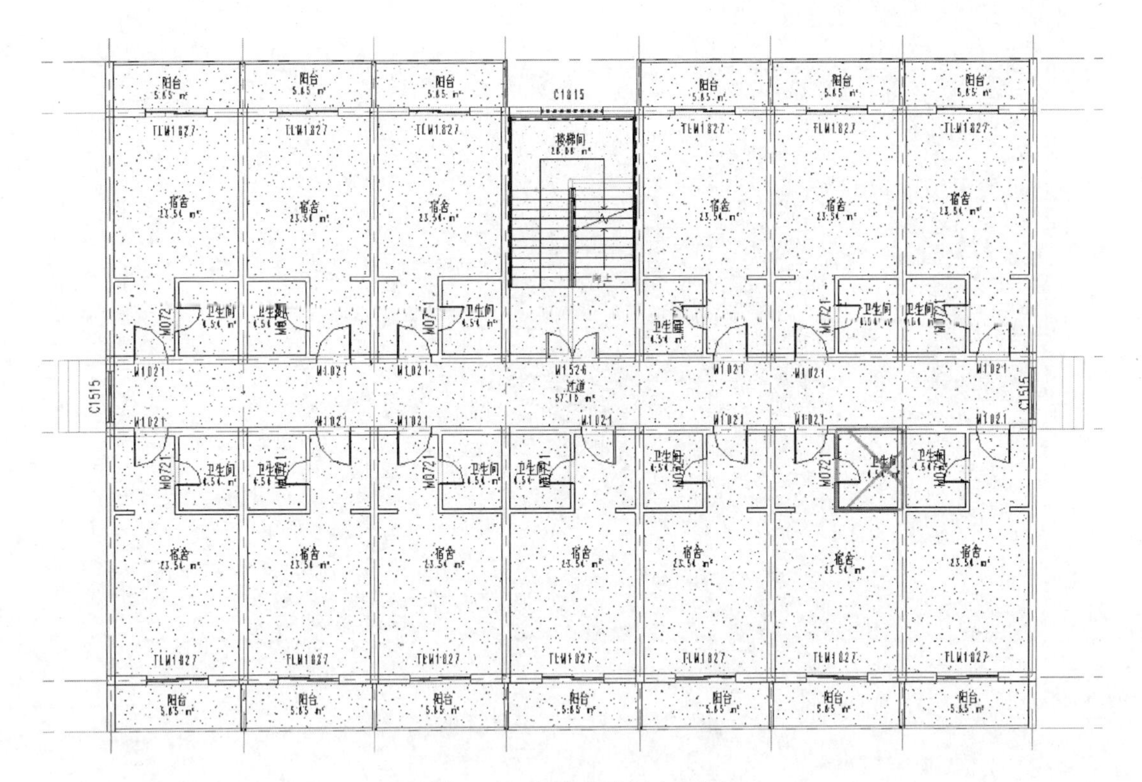

图 4-8-2　标准层房间布置图

（2）创建房间图例。为一层和标准层创建房间图例，如图 4-8-3 和图 4-8-4 所示。

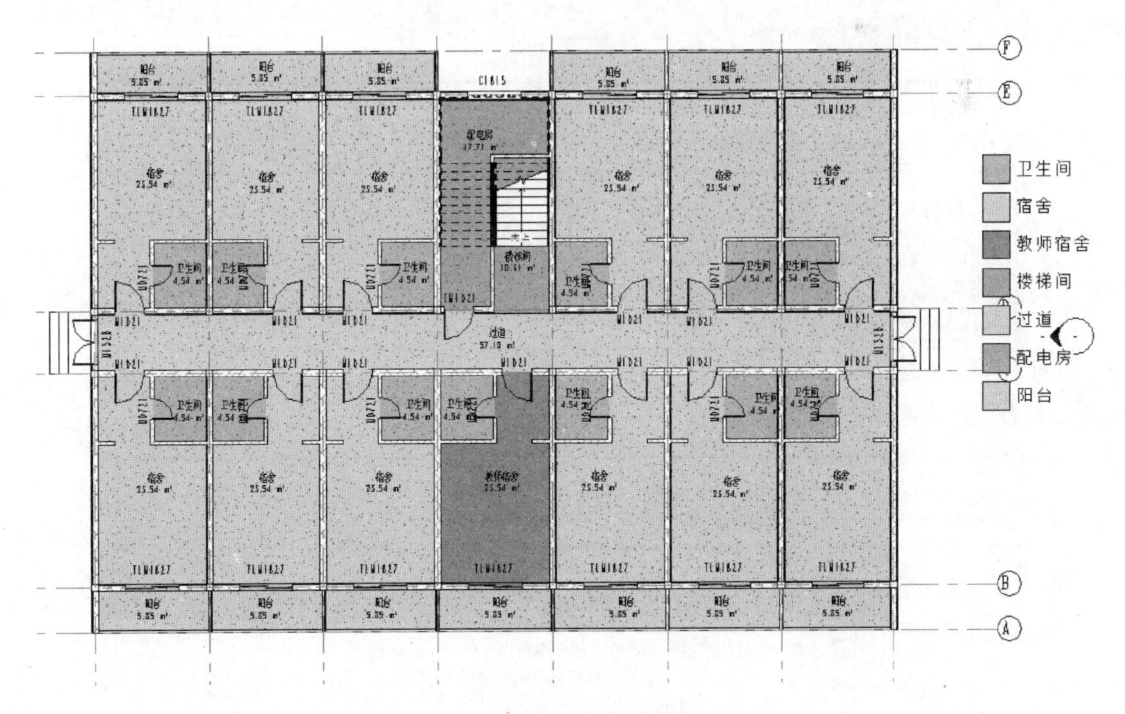

图 4-8-3　一层房间图例

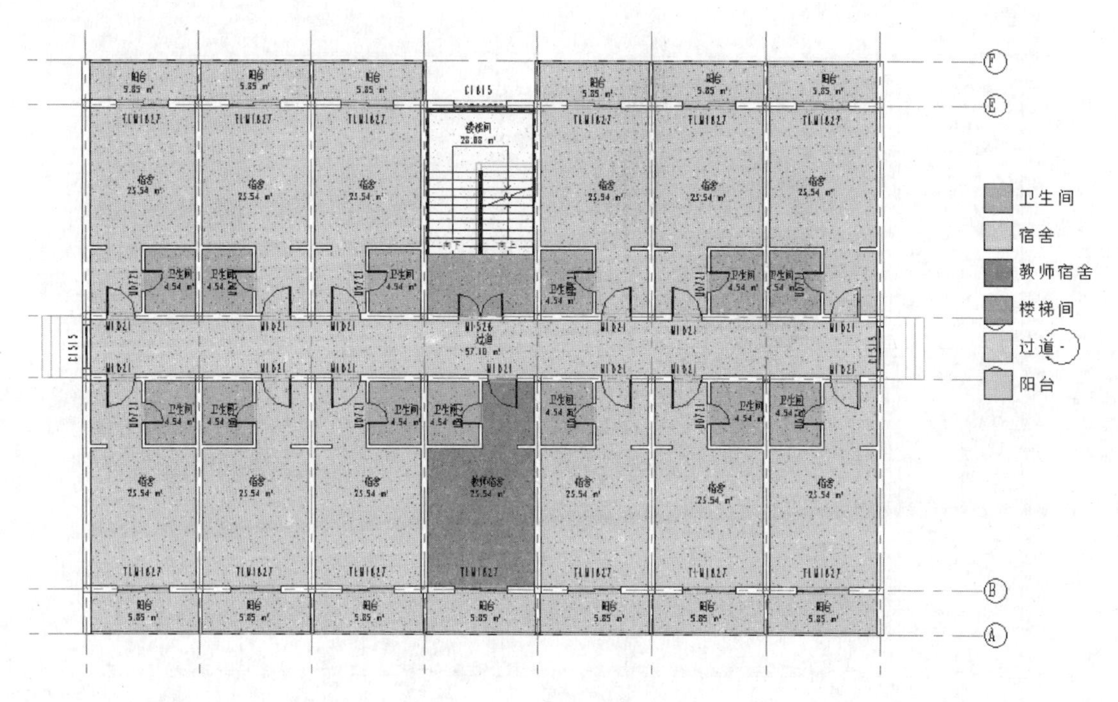

图 4-8-4　标准层房间图例

任务 4.9　明细表统计

（1）创建门明细表和窗明细表，如图 4-9-1、图 4-9-2 所示。

<门明细表>

A	B	C	D	E	F
类型	尺寸		注释	框架类型	合计
	宽度	高度			
FM1021	1000	2100			1
M0721	700	2100			78
M1021	1000	2100			78
M1526	1500	2600			7
TLM1827	1800	2700			78

图 4-9-1　门明细表

<窗明细表>

A	B	C	D	E	F
类型	尺寸		底高度	注释	合计
	宽度	高度			
C1515	1500	1500	900		10
C1815	1800	1500			6

图 4-9-2　窗明细表

（2）创建墙的材料统计表，如图 4-9-3 所示。

<墙材质提取>	
A	B
材质：名称	材质：体积
水泥砂浆	6.38
混凝土砌块	995.21
石料	1.44
石膏墙板	138.88
石膏墙板(外)	27.53

图 4-9-3　墙材料统计表

任务 4.10　图纸导出与打印

（1）创建一层平面图和标准层平面图的图纸，东西南北立面图的图纸，如图 4-10-1～图 4-10-3 所示，1-1 剖面图如图 4-10-4 所示。

（2）将图纸导出为 CAD 格式。

（3）打印图纸。

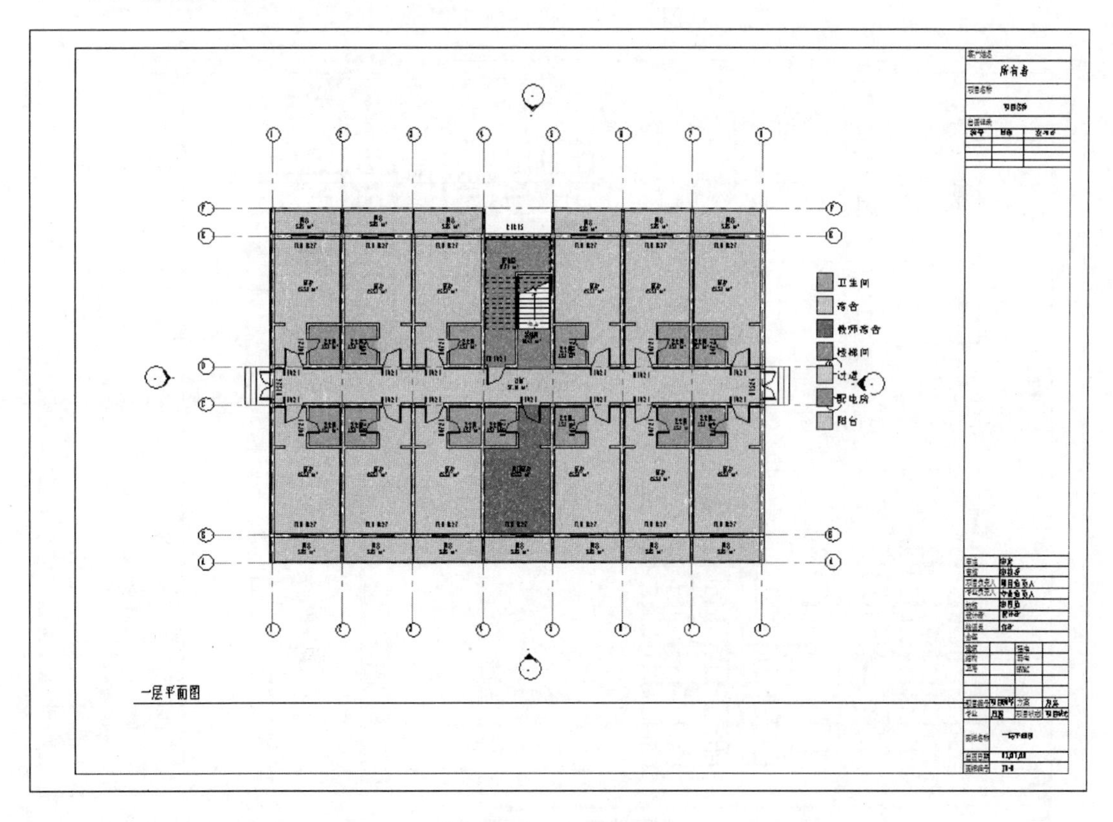

图 4-10-1　一层平面图

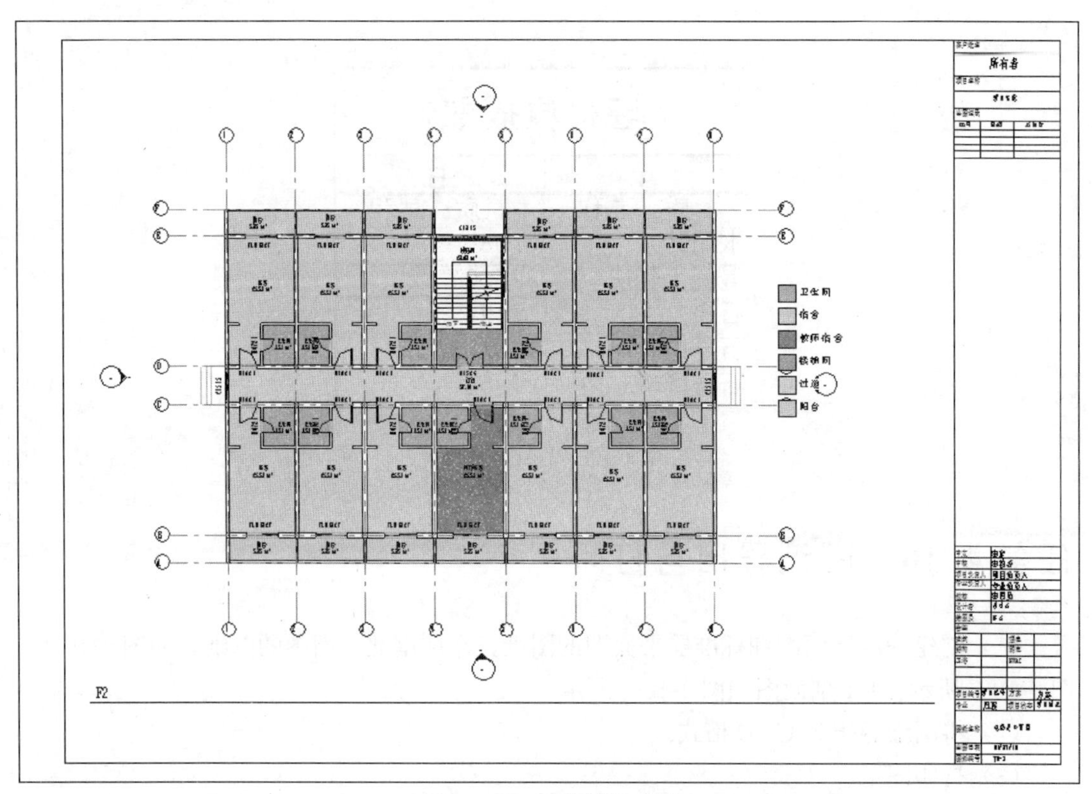

图 4-10-2　标准层平面图

图 4-10-3　东西南北立面图

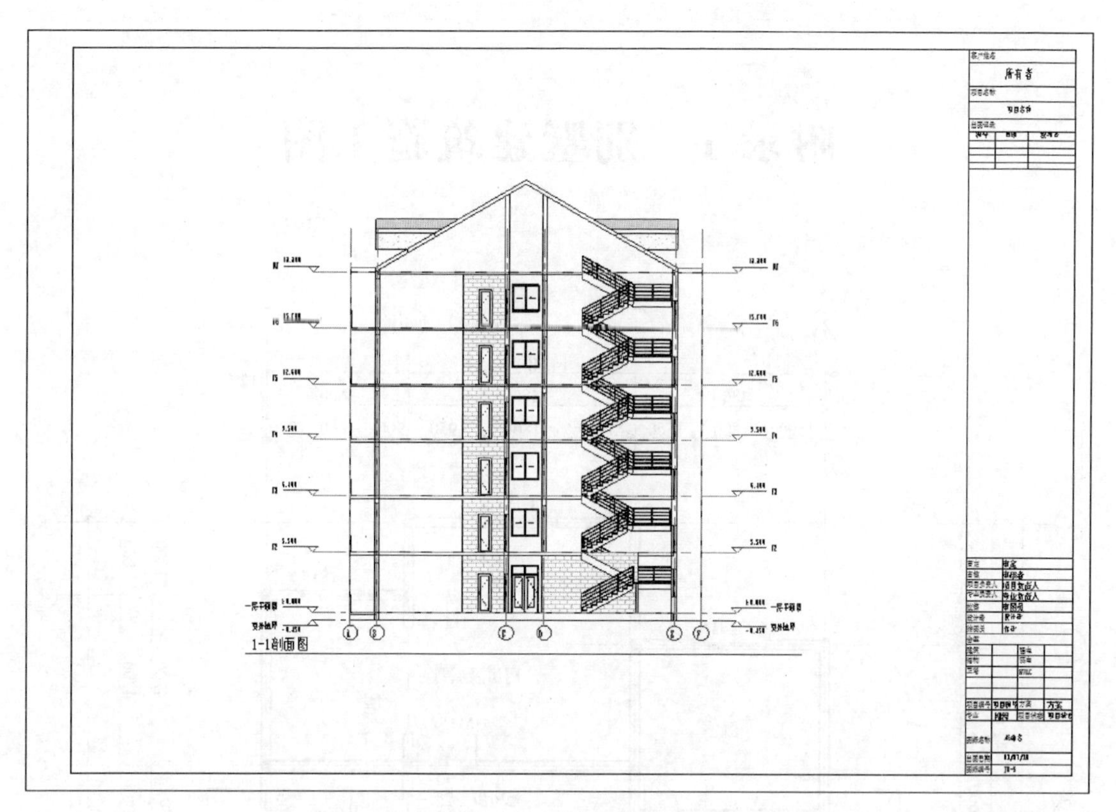

图 4-10-4　1-1 剖面图

附录 1　别墅建筑施工图

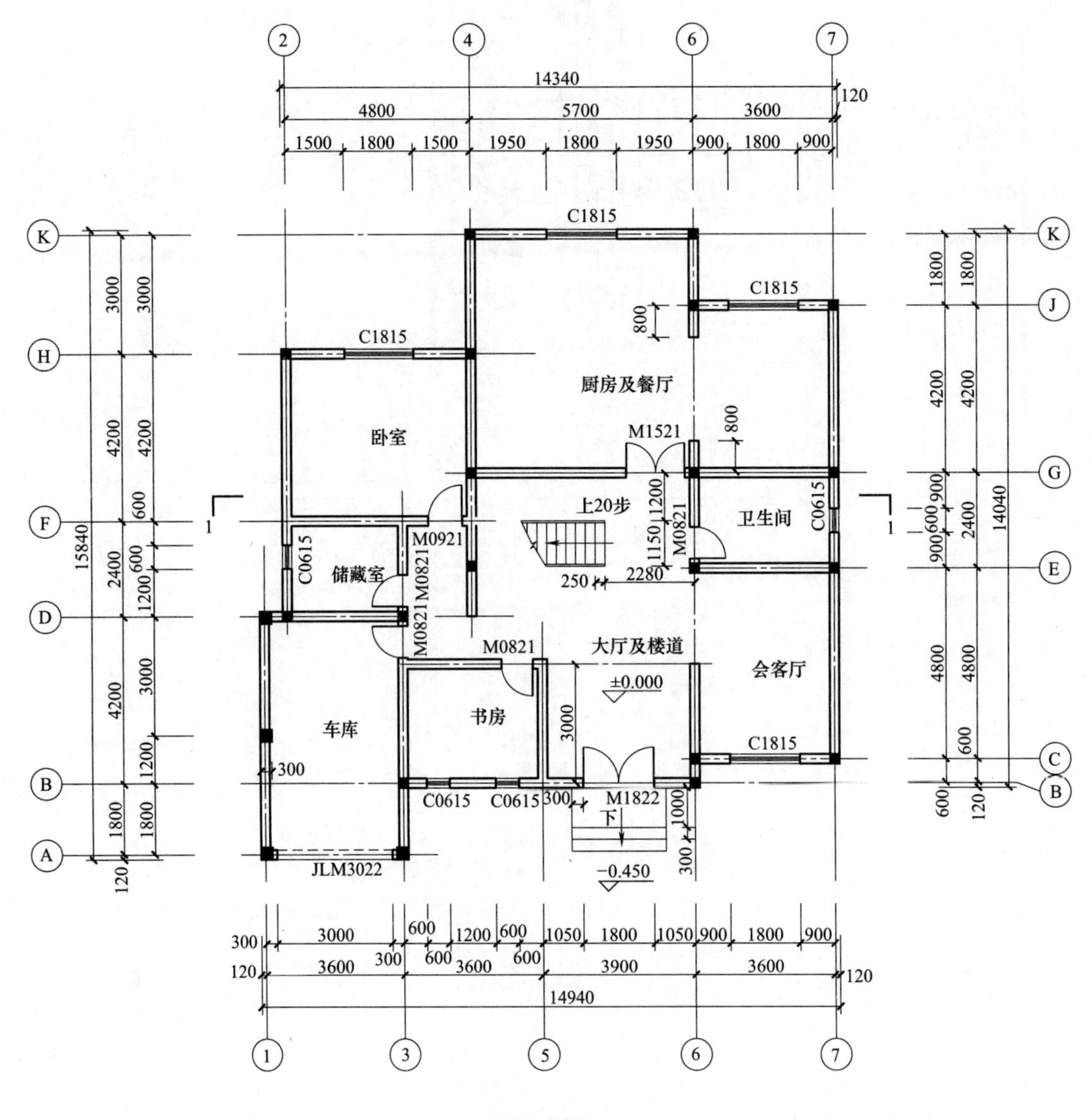

注：未注明门垛均为120mm，车库位置柱子尺寸为300mm×300mm。

附图 1-1　别墅建筑一层平面图

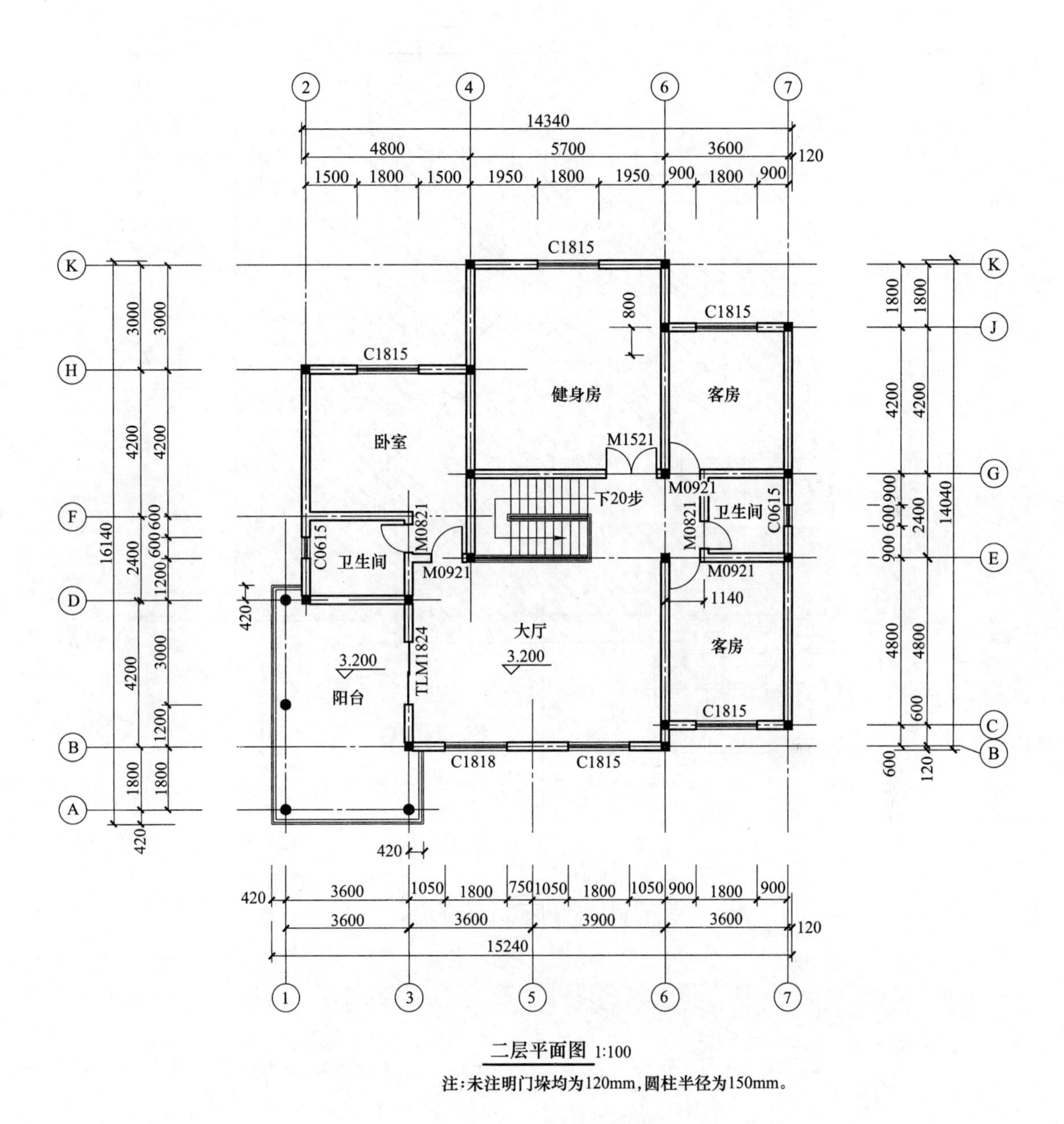

附图 1-2　别墅建筑二层平面图

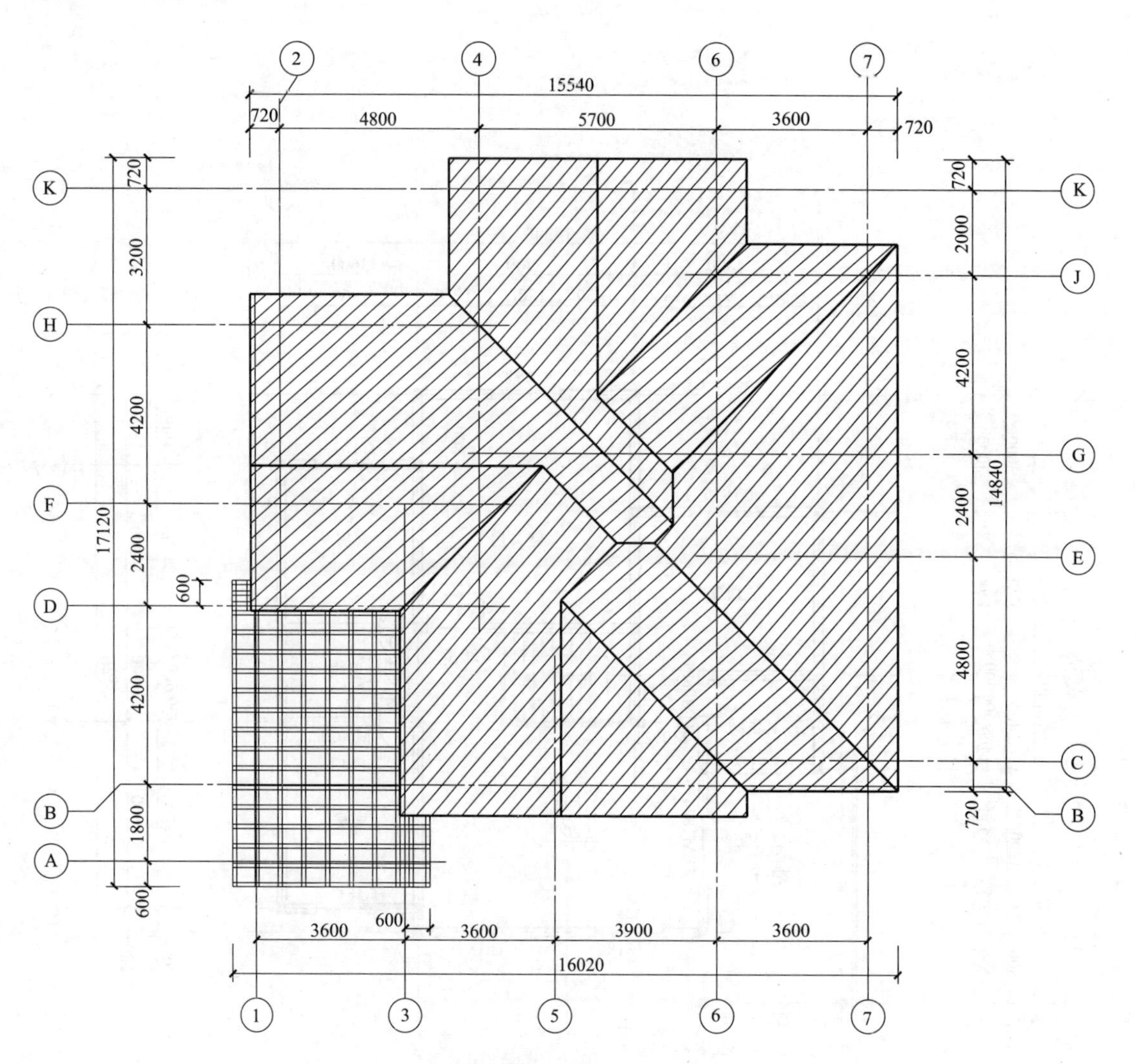

屋顶平面图 1:100

附图 1-3　别墅建筑屋顶平面图

南立面图 1:100

附图 1-4　别墅建筑南立面图

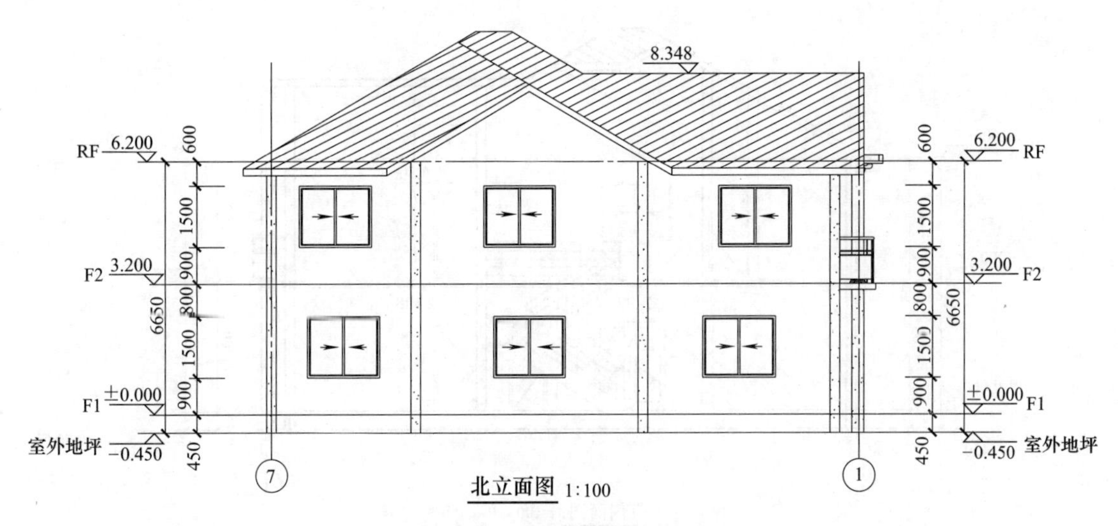

附图 1-5　别墅建筑北立面图

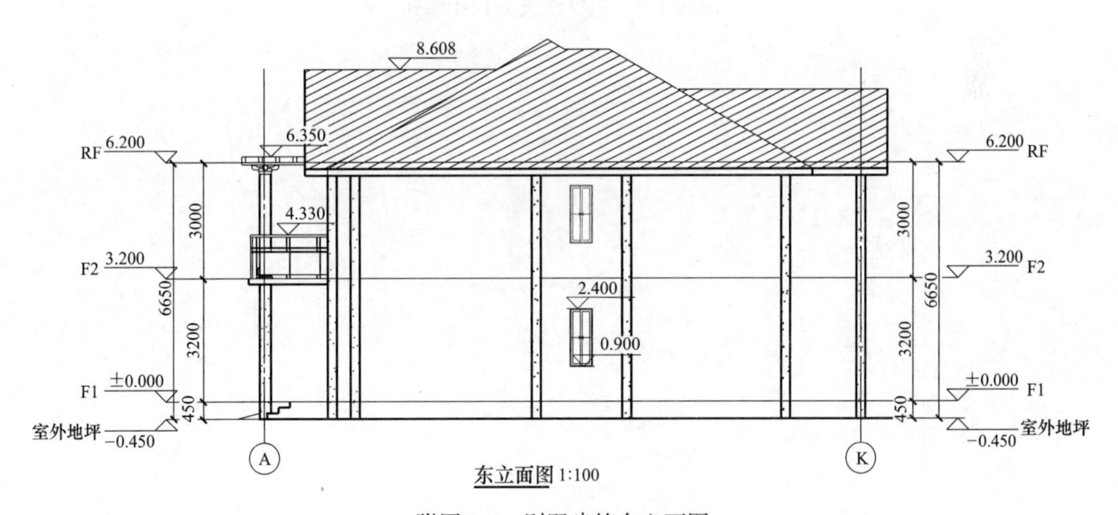

附图 1-6　别墅建筑东立面图

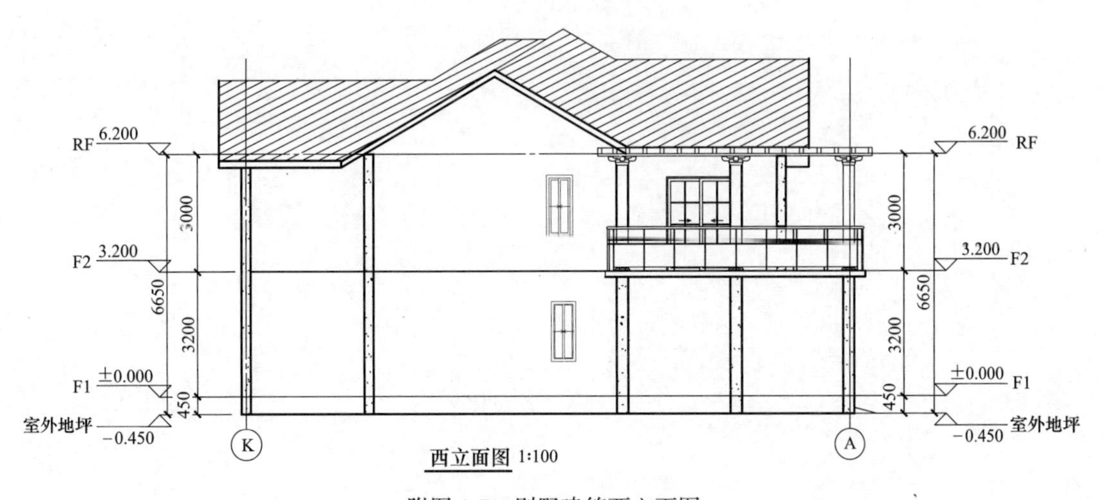

附图 1-7　别墅建筑西立面图

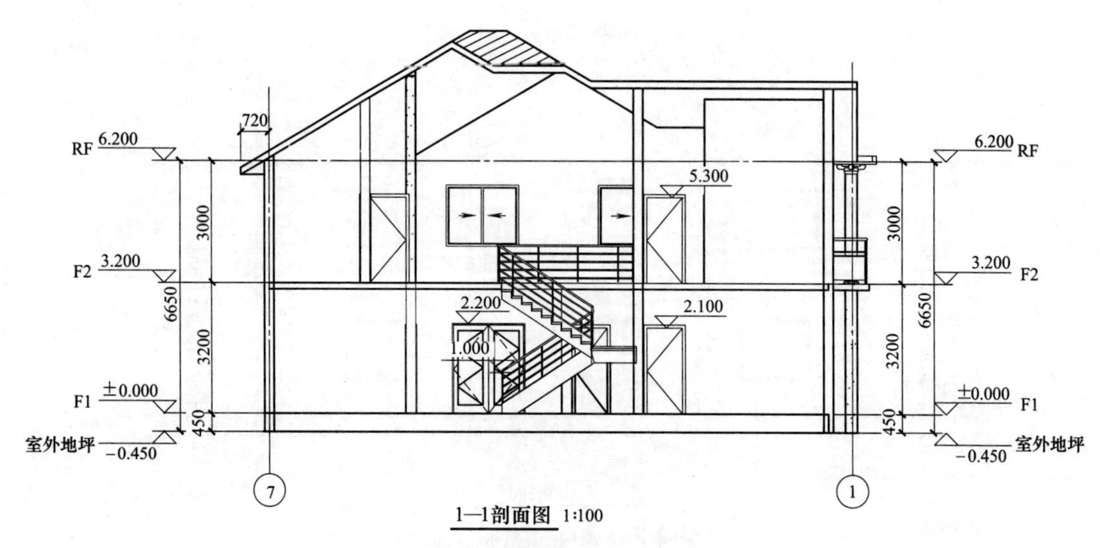

附图 1-8　别墅建筑 1-1 剖面图

附录 2　公寓建筑施工图

建筑设计说明

一、工程概况

1.项目名称：上海某多层砌体结构房屋。

2.设计依据：

规划、建委及各主管部门和配套部门的批复。

本项目总图及其他相关专业所提资料。

中华人民共和国及上海市有关部门颁布的设计规范和政策。

3.建筑物耐火等级：二级，屋面防水等级：Ⅱ级。

4.本工程设计使用年限为50年，建筑结构安全等级为二级，抗震设防烈度为7度。

二、一般说明

1.本工程室内地坪标高±0.000相当于绝对标高5.000m.室内外高差450mm .室外绝对标高4.550m 。

2.本设计尺寸标注除特殊说明外均以毫米计，标高以米计。

3.施工前土建工程应与其他专业密切配合，仔细校核，避免往返交叉和遗漏;墙体留洞，剔槽及埋管需计算确定.精心施工;施工中应与各专业工种图纸配合施工，并严格遵守国家的有关标准及各项施工验收规范。

三、墙体材料

1.墙体材料、墙体厚度和强度及砌筑要求，详见建施图纸和结施施工说明的要求。

±0.000以下可采用MU15标准多孔黏土砖，M10水泥砂浆砌筑。缝灌M10水泥砂浆。

±0.000以上一至四层采用120、240厚MU10标准多孔黏土砖，M5混合砂浆砌筑。

±0.000以上四层以上采用120、240厚MU10标准多孔黏土砖，M7.5混合砂浆砌筑。

面标高−0.060设100厚防潮带，做法为C20细石混凝土。

2.在男女厕所周边墙体楼地面处现浇C20混凝土200高，宽度同该处墙体，与楼地面同时浇筑。

3.墙面粉刷前，所有与钢筋混凝土构件接缝处，双面均须钉厚度为0.5，菱形网孔边长不大于8的镀锌钢丝网，网宽每侧不小于200。

4.内墙砌筑高度详见图中注释，所有穿墙管道缝隙均以不燃材料填塞密实。

四、楼地面工程

1.楼地面具体做法均见本图建筑装修表。

2.卫生间等有水房间，地面做不小于0.5%的排水坡，坡向地漏，地面低于同层地面高度见各平面图及相应的平面放大图。

3.有水房间管线穿楼板时，均做预留套管，待立管安装好后，管壁与套管间填岩棉，油膏嵌缝。

4.管道井楼板配筋保留，在管道井管道安装完毕后，每层均用C20混凝土在楼板位置封堵管道井，并于楼板处，给管道做预留套管，待立管安装好后，管壁与套管间填塞耐火岩棉。

5.建筑物四周设置明沟，明沟纵向泛水0.5%，坡向雨水收水口，详见总体施工图。

五、屋面工程

1.屋面设保温层.防水层;防水等级为二级.防水层耐用年限15年。防水材料为合成高分子防水卷材，保温隔热材料为挤塑聚苯乙烯泡沫板。具体详见屋面用料表及相关图纸。

2.屋面排水为有组织排水，采用 φ110UPVC 雨水管。

六、装修工程

1.内外装修做法见材料与做法表，立面及墙身节点.具体装修按业主二次装修设计定。

2.内外装修材料及色彩需做小样，经建设单位会同设计单位确定后方可施工。

3.外露柱，梁及其他混凝土构件应先去油污，刷一道素水泥浆后再作粉刷.凡室内阳角均做2m高护角线，用1:2.5水泥砂浆每边粉45宽。

4.墙体留洞嵌入箱柜(消火栓箱，器械柜)等穿透墙壁时待箱柜固定洞中后.箱柜背面洞口钉钢板网再做内墙粉刷。

5.本工程吊顶均为不上人轻钢龙骨、石膏板吊顶和铝合金条板吊顶,吊顶详见二次装修图，必须严格按照98SJ230(二)国家标准图集中的技术要求进行施工。

6.所有较高级材料及较重要设备必须由业主、设计单位、施工单位三方认可，才能施工。

七、门窗工程

1.外墙门立樘居墙中，内墙门立樘与开启方向平。

2.所有木门及木制品除注明外，均采用硬木。

3.所有窗均立墙中.所有外门窗除特殊备注外皆为塑钢门窗，门选用80系列产品，窗选用50系列。外门窗的保温系数不大于2.5W/(m·k²)。

4.窗台高度小于900mm时，室内加设不锈钢栏900mm高(形式二次装修定)。

5.外门窗选用普通5+12A+5中空玻璃，外铝合金门窗气密性能按4级标准，外窗的遮阳系数小于0.4。玻璃的可见光透射比大于0.4，门窗玻璃均为净白玻璃，卫生间玻璃为磨砂玻璃。

6.门窗洞土建预留尺寸应与铝板幕墙专业设计施工单位相配合。

7.面积大于1.5平方米的窗玻璃或玻璃底边离最终装修面小于500mm的落地玻璃采用10mm安全玻璃。面积大于0.5平方米的门玻璃采用10mm安全玻璃。

八、油漆工程

1.除室内装修及其他特殊要求者外，内门，隔断等木制品正反均作一底三度聚胺脂清漆。

2.明露钢材面：除锈要求达到Sa2.5级或St3级，刷聚胺脂富锌底漆二度(漆膜厚不小于80μm)；云铁聚胺脂中间漆一度(漆膜厚不小于400μm)；面刷聚胺脂磁漆二度(漆膜厚不小于60μm)；总漆膜厚度不小于180μm。不外露钢材面：除锈要求达到St3级，刷聚胺脂富锌底漆二度。

3.凡木料与砌体接触部分应满浸防腐涂料。

九、其他

本设计所采用标准图除注明外，均按本说明施工.本说明未尽事宜均按国家及当地现行安装验收规范执行。

材料与做法表

内墙1	内墙涂料

1.刷白色乳胶漆一底二度，无墙裙处均做150mm高踢脚线，做法同该处楼地面。

2.5厚1:0.3:2.5水泥石灰膏砂浆罩面满刮腻子。

3.15厚1:1:4混合砂浆打底扫毛。

内墙2	墙面砖瓷砖

1.彩色墙面砖，白色勾缝剂勾缝，贴至吊平顶底
2.5厚。

2.3厚专用面砖粘结剂贴面层。

3.5厚1:2.5水泥砂浆中层。

4.15厚1:3水泥砂浆打底。

外墙1	涂料墙

1.外墙涂料二度色另定。

2.5厚聚合物抗裂砂浆(压入耐碱玻纤网格布)。

3.25厚胶粉聚苯颗粒保温浆料。

墙裙1	水泥砂浆墙裙(1.2m)

1.银灰色硅改性丙稀酸涂料一底二度。

2.10厚1:2水泥砂浆粉面抹光，满刮腻子。

3.15厚1:3水泥砂浆打底。

棚1	涂料顶棚

1.现浇钢筋混凝土板底用10%火碱清洗油腻。

2.满刮腻子。

3.刷乳胶漆一底二度(白色)。

楼1	玻化地砖楼面

1.500×500玻化地砖面层，纯水泥砂浆填缝(楼梯踏步面改用防滑地砖楼梯踏步边钉成品铜包角或不锈钢包角防滑条。)

2.30厚1:3干硬性水泥砂浆结合层，表面撒水泥粉。

3.钢筋混凝土现浇板，刷水泥浆一道(内掺建筑胶)。

楼2	防滑地砖楼面

1.8～10厚防滑地砖面层，干水泥砂浆擦缝。

2.5厚纯水泥浆加建筑胶粘结层。

3.1:2水泥砂浆找平层，向地漏找0.5%坡，最薄处20厚。

4.1.5厚聚氨酯三遍涂膜防水层(周边翻起400高)，防水层表面撒适当细砂。

5.钢筋混凝土现浇板随捣随平，刷水泥浆一道。

楼3	地砖楼面

1.8～10厚防滑地砖面层，干水泥砂浆擦缝。

2.5厚纯水泥浆加建筑胶粘结层。

3.20厚1:2水泥砂浆找平层。

4.钢筋混凝土现浇板随捣随平，刷水泥浆一道。

楼4	混凝土楼面

1.现浇钢筋混凝土楼板随捣随平。

建筑装修表

楼层	房间名称	楼地面	墙面	墙裙	顶棚
首层	楼梯间　走廊	地1	内墙1		棚1
	弱电房　配电房	地2	内墙1	墙裙1	棚1
	洗衣房　卫生间	地3	内墙2		棚2
	杂务间值班室宿舍	地3	内墙1		棚1
	大堂	地4	内墙1		棚1
	室外台阶	地4			
二层～顶层	楼梯间　走廊	楼1	内墙1		棚1
	卫生间	楼2	内墙2		棚2
	宿舍	楼3	内墙1		棚1
	屋顶夹层	楼4			
屋面	坡屋面	屋1			
	平屋面	屋2			

地1	玻化地砖地面

1.500×500玻化地砖面层，纯水泥砂浆填缝。

2.30厚1:3干硬性水泥砂浆结合层，表面撒水泥粉。

3.120厚C15混凝土垫层，面刷水泥砂浆一道(内参建筑胶)。

4.150厚碎石垫层夯实。

5.素土分层回填夯实($\lambda_c \geqslant 0.94$)。

地2	细混凝土地面

1.40厚C25细石混凝土随捣随光，面刷一底二度环氧阻燃漆(土黄色)。

2.100厚C15混凝土垫层，面刷水泥砂浆一道(内参建筑胶)。

3.150厚碎石垫层夯实。

4.素土分层回填夯实($\lambda_c \geqslant 0.94$)

地3	防滑地砖地面

1.8～10厚防滑地砖面层，干水泥砂浆擦缝。

2.5厚纯水泥浆加建筑胶粘结层。

3.聚氨酯防水层1.5厚(防水层表面撒粘适量细砂，防水层在墙柱交接处翻起高度不小于250)

4.20厚1:3水泥砂浆造平层。

5.150厚C15混凝土垫层，面刷水泥砂浆一道(内参建筑胶)。

6.150厚碎石垫层夯实。

6.素土分层回填夯实($\lambda_c \geqslant 0.94$)。

地4	毛面花岗石地面

1.20厚毛面花岗岩面层，纯水泥砂浆填缝。

2.20厚1:3干硬性水泥砂浆结合层，表面撒水泥粉。

3.120厚C15混凝土垫层，面刷水泥砂浆一道(内参建筑胶)。

4.150厚碎石垫层夯实。

5.素土分层回填夯实($\lambda_c \geqslant 0.94$)。

附图 2-1　公寓建筑建筑设计说明

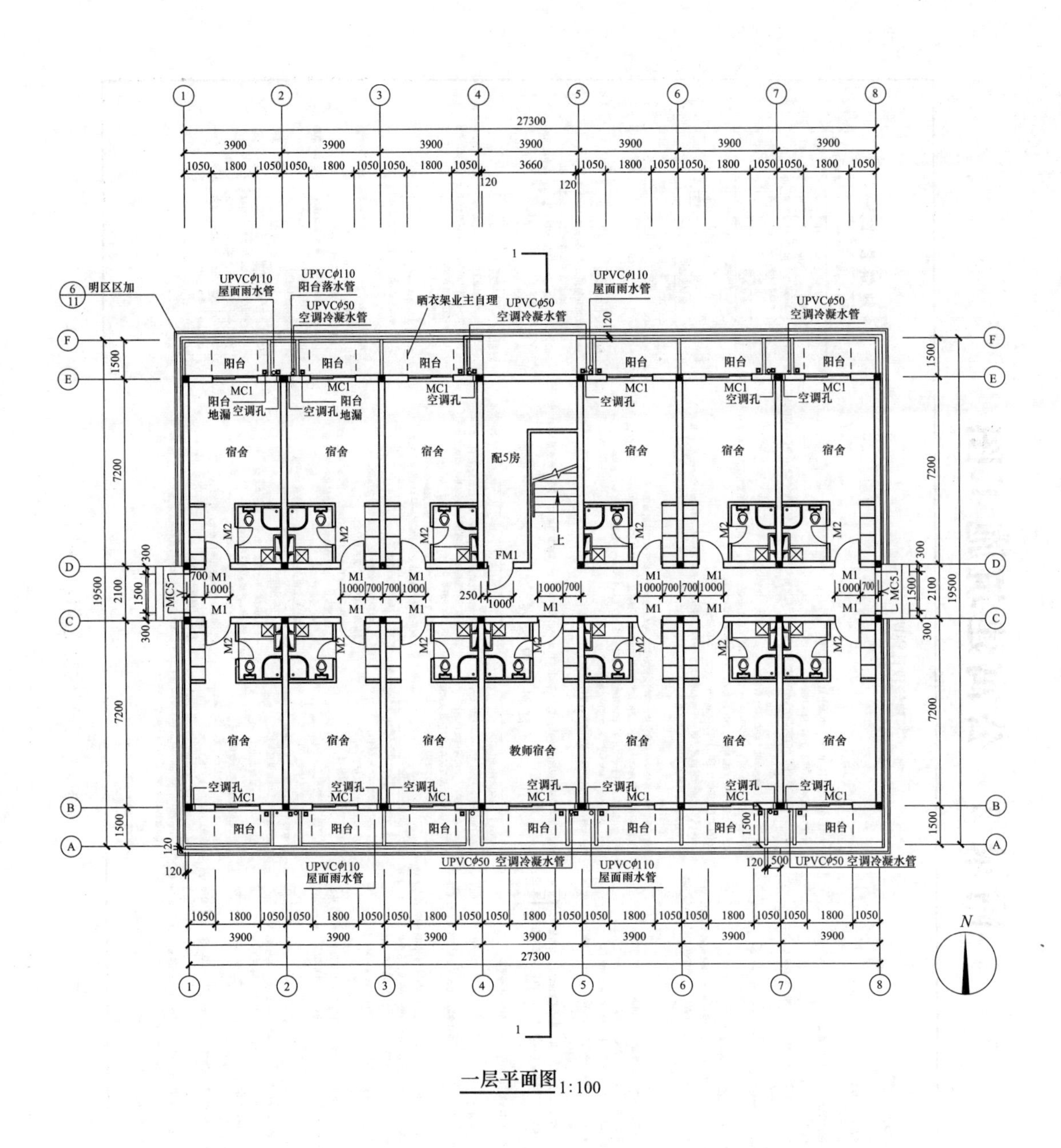

附图 2-2　公寓建筑一层平面图

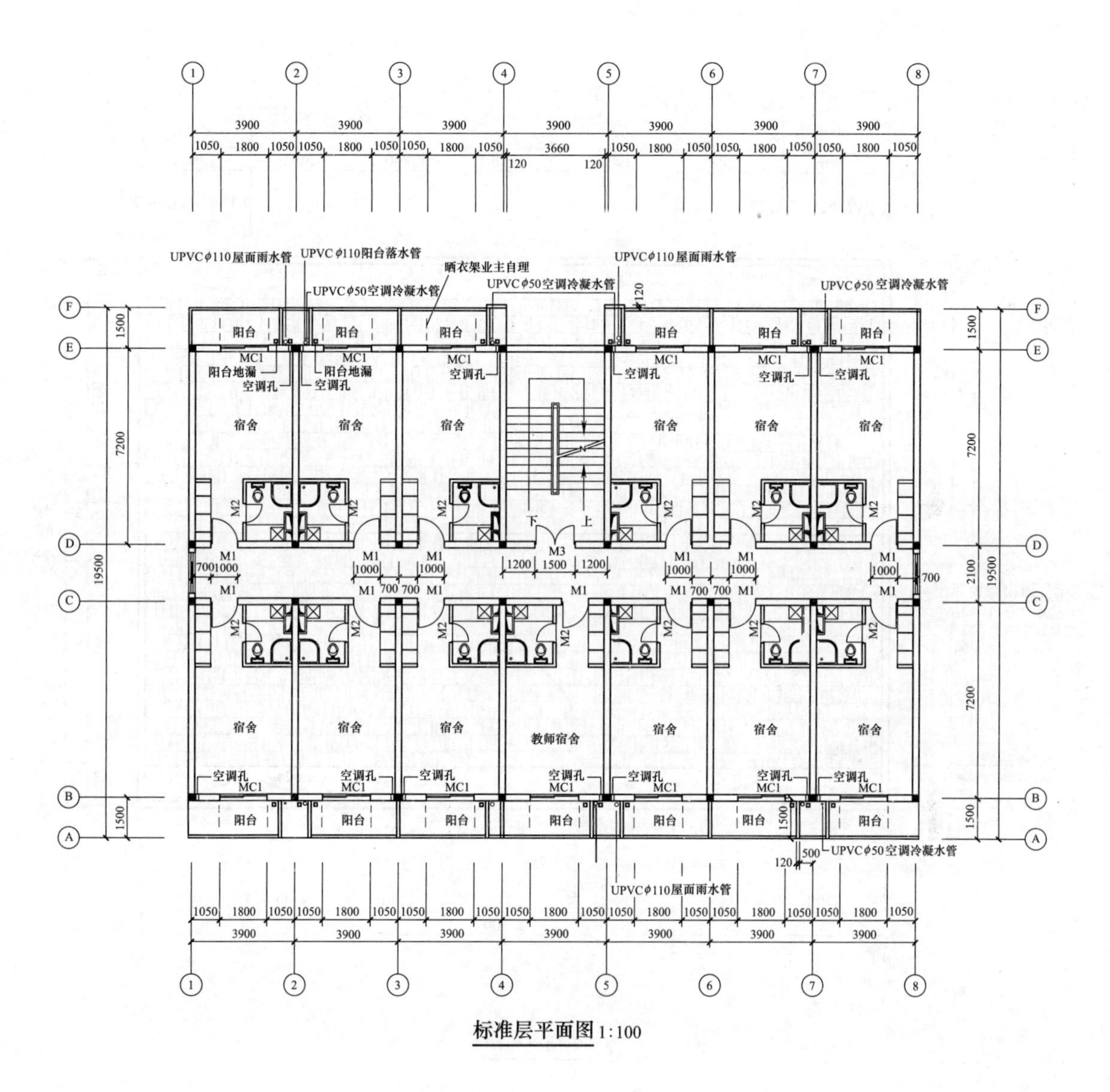

附图 2-3　公寓建筑标准层平面图

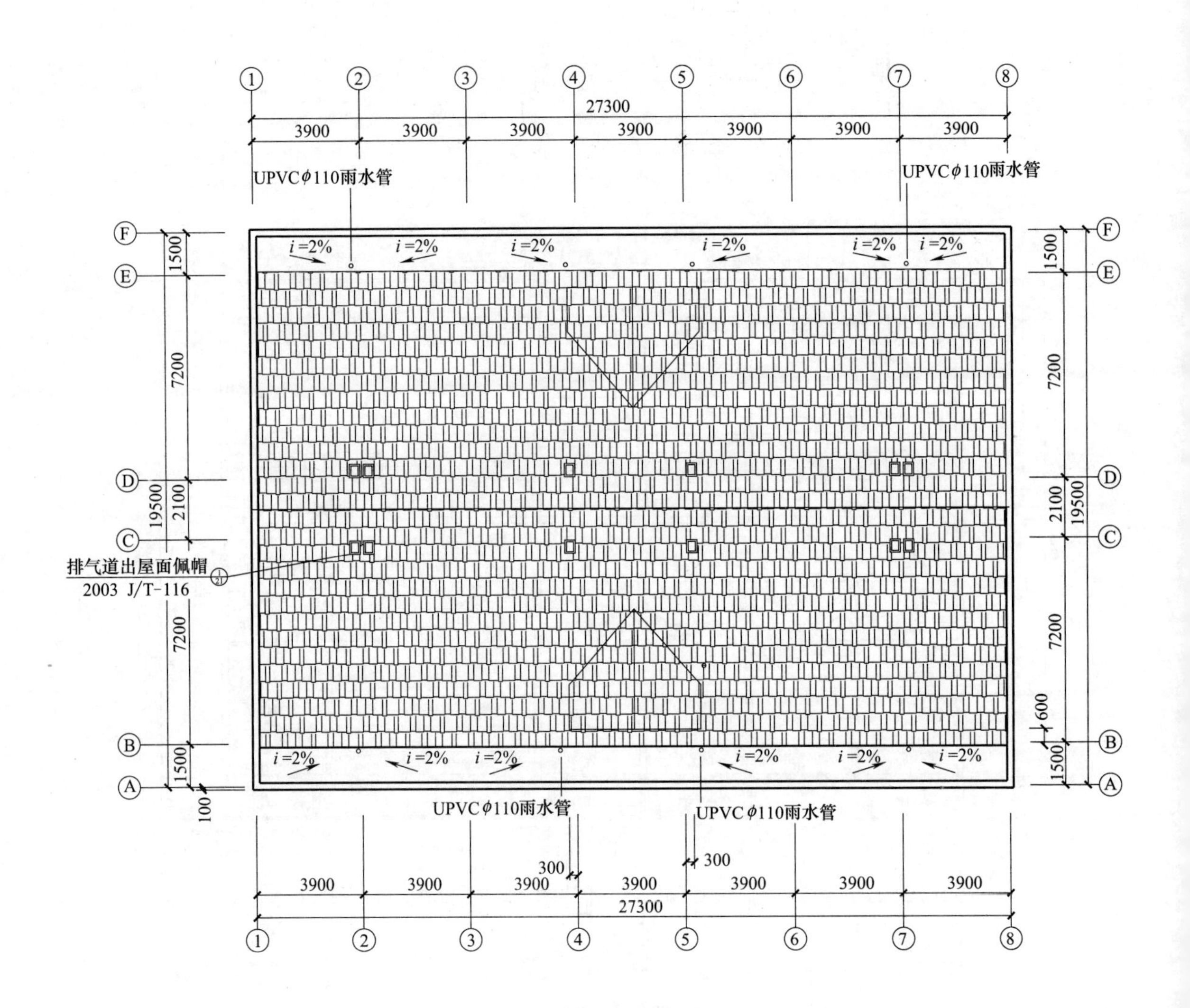

屋顶平面图 1:100

附图 2-4　公寓建筑屋顶平面图

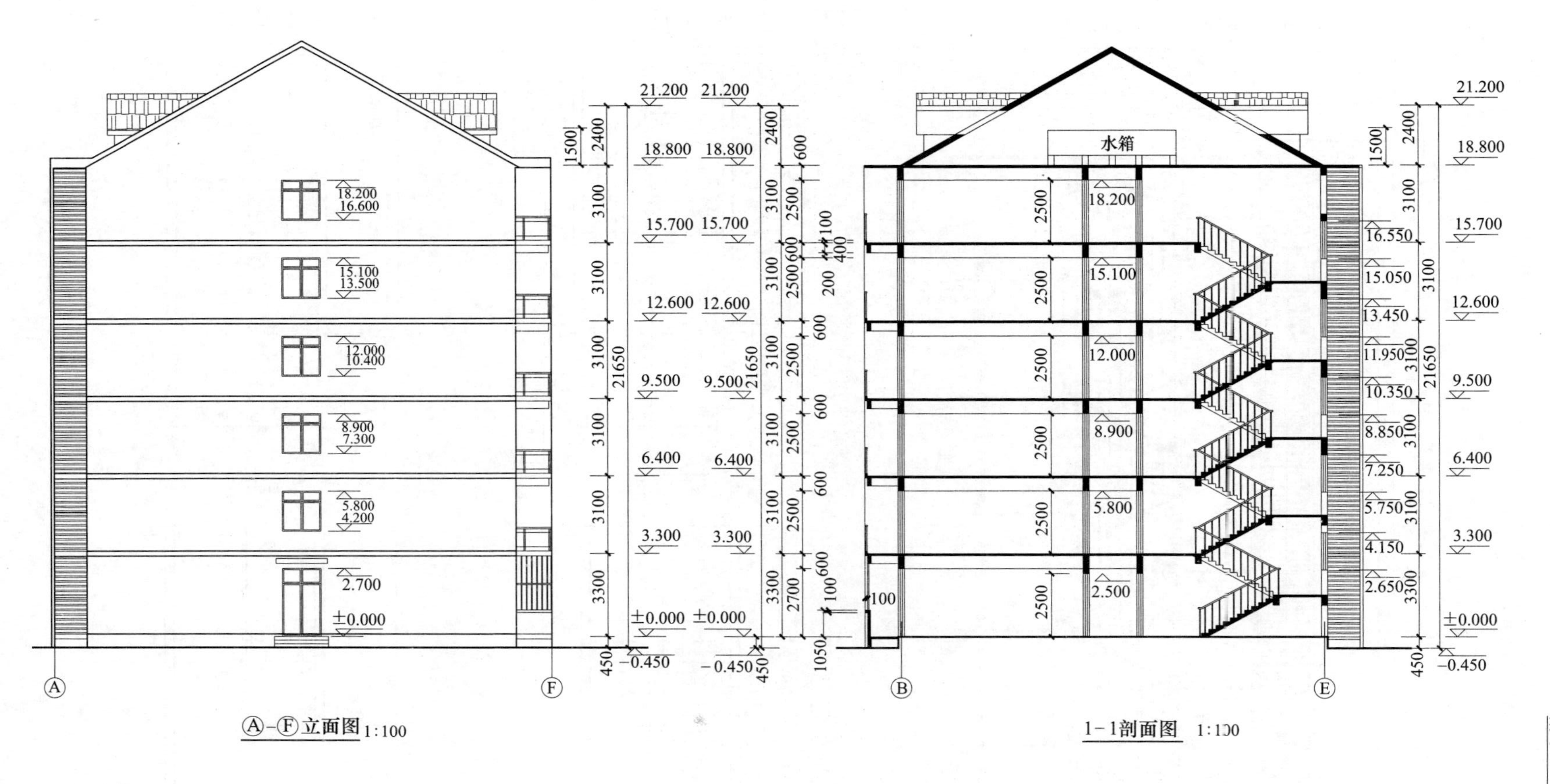

附图 2-5　公寓建筑 A-F 立面图、1-1 剖面图

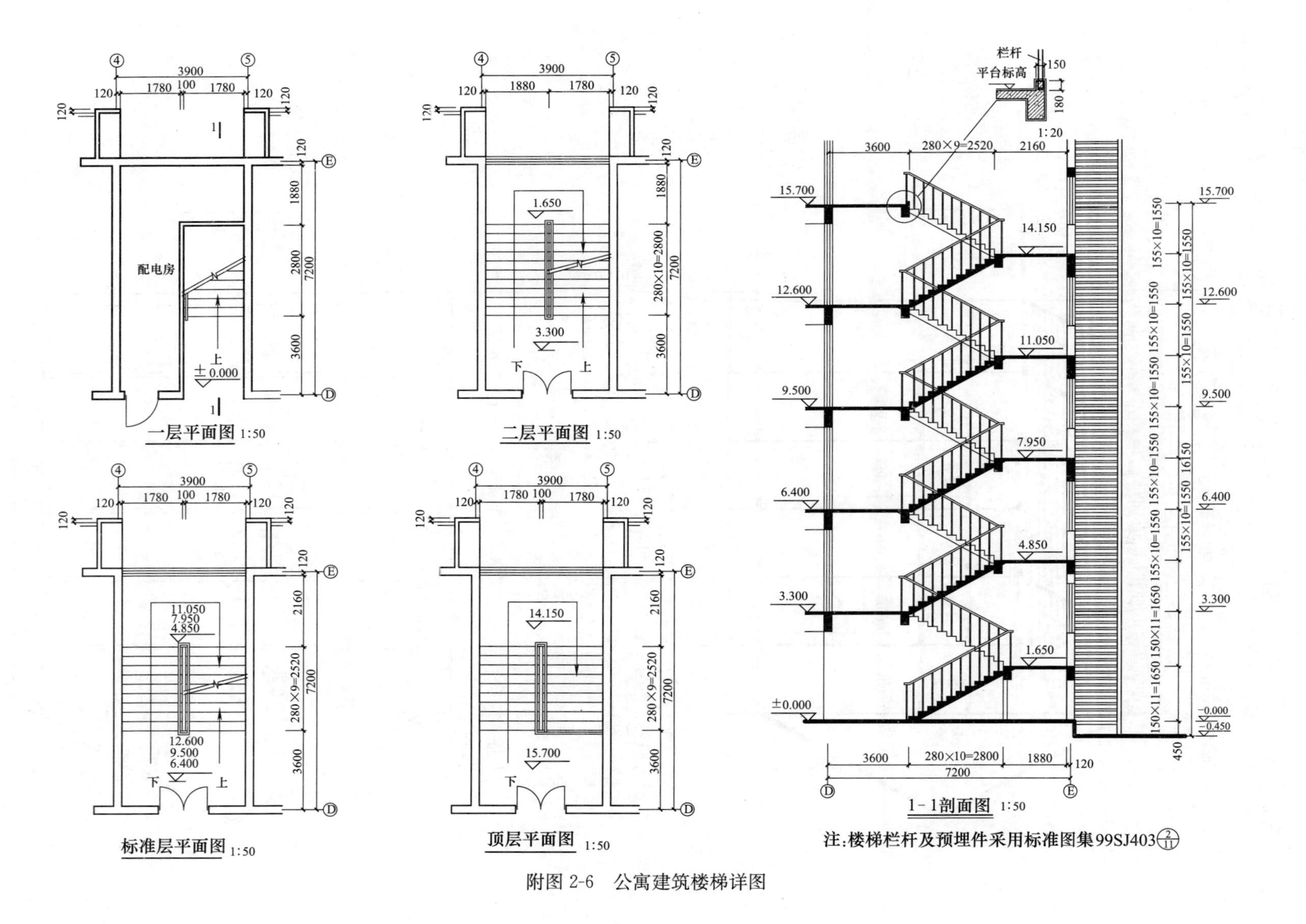

附图 2-6　公寓建筑楼梯详图